# TRAITÉ PRATIQUE

# D'ANALYSE CHIMIQUE

## QUALITATIVE ET QUANTITATIVE

A L'USAGE DES LABORATOIRES DE CHIMIE

PAR

## F. PISANI

TROISIÈME ÉDITION REVUE

et augmentée d'un traité d'analyse au chalumeau.

Avec figures dans le texte.

## PARIS

ANCIENNE LIBRAIRIE GERMER BAILLIÈRE ET Cᵢₑ

## FÉLIX ALCAN, ÉDITEUR

108, BOULEVARD SAINT-GERMAIN, 108

—

## 1889

# TRAITÉ PRATIQUE

# D'ANALYSE CHIMIQUE

## QUALITATIVE ET QUANTITATIVE

# AUTRES OUVRAGES DU MÊME AUTEUR

**Traité élémentaire de minéralogie,** in-8. 2e édition (G. Masson, éditeur). 8 fr.

*Addition à la traduction de* **les Minéraux,** par F. de Kobell, 2e édition (J. Rothschild, éditeur), in-18. 2 fr. 50

---

**La chimie du laboratoire,** en collaboration avec M. Dirvell (Félix Alcan, éditeur), 1 vol. in-12. 4 fr.

---

## LIBRAIRIE FÉLIX ALCAN

---

### OUVRAGES DE CHIMIE

BERTHELOT. **La synthèse chimique.** 1 vol. in-8. 6e édit. 6 fr.

GRIMAUX. **Chimie organique élémentaire,** leçons professées à la Faculté de médecine. 5e édition, revue et augmentée. 1 volume in-18, avec figures. 5 fr.

GRIMAUX. **Chimie inorganique élémentaire.** 5e édit., revue et augmentée. 1 vol. in-18, avec figures. 5 fr.

GRIMAUX. **Lavoisier,** d'après des documents inédits. 1 beau volume illustré, grand in-8°. 15 fr.

LE NOIR. **Chimie élémentaire.** 1 vol. in-12 avec figures. 2e édition. 3 fr. 50

RICHE. **Manuel de chimie médicale.** 3e édit. 1 vol. in-18, avec 200 figures dans le texte. 7 fr.

RICHE. **Cours de chimie** (classes de lettres des lycées). 1 vol. in-12. 3e édition, cart. 2 fr. 50

SCHUTZENBERGER. **Les fermentations,** avec figures dans le texte. 1 vol. in-8. 5e édit., cart. 6 fr.

TYNDALL. **Les glaciers et les transformations de l'eau.** 1 vol. in-8, avec figures. 5e édit., cart. 6 fr.

VOGEL. **La photographie et la chimie de la lumière.** 1 vol. in-8, avec fig. 4e édit., cart. 6 fr.

WURTZ. **La théorie atomique,** précédé d'une notice sur la vie et les travaux de l'auteur par M. FRIEDEL. 1 vol. in-8. 5e édit., cart. 6 fr.

---

Coulommiers. — Imp. P. Brodard et Gallois

# TRAITÉ PRATIQUE

# D'ANALYSE CHIMIQUE

## QUALITATIVE ET QUANTITATIVE

### A L'USAGE DES LABORATOIRES DE CHIMIE

PAR

## F. PISANI

TROISIÈME ÉDITION REVUE
et augmentée d'un traité d'analyse au chalumeau.
Avec figures dans le texte.

# PARIS
ANCIENNE LIBRAIRIE GERMER BAILLIÈRE ET Cie
## FÉLIX ALCAN, ÉDITEUR
108, BOULEVARD SAINT-GERMAIN, 108

1889

# PRÉFACE

---

Le *Traité pratique d'analyse chimique qualitative et quantitative* que je présente aux chimistes n'a point la prétention d'être un traité complet, mais bien plutôt un résumé de toutes les méthodes qui m'ont paru être les *meilleures* et les *plus pratiques*, pendant les nombreuses années que j'ai enseigné cette partie de la chimie aux élèves de mon laboratoire. Je dois même dire que l'idée première qui m'a conduit à faire un traité d'analyse chimique, aussi restreint en apparence, a été précisément conçue en voyant l'inconvénient qu'il y avait à mettre entre les mains des élèves des ouvrages trop étendus. En effet, des ouvrages de ce genre sont très bons pour ceux qui connaissent la chimie, qui ont déjà la pratique de l'analyse et qui veulent y puiser des renseignements détaillés, soit pour des faits rares, soit pour la comparaison de plusieurs méthodes d'analyse; mais, je le répète, pour les commençants et pour la généralité des chimistes, ces livres ont souvent le grand inconvénient, ou de décourager, ou d'empêcher des progrès rapides. Quant aux ouvrages qui sont moins étendus, le reproche qu'on peut leur adresser, c'est qu'ils ont supprimé l'étude des métaux appelés *rares*, sans que pour cela le reste de ce qu'ils enseignent soit dépourvu des inconvénients que je vais citer.

Pour ce qui concerne l'analyse *qualitative*, j'ai peu d'objections à faire, si ce n'est qu'il est inutile, à mon avis, d'y mettre trop de détails dans certains cas : ainsi, pour les réactions des corps, il suffit pour un élève de connaître surtout celles qui sont indispensables, autrement la mémoire serait incapable de retenir des faits trop nombreux.

Comme marche à suivre pour découvrir un mélange de plusieurs corps, il faut toujours en adopter une générale, méthodique, et supposer tous les cas, sans donner des méthodes particulières pour des conditions dans lesquelles on ignore se trouver la plupart du temps.

Mais c'est à l'analyse *quantitative* que mon re-

proche s'adresse, surtout au point de vue de l'enseignement élémentaire et pratique. En effet, quand il
s'agit du dosage d'un métal ou de la séparation de
ce métal avec d'autres corps, c'est là que l'embarras
et le découragement commencent pour le chimiste
qui veut appliquer ce dosage ; ce n'est pas une seule
méthode ou deux qu'il trouve pour la plupart du
temps, mais bien plusieurs, et encore il ne saura
laquelle choisir, puisque souvent ce n'est point la
meilleure qu'on a placée en première ligne. Si l'on
examine ensuite l'exposé de chaque méthode en
particulier, on verra qu'elle est critiquée quelquefois
de telle sorte que l'élève n'a pas assez de confiance
dans sa manière d'opérer et croit toujours ses résultats entachés d'erreurs.

Sans doute il est des circonstances où plusieurs
méthodes sont nécessaires, et dans ces cas j'en indique diverses, mais dans d'autres il est tout à fait
inutile de citer des procédés d'analyse faisant double
emploi, ou bien inexacts, et c'est précisément ceux-
là que je rejette dans un traité élémentaire. Je ne
donne donc, pour la plupart du temps, que les
modes de dosage qui m'ont paru être les meilleurs,
et cela avec les détails d'exécution pratiques suffi-
sants pour arriver à de bons résultats. Enfin j'ai

complété cette seconde édition par un traité d'*Ana-lyse au chalumeau.*

J'ose espérer que, présenté à ce point de vue, mon *Traité pratique d'analyse chimique* pourra remplir le but que je me suis proposé et facilitera l'enseignement de cette partie si intéressante et si utile de la chimie.

F. PISANI.

Paris, octobre 1885.

# INTRODUCTION

La première partie de cet ouvrage comprend l'analyse *qualitative*, et la seconde l'analyse *quantitative*. L'analyse *qualitative* est ainsi divisée : nous donnons d'abord les *principales* réactions des *acides*, tant par voie humide que par voie sèche ; puis nous indiquons les réactions les plus caractéristiques des bases. Vient ensuite une marche méthodique pour la recherche des bases et des acides, dont la première partie comprend les essais par la voie sèche (au chalumeau) et l'analyse spectrale ; la seconde partie est consacrée aux essais par la voie humide.

Nous avons trouvé inutile de donner, dans ce *Traité pratique*, la description des différents appareils et instruments de chimie que la *pratique* du

laboratoire fait connaître en peu de temps bien
mieux qu'aucune description détaillée. Il en est de
même de la préparation des différents réactifs, que
l'on trouve suffisamment purs dans les bonnes mai-
sons de produits chimiques. Ce n'est que pour
quelques réactifs spéciaux que nous avons indiqué
la préparation, et cela quand nous avons parlé de
l'application de ce réactif pour la recherche d'un
acide ou d'une base. En général, les réactifs solides
étant solubles dans 10 parties d'eau à froid, c'est à
cet état de dilution qu'on les emploie, excepté quand
ils sont moins solubles; dans ce cas on emploie
une solution au 20° ou plus faible. D'ailleurs, en
consultant un livre de chimie générale, on trouvera toujours les renseignements nécessaires à cet
égard.

Pour l'analyse *quantitative*, nous n'avons donné
comme généralités que ce qui concerne la balance
et les pesées, les densités, la manière de filtrer et
de calciner les précipités. Pour toutes ces opérations, nous avons eu soin de mettre des détails
très précis, de manière à montrer que, dans cette
partie si délicate de la chimie, on ne saurait prendre
trop de précautions pour arriver à des résultats
satisfaisants. Nous traitons ensuite du dosage et de

la séparation des bases et des acides, en donnant
surtout les méthodes reconnues comme étant
bonnes, avec tous les détails de manipulations
nécessaires pour bien réussir. Après le dosage de
chaque corps vient toujours la séparation de ce corps
avec les précédents du même groupe, de sorte
qu'avec cette marche méthodique il est toujours
facile de trouver la séparation que l'on recherche.
Nous avons indiqué surtout les séparations qu'on
a le plus occasion de faire dans la plupart des analyses. Quand il s'agit d'analyses spéciales, comme
par exemple les essais des minerais d'or, d'argent,
de plomb, de manganèse, de potasse, etc., nous
les avons toujours placés à la suite du dosage du
*métal* correspondant. Nous avons ensuite un cha-
pitre consacré à l'analyse des gaz, un autre pour
les densités de vapeurs; l'analyse organique élémentaire et le calcul des analyses forment deux
autres chapitres.

Enfin nous terminons en donnant une série
d'exemples d'analyses à effectuer pour se familia-
riser avec les principaux dosages.

La plupart des réactions, des dosages et séparations des corps ont été vérifiés pendant plusieurs
années dans mon laboratoire, et je dois surtout

remercier particulièrement M. Ph. Dirvell, qui a bien voulu répéter plusieurs analyses délicates ou m'a fourni divers résultats d'observations concernant l'analyse chimique.

Cette deuxième édition a été complétée par un traité d'*Analyse au chalumeau.*

# TRAITÉ PRATIQUE
# D'ANALYSE CHIMIQUE
## QUALITATIVE ET QUANTITATIVE

# LIVRE PREMIER
## ANALYSE QUALITATIVE

## CHAPITRE PREMIER

### RÉACTIONS DES ACIDES

La *manière d'opérer*, pour bien faire les réactions, tant des acides que des bases, est beaucoup plus importante qu'on ne se le figure ordinairement. Ainsi, il faut toujours avoir soin de prendre *peu* de matière à la fois, afin que, lorsqu'on ajoute le réactif, on n'ait point un volume trop considérable, ce qui arrive surtout s'il faut en mettre un excès. Par exemple, on a un précipité qui doit se dissoudre dans un excès de réactif : l'élève a rempli à moitié un verre à expérience et verse de son réactif tant qu'il y a de la place dans le vase; le précipité n'a pas disparu, il en conclut qu'il est insoluble dans un excès du liquide précipitant. Il fallait donc dans ce cas ne mettre que peu de liquide en solution concentrée au fond du verre où l'on a opéré, pour pouvoir y ajouter un excès de réactif.

La solution contenant la base ou l'acide dont on étudie les réactions ne doit pas être trop étendue, mais en général au dixième, si la solubilité du sel le comporte. S'il faut acidifier une liqueur avant de traiter par l'hydrogène sulfuré, éviter de mettre un grand excès d'acide, autrement il est des cas où la précipitation serait nulle ou bien seulement partielle. En général, voici les meilleures conditions pour bien faire les réactions par voie humide : prendre un verre à expérience de la capacité de 50 centimètres cubes à 100 centimètres cubes et y verser seulement 1 centimètre cube ou 2 centimètres cubes de la liqueur à essayer ; ajouter le réactif par petites portions et agiter toujours avec une baguette. S'il faut observer une réaction à chaud, opérer dans un tube d'essai.

Quand on dit qu'un précipité est soluble dans les *acides*, il s'agit toujours de l'acide *chlorhydrique* ou *azotique*.

On divise les acides en trois groupes, suivant la manière dont ils se comportent avec les réactifs suivants : *acétate de baryte* et *azotate d'argent*.

**Acides du premier groupe.** — Précipitent en solution neutre par *l'acétate de baryte* ou tout autre sel de baryte soluble, comme l'azotate ou le chlorure. Ce sont les acides : *sulfurique, sulfureux, hyposul-fureux, sélénieux, sélénique, tellureux, tellurique,* phosphorique, *chromique, arsénieux, arsénique, borique, carbonique, oxalique, fluorhydrique, hydrofluosilicique* et *silicique.*

**Acides du second groupe.** — Ne précipitent pas en solution neutre par l'acétate de baryte, mais précipitent par l'*azotate d'argent.* Ce sont les acides : *chlorhydrique, hypochloreux, bromhydrique, iodhydrique, cyanhydrique* et *sulfhydrique.*

**Acides du troisième groupe.** — Ne précipitent par aucun des deux réactifs précédents. Ce sont les acides : *azotique, chlorique* et *perchlorique.*

*N. B.* — Pour toutes les réactions par voie humide, on emploie des sels alcalins.

### ACIDES DU PREMIER GROUPE

**1. Acide sulfurique.** — La solution des sulfates donne avec l'*acétate de baryte*, ou tout autre sel de baryte, un précipité blanc de sulfate de baryte, insoluble dans l'eau et dans les acides étendus. Pour obtenir cette réaction avec les sulfates insolubles, comme ceux de baryte, strontiane, il suffit de les fondre dans un creuset de platine avec 4 parties de carbonate de soude sec, de faire bouillir la masse avec de l'eau, filtrer, acidifier la liqueur par de l'acide chlorhydrique et y ajouter l'acétate de baryte.

*Au chalumeau*, on reconnaît un sulfate en le mélangeant avec du carbonate de soude et le chauffant sur le charbon, à une flamme de réduction bien soutenue, jusqu'à ce qu'une partie de la masse fondue commence à pénétrer dans les pores du charbon ; ordinairement, cette masse est couleur de foie (masse hépatique). On la détache avec un couteau, on la place sur une pièce d'argent, et on ajoute quelques gouttes d'eau : l'argent est fortement noirci par suite de la formation du sulfure d'argent.

Un autre procédé fort sensible consiste à chauffer le sulfate, préalablement desséché, dans un tube de verre ayant un ou deux millimètres de diamètre, au fond duquel on a mis un morceau de sodium gros comme un grain de millet : une vive réaction a lieu, et la masse devient ordinairement jaune ; l'extrémité du tube étant brisée entre du papier et placée avec de l'eau sur la lame d'argent, celle-ci est noircie.

### 2. Acide sulfureux. — Les sulfites neutres donnent, avec l'*acétate de baryte*, un précipité blanc, soluble avec effervescence dans l'acide chlorhydrique, en dégageant de l'acide sulfureux.

Les sulfites traités par l'*acide chlorhydrique* ou l'*acide sulfurique* dégagent de l'acide sulfureux. Lorsqu'on traite une dissolution d'acide sulfureux par l'*hydrogène sulfuré*, celui-ci donne lieu à un dépôt de soufre.

### 3. Acide hyposulfureux. — Les hyposulfites donnent avec l'*acétate de baryte* un précipité blanc, soluble surtout dans l'eau chaude et décomposable par l'acide chlorhydrique avec dégagement d'acide sulfureux

Avec l'acide chlorhydrique, les hyposulfites don-

nent un dépôt de soufre laiteux, ainsi qu'un dégagement d'acide sulfureux.

Avec le *chlorure ferrique*, les hyposulfites alcalins
donnent une coloration violacée ; au bout d'un certain
temps, la liqueur devient incolore et le fer passe au
minimun.

**4. Acide sélénieux et acide sélénique.** — Avec l'*acétate de baryte* ou le chlorure de baryum, les sélénites donnent un précipité blanc, soluble dans les
acides. Avec le même réactif, les séléniates donnent
un précipité à peine soluble dans les acides.

Lorsqu'on ajoute de l'*acide sulfureux* ou un sulfite
alcalin à la solution de l'acide sélénieux ou d'un
sélénite contenant de l'acide chlorhydrique, on
obtient, surtout à chaud, un précipité rouge de sélénium, devenant noir lorsqu'on continue à chauffer.
Ce précipité se dissout dans l'acide sulfurique en
donnant une liqueur verte ; l'eau en précipite du
sélénium rouge. Les séléniates ne donnent cette
réaction qu'après avoir été chauffés quelque temps
avec de l'acide chlorhydrique : il se dégage du
chlore, et l'on obtient de l'acide sélénieux, réductible
par l'acide sulfureux.

L'*hydrogène sulfuré* précipite les solutions des
sélénites acidifiées par l'acide chlorhydrique ; le précipité de sulfure est jaune à froid et rouge à chaud,
il est soluble dans le sulfure ammonique.

*Au chalumeau*, sur le fil de platine, les composés
du sélénium colorent la flamme en bleu.

Sur le charbon, on a, en même temps que la coloration bleue, une odeur de raifort ou de rave pourrie. Si l'on a chauffé avec du carbonate de soude, la masse restante, étant humectée d'eau et placée sur une lame d'argent, la colore en noir, comme dans le cas du soufre.

**5. Acides du tellure.** — Avec le *chlorure de baryum*, les tellurites et les tellurates donnent un précipité blanc, soluble dans les acides.

L'acide *sulfureux* et les *sulfites alcalins* donnent à chaud, dans la solution chlorhydrique des acides du tellure, un précipité noir de tellure métallique. Ce précipité, étant chauffé doucement avec de l'acide sulfurique concentré, se dissout en colorant la liqueur en pourpre; par l'addition de l'eau, le tellure se précipite.

Les tellurates dégagent à chaud du chlore par l'action de l'acide chlorhydrique; il se forme de l'acide tellureux.

L'*hydrogène sulfuré* précipite en brun (comme le sulfure d'étain au minimum) la solution acide des tellurites; le précipité est soluble dans le sulfure ammonique. Les tellurates ne précipitent que difficilement et au bout d'un certain temps, surtout en solution étendue ; il vaut mieux les chauffer préalablement avec l'acide chlorhydrique.

*Au chalumeau*, sur le charbon, à la flamme intérieure, les composés du tellure sont réduits, le métal se volatilise, et il se forme un enduit blanc d'acide tellureux; on obtient en même temps une coloration de la flamme en bleu verdâtre.

Dans le tube ouvert, les tellurures donnent un sublimé blanc, comme les antimoniures; seulement, dans le cas du tellure, le sublimé fond en gouttelettes quand on le chauffe, ce qui n'a pas lieu .pour le sublimé donné par l'antimoine.

6. **Acide phosphorique**. — Le précipité blanc formé par l'*acétate de baryte* est soluble dans l'acide chlorhydrique.

Avec le *sulfate de magnésie* additionné de chlorhydrate d'ammoniaque et d'ammoniaque, on obtient, surtout par l'agitation, un précipité cristallin de phosphate ammoniaco-magnésien. C'est là un réactif excellent pour les phosphates neutres solubles dans l'eau.

Avec l'*azotate d'argent*, on obtient un précipité jaune soluble dans l'acide azotique et dans l'ammoniaque.

Le *molybdate d'ammoniaque* donne, par l'ébullition, dans les solutions des phosphates préalablement acidifiées d'acide azotique ou chlorhydrique, un précipité jaune serin et une liqueur jaune. Pour une petite quantité d'acide phosphorique, la liqueur devient seulement jaune et perd sa couleur par refroidissement. Il faut avoir soin de rajouter du molybdate si la réaction n'a pas lieu dès le commencement et maintenir toujours la liqueur acide. Cette réaction est bonne pour tous les phosphates qui ne sont solubles que dans les acides; on emploie dans ce cas une solution chlorhydrique ou azotique. Comme les arséniates et les silicates donnent également un précipité avec ce réactif, il faut avoir soin de bien s'assurer de leur absence ou bien de les éliminer.

Le *sulfate de zircone* est un excellent réactif pour la recherche de l'acide phosphorique, dans tous les cas, surtout pour les phosphates solubles dans les acides, même dans une solution sulfurique. Il donne un précipité blanc floconneux, insoluble dans les acides et se déposant facilement, surtout si l'on chauffe. On reconnaît par ce moyen de très petites quantités d'acide phosphorique.

L'acide arsénique donnant la même réaction, on doit s'assurer s'il n'existe point d'arsenic dans la liqueur.

Les deux autres acides du phosphore, acide pyrophosphorique et métaphosphorique, se distinguent de l'acide phosphorique en ce que leur solution neutre précipite en *blanc* et non en jaune par l'azotate d'argent. Les métaphosphates précipitent par l'albumine.

*Au chalumeau,* sur le fil de platine, tous les phosphates, étant humectés d'acide sulfurique concentré, colorent la flamme en vert bleuâtre pâle. Pour bien réussir cette réaction, il faut faire un dard très petit et approcher graduellement le fil des bords de la flamme; dès que l'acide est volatilisé, il faut humecter de nouveau. Cette réaction, quoique sensible, exige une certaine habitude. En opérant avec le *sodium* exactement comme pour les sulfates, on obtient une masse noire; en cassant le tube et en ajoutant une trace d'eau, on sentira très fortement l'odeur de l'hydrogène phosphoré (odeur alliacée). Cette réaction est excellente et très sensible. Avec les *phosphates de fer*, on ne peut pas obtenir la réaction, il faut avoir recours à la voie humide, ou bien chauffer avec l'acide sulfurique.

7. **Acide chromique.** — Les chromates sont jaunes ou rouges. Les solutions jaunes deviennent rouges lorsqu'on ajoute un acide en se transformant en bichromate.

L'*hydrogène sulfuré* transforme la solution acide des chromates en sel de chrome vert, avec dépôt de soufre. L'acide *sulfureux*, l'acide *chlorhydrique* additionné d'alcool, opèrent la même réaction à chaud.

L'*acétate de baryte* donne dans la solution des chromates un précipité blanc jaunâtre, soluble dans les acides.

L'*acétate de plomb* donne un précipité jaune, soluble dans la potasse, insoluble dans l'acide acétique.

*Au chalumeau*, les chromates donnent avec le borax une perle verte dans les deux flammes.

8. **Acide arsénieux.** — La solution des arsénites neutres donne avec l'*acétate de baryte* un précipité blanc, soluble dans les acides.

L'*azotate d'argent* donne dans les solutions neutres un précipité jaune, soluble dans l'acide azotique et dans l'ammoniaque.

Le *sulfate de cuivre* donne un précipité vert jaunâtre.

L'*hydrogène sulfuré* donne dans les solutions des

1.

arsénites, rendues acides au moyen de l'acide chlorhydrique, un précipité jaune $AsS^3$, soluble dans les sulfures alcalins, la potasse et l'ammoniaque.

*Au chalumeau*, les arsénites étant chauffés avec du carbonate de soude, sur le charbon, à la flamme de réduction, donnent une odeur d'ail. Dans le tube fermé, avec du carbonate de soude et du charbon, on obtient un anneau d'arsenic ; en cassant l'extrémité du tube, cet anneau se déplace par l'action de la chaleur et donne l'odeur d'ail.

**9. Acide arsénique.** — Les arséniates neutres donnent avec l'*acétate de baryte* un précipité blanc, soluble dans les acides.

L'*azotate d'argent* donne dans les solutions neutres un précipité rouge brique, soluble dans l'acide azotique et dans l'ammoniaque.

Le *sulfate de cuivre* donne un précipité bleu verdâtre.

Dans une dissolution acide, le *sulfate de zircone* donne un précipité gélatineux, comme dans le cas des phosphates.

L'*hydrogène sulfuré* précipite difficilement les solutions acides des arséniates ; mais, si l'on ajoute préalablement de l'acide sulfureux ou du sulfite de soude, on obtient aisément un précipité jaune, comme dans le cas de l'acide arsénieux.

*Au chalumeau*, les arséniates se comportent comme les arsénites.

**10. Acide borique.** — Les borates en solution concentrée précipitent en blanc par l'*acétate de baryte*; le précipité est soluble dans les acides et dans le chlorure ammonique.

*Au chalumeau*, sur le fil de platine, les borates, étant humectés d'acide sulfurique concentré et placés dans la flamme, donnent une coloration verte; pour reproduire cette réaction, il faut humecter de nouveau avec l'acide. Cette réaction est la seule qui soit sûre.

**11. Acide carbonique.** — Les carbonates précipitent en blanc par l'*acétate de baryte*; le précipité est soluble avec effervescence dans les acides. Tous les carbonates font effervescence avec les acides étendus, soit à froid, soit à chaud. Si l'on fait arriver le gaz qui se dégage dans l'eau de chaux, celle-ci est troublée.

**12. Acide oxalique.** — Les oxalates donnent avec l'*acétate de baryte* un précipité blanc, soluble dans les acides.

Le *chlorure de calcium* donne un précipité blanc, soluble dans les acides, mais insoluble dans l'acide acétique.

Les oxalates de baryte, de chaux, ainsi que ceux à base d'alcali, font effervescence *après* calcination.

Lorsqu'on chauffe un oxalate avec de l'acide sulfurique concentré, il se dégage de l'oxyde de carbone et de l'acide carbonique; en faisant passer le gaz dans de la potasse, l'acide carbonique est absorbé, et on recueille de l'oxyde de carbone brûlant avec une flamme bleue.

**13. Acide fluorhydrique.** — *L'acétate de baryte* donne avec les fluorures un précipité blanc, soluble dans les acides.

Lorsqu'on chauffe un fluorure avec de l'acide sulfurique, il se dégage de l'acide fluorhydrique qui attaque le verre. La meilleure manière d'opérer consiste à chauffer le fluorure dans un creuset de platine dont le couvercle est percé d'un petit trou ; on place sur ce couvercle une plaque de verre d'un centimètre carré, et le verre est dépoli juste à l'endroit qui recouvre l'ouverture. Il faut, pour bien observer le phénomène, laver la petite plaque de verre et puis la bien sécher.

**14. Acide hydrofluosilicique.** — Avec *l'acétate de baryte*, on obtient un précipité cristallin.

Les *sels de potasse*, traités par l'acide hydrofluosilicique, donnent un précipité gélatineux transparent, de fluosilicate de potasse, visible surtout après avoir laissé reposer la liqueur. Chauffés avec *l'acide sulfurique*, les fluosilicates dégagent de l'acide fluorhydrique et du fluorure de silicium.

**15. Acide silicique.** — Les silicates alcalins donnent avec *l'acétate de baryte* un précipité soluble dans l'acide chlorhydrique.

Avec l'acide *chlorhydrique* ou *azotique*, les silicates alcalins et plusieurs autres silicates sont attaquables avec séparation de silice gélatineuse ; quand on emploie un acide étendu, il arrive ordinairement que tout se dissout ; mais, par l'évaporation de la liqueur, on obtient une gelée parfaite. Pour pouvoir séparer l'acide silicique, il faut pousser l'évaporation jusqu'à siccité parfaite, reprendre par l'eau acidulée, puis filtrer.

D'autres silicates sont attaquables avec dépôt de silice terreuse, sans faire gelée. Enfin, plusieurs silicates ne s'attaquent pas par les acides ; pour les rendre attaquables, il faut les faire fondre dans un creuset de platine avec 4 parties de carbonate de soude, et reprendre par l'acide chlorhydrique : on obtient une gelée de suite ou par évaporation de la liqueur. On peut aussi dans certains cas reprendre par l'eau seule, à chaud, le silicate rendu attaquable, puis filtrer ; la liqueur, qui contient un silicate alcalin, précipite en flocons par un *excès* de chlorure ammonique surtout en agitant avec une baguette. On peut faire cette même réaction avec la silice qu'on a séparée par l'évaporation à sec de la liqueur acide ; pour cela, il suffit de la chauffer avec de la potasse ou du carbonate de soude en solution concentrée : elle se dissout entièrement si le silicate a été bien attaqué, et cette solution précipite avec le chlorure ammonique.

Il existe d'autres moyens d'attaque des silicates que nous décrirons plus loin.

*Au chalumeau,* on reconnaît la présence de la silice, en faisant une perle de sel de phosphore, avec laquelle on chauffe une parcelle de silicate à essayer ;

la silice seule ne se dissout point dans cette perle et tournoie sans cesse sous l'action du dard du chalumeau. Cette réaction exige un peu d'attention.

ACIDES DU SECOND GROUPE

16. **Acide chlorhydrique.** — Les chlorures donnent avec l'*azotate d'argent* un précipité blanc, caillebotté, insoluble dans l'acide azotique, mais soluble dans l'ammoniaque. Le précipité noircit à la lumière.

Chauffés avec du *peroxyde de manganèse* et de l'*acide sulfurique*, les chlorures dégagent du chlore, reconnaissable à son odeur.

*Au chalumeau,* on reconnaît la présence du chlore, de la manière suivante : on fait une perle de sel de phosphore qu'on sature d'oxyde de cuivre, de manière qu'elle soit noire, puis on prend de la matière à essayer ; en introduisant cette perle dans la flamme, on obtient une coloration d'un beau bleu au centre, avec du pourpre, puis un peu de vert tout autour.

17. **Acide hypochloreux.** — Les hypochlorites, étant ordinairement mélangés de chlorure, donnent avec l'*azotate d'argent* un précipité comme les chlorures.

Avec l'*azotate de plomb*, on obtient un précipité blanc, devenant ensuite rouge orangé et puis brun (peroxyde de plomb).

Avec l'*acide chlorhydrique* ou *sulfurique*, le chlorure de chaux donne un dégagement de chlore. Avec l'acide azotique, il se dégage de l'acide hypochloreux.

En présence d'un acide, les hypochlorites décolorent rapidement le sulfate d'indigo.

**18. Acide bromhydrique.** — Les bromures donnent avec l'*azotate d'argent* un précipité jaunâtre, insoluble dans l'acide azotique et peu soluble dans l'ammoniaque. Ce précipité noircit à la lumière.

Avec l'*eau de chlore* ou l'*acide azotique*, la solution des bromures se colore en jaune rougeâtre ; si l'on ajoute un peu d'éther et qu'on agite dans un tube, l'éther s'empare du brome et forme à la surface du liquide une couche colorée en jaune.

Avec du *peroxyde de manganèse* et de l'*acide sulfurique*, les bromures dégagent à chaud du brome. On obtient la même réaction par voie sèche dans un petit tube, avec un bromure et du bisulfate de potasse.

**19. Acide iodhydrique.** — Les iodures donnent avec l'*azotate d'argent* un précipité jaune, insoluble dans l'acide azotique et dans l'ammoniaque.

Le *bichlorure de mercure* précipite en rouge vif la solution des iodures ; ce précipité est soluble dans un excès de réactif et dans un excès d'iodure.

Si l'on ajoute à la solution d'un iodure de l'*empois d'amidon*, puis de l'eau chlorée ou de l'acide azotique, on obtient une coloration bleue. On peut faire cette réaction d'une manière plus simple, en trempant une bande de papier à écrire (collé à l'amidon) dans la solution à essayer, puis en l'exposant aux vapeurs de chlore, ou bien en l'humectant avec de l'acide azotique étendu. Avec le peroxyde de manganèse et l'acide sulfurique, ou bien, par voie sèche, avec le *bisulfate de potasse*, dans un petit tube, à chaud, on a un dégagement de vapeurs violettes d'iode.

*Au chalumeau*, avec la perle de sel de phosphore saturée d'oxyde de cuivre, la flamme se colore en un beau vert émeraude.

**20. Acide cyanhydrique.** — Les cyanures donnent avec l'*azotate d'argent* un précipité blanc, insoluble dans l'acide azotique, peu soluble dans l'ammoniaque, mais soluble dans le cyanure de potassium. Avec un mélange de *sulfate ferreux* et de *chlorure ferrique*, les cyanures donnent un précipité de bleu de Prusse quand on ajoute de l'acide chlorhydrique.

Si l'on ajoute à un cyanure de l'*acide ,chlorhyarique* ou sulfurique, on obtient un dégagement d'acide cyanhydrique (odeur d'amandes amères). Le cyanure de mercure et les cyanures doubles, comme le ferrocyanure de potassium, ne donnant pas toutes les réactions précédentes, le mieux est de les chauffer avec de l'acide sulfurique étendu (et du fer dans le cas du cyanure de mercure) pour avoir l'odeur de l'acide cyanhydrique. Le ferrocyanure de potassium donne du bleu de Prusse avec le *chlorure ferrique ;* le ferricyanure de potassium en donne seulement avec le *sulfate ferreux.*

**21. Acide sulfhydrique.** — L'*azotate d'argent* donne, dans la solution des sulfures, un précipité noir. L'*acétate de plomb* donne la même réaction.

L'*acide chlorhydrique* décompose à froid les sulfures alcalins et certains sulfures du troisième groupe, avec dégagement d'hydrogène sulfuré, reconnaissable à son odeur et noircissant un papier humecté d'*acétate de plomb*. Dans certains cas, il se dépose du soufre et la liqueur devient laiteuse. Certains sulfures ne sont décomposés qu'à chaud par l'acide chlorhydrique.

L'*acide azotique* attaque beaucoup de sulfures qui résistent à l'acide chlorhydrique; il se dégage des vapeurs rutilantes et il se forme de l'acide sulfurique en même temps qu'on obtient un dépôt de soufre.

Enfin, l'*eau régale* attaque les sulfures qui résistent à l'action de l'acide azotique.

Si l'on fond avec du *carbonate de soude* un sulfure insoluble, la masse fondue, humectée d'eau, noircit une lame d'argent.

*Au chalumeau*, sur le charbon, à la flamme d'oxydation, beaucoup de sulfures dégagent de l'acide sulfureux.

Dans un tube ouvert par les deux bouts, les sulfures métalliques dégagent également de l'acide sulfureux.

### ACIDES DU TROISIÈME GROUPE

**22. Acide azotique.** — Les azotates, chauffés dans un tube avec de la *tournure de cuivre* et de l'*acide sulfurique concentré*, dégagent des vapeurs rutilantes d'acide hypoazotique. On obtient la même réaction en opérant par voie sèche, dans un petit tube, avec du bisulfate de potasse.

Quand on mélange la dissolution d'un azotate avec son volume d'*acide sulfurique concentré* pur, qu'on laisse refroidir et qu'on ajoute peu à peu une dissolution concentrée de *sulfate ferreux*, sans que les liquides se mélangent, on voit se former au point de contact des deux couches une coloration *brune* qui augmente peu à peu d'intensité; pour de très petites quantités d'azotate, on obtient au bout de peu de temps une coloration rougeâtre.

Quand on colore de l'acide chlorhydrique au moyen d'une ou deux gouttes de *sulfate d'indigo* en solution étendue, et qu'on fait bouillir dans un tube, la liqueur bleue est décolorée à chaud par les plus petites quantités d'un azotate.

*Au chalumeau*, sur le charbon, les azotates fusent.

23. **Acide chlorique.** — Les chlorates, traités par l'*acide sulfurique concentré*, se colorent en jaune et dégagent de l'acide hypochlorique, reconnaissable à son odeur.

Les chlorates alcalins, étant fondus dans une capsule de platine, se décomposent en se transformant en chlorures; en reprenant par l'eau, la solution précipite par l'azotate d'argent.

Chauffés dans un petit tube, les chlorates dégagent de l'oxygène.

*Au chalumeau*, sur le charbon, les chlorates fusent comme les azotates.

**24. Acide perchlorique.** — Les perchlorates, en solution concentrée, donnent avec les *sels de potasse* un
précipité cristallin de perchlorate de potasse, insoluble dans l'alcool.

L'acide sulfurique concentré ne décompose pas les
perchlorates ; l'acide perchlorique déplace l'acide azotique et l'acide chlorhydrique. Les perchlorates alcalins, étant chauffés au rouge, dégagent de l'oxygène et
se transforment en chlorures.

### ACIDES ORGANIQUES

Nous ne traiterons ici que des acides qu'on rencontre le plus fréquemment dans les produits du
commerce, comme *l'acide tartrique*, *l'acide citrique*,
*l'acide acétique*, *l'acide formique*.

**25. Acide tartrique.** — Les solutions des tartrates
neutres donnent avec le *chlorure de calcium* un précipité de tartrate de chaux ; s'il y a des sels ammoniacaux en présence, le précipité n'apparaît qu'au
bout d'un certain temps et surtout par l'agitation. Ce
précipité est soluble à froid dans la potasse et se
dépose par l'ébullition ; après refroidissement, le précipité se redissout.

Les *sels de potasse* donnent avec l'acide tartrique,
surtout par l'agitation, un précipité cristallin de tartrate acide de potasse (crème de tartre) ; ce précipité est peu soluble dans l'eau. La dissolution de
l'acide tartrique doit être assez concentrée.

Lorsqu'on calcine de l'acide tartrique ou un tartrate, la masse se carbonise, en donnant une odeur do sucre brûlé.

Si l'on ajoute de l'ammoniaque à du tartrate de chaux, et un morceau d'*azotate d'argent* cristallisé, on obtient contre les parois du tube un miroir d'argent métallique, quand on chauffe lentement.

**26. Acide citrique.** — La solution des citrates neutres donne avec le *chlorure de calcium* un précipité de citrate de chaux, insoluble dans la potasse et soluble dans le chlorure d'ammonium. Par l'ébullition, le citrate de chaux se précipite.

*L'eau de chaux* ajoutée en excès ne précipite pas la solution de l'acide citrique et des citrates ; si l'on chauffe à l'ébullition, il se forme un précipité de citrate de chaux qui disparaît en partie par le refroidissement.

· L'acide citrique et les citrates se carbonisent par la calcination, en donnant une odeur différente de celle de l'acide tartrique.

La présence de l'acide tartrique et de l'acide citrique empêche la précipitation par l'ammoniaque de plusieurs oxydes du troisième groupe, tels que l'oxyde de fer, l'alumine, la glucine, l'oxyde d'urane, etc. Ces acides organiques empêchent également plusieurs autres réactions.

**27. Acide acétique.** — Les acétates *en solution concentrée* précipitent en blanc par *l'azotate d'argent ;* le précipité est soluble dans l'eau chaude.

Si l'on ajoute du *chlorure ferrique* à la solution d'un acétate, on obtient une coloration rouge brun; par l'ébullition, il se précipite des flocons jaunes d'acétate de fer basique.

Avec l'*acide sulfurique*, les acétates dégagent à chaud de l'acide acétique, reconnaissable à son odeur.

**28. Acide formique.** — Avec le *chlorure ferrique*, les formiates donnent un liquide rouge, comme les acétates; par l'ébullition, il se dépose un sous-sel.

Avec l'*azotate d'argent*, les formiates donnent à chaud une coloration brune avec dépôt d'argent métallique.

Lorsqu'on chauffe avec l'*acide sulfurique étendu*, il se dégage de l'acide formique reconnaissable à son odeur particulière.

# CHAPITRE II

On divise les oxydes métalliques en cinq groupes, suivant la manière dont ils se comportent avec les réactifs suivants : *hydrogène sulfuré, sulfure ammonique, carbonate d'ammoniaque.*

**Métaux du premier groupe.** — Précipitent par l'*hydrogène sulfuré* dans une liqueur acide; le précipité est *soluble* dans le sulfure ammonique ou dans le sulfure de sodium. Ce sont : l'or, le *platine*, l'*étain*, l'*antimoine*, l'*arsenic*, le *molybdène*, le *tungstène*, le *sélénium*, le *tellure.*

**Métaux du second groupe.** — Précipitent par l'*hydrogène sulfuré* dans une liqueur acide; le précipité ne se dissout point dans le sulfure ammonique. Ce sont : l'*argent*, le *plomb*, le *mercure*, le *bismuth*, le *cuivre* et le *cadmium.*

**Métaux du troisième groupe.** — Ne précipitent point par l'hydrogène sulfuré dans une liqueur acide, mais précipitent par le *sulfure ammonique* dans une liqueur neutre ou ammoniacale :

Ce sont : le *cobalt,* le *nickel,* le *fer,* l'*urane,* le *manganèse,* le *zinc,* l'*alumine,* la *glucine,* le *chrome,* le *cérium* (lanthane, didyme), l'*yttria* (et ses congénères), la *zircone* et l'acide *titanique.*

**Métaux du quatrième groupe.** — Ne précipitent point par l'hydrogène sulfuré et par le sulfure ammonique, mais précipitent par le *carbonate d'ammoniaque* en présence du chlorure ammonique dans une liqueur ammoniacale. Ce sont : la *baryte,* la *strontiane* et la *chaux.*

**Métaux du cinquième groupe.** — Ne précipitent par aucun des réactifs précédents, si l'on a mis du chlorure ammonique. Ce sont : la *magnésie,* la *potasse,* la *soude,* la *lithine* et l'*ammoniaque.*

### MÉTAUX DU PREMIER GROUPE

**29. Or.** — La solution du chlorure d'or est jaune.

L'*hydrogène sulfuré* donne un précipité de sulfure, brun noir, soluble dans le *sulfure ammonique* [1] et dans le sulfure de sodium. La liqueur est brune.

Le *protochlorure d'étain* donne un précipité rouge foncé ou brun (pourpre de Cassius), insoluble dans l'acide chlorhydrique. On peut faire cet essai de la

---

1. Toutes les fois qu'on veut voir la solubilité d'un sulfure dans le sulfure ammonique ou dans tout autre réactif, il faut avoir soin de *filtrer* et de prendre ce sulfure avec une spatule.

manière suivante, qui est des plus sensibles : la solution de chlorure, placée dans une petite capsule de
porcelaine, est additionnée d'acide chlorhydrique,
puis on ajoute une feuille d'étain ; en chauffant, il se
produit en quelques instants une coloration violet
pourpre, ou violette si la solution est très étendue.

Le *zinc* précipite l'or à l'état métallique sous forme
de poudre brune.

L'*acide oxalique*, l'*acide sulfureux* le *sulfate fer-*
*reux*, le *protochlorure d'antimoine*, l'*acide arsénieux*
réduisent les sels d'or soit à chaud soit à froid ; on
obtient l'or tantôt sous forme de poudre brune, tantôt
sous forme de paillettes ayant l'éclat de l'or. C'est
surtout avec le *protochlorure d'antimoine* à chaud et
en présence de l'acide chlorhydrique qu'on obtient
le plus beau précipité d'or. Pour des petites quantités,
examiner à la loupe.

· *Au chalumeau*, sur le charbon, avec le carbonate
de soude, les sels d'or donnent un grain métallique
malléable.

30. **Platine.** — La solution du chlorure de platine
est jaune.

L'*hydrogène sulfuré* donne un précipité brun noir,
presque insoluble dans un *excès* de sulfure ammonique et de sulfure de sodium.

Le *sulfure ammonique* donne un précipité soluble
dans un excès de réactif. La dissolution a une couleur brun rouge.

Le *chlorure de potassium* et le *chlorure d'ammo-*

*nium* donnent dans la solution concentrée du chlorure de platine un précipité jaune, cristallin, de
chloroplatinate de potasse ou d'ammoniaque peu
soluble dans l'acide chlorhydrique et dans l'eau
froide ; à chaud, il se dissout davantage. Il est insoluble dans l'alcool.

Pour de petites quantités de platine, il faut ajouter
de l'alcool avant de précipiter par un sel de potasse.
Il est préférable de faire cette réaction dans une capsule de porcelaine.

En chauffant un sel de platine avec de l'acide chlorhydrique et une *feuille d'étain*, on obtient une liqueur
d'un brun rouge.

Le *zinc* précipite le platine de ses dissolutions,
sous forme de poudre noire.

**Etain.** — Comme il existe des sels stanneux et des
sels stanniques, nous examinerons successivement les
réactions de ces deux séries de sels.

31. SELS STANNEUX. — L'*hydrogène sulfuré* donne
dans les solutions des sels stanneux un précipité brun
$SnS$, soluble dans le sulfure ammonique *jaune*, chargé
de soufre ; la solution, étant traitée par l'acide chlorhydrique, donne des flocons jaunes de sulfure stannique mélangé de soufre. Le sulfure de sodium ne
dissout ce précipité qu'avec beaucoup de difficulté.
Le sulfure d'étain est soluble à chaud dans l'acide
chlorhydrique et dans la potasse. Traité à chaud par
l'acide azotique, il donne une poudre blanche (acide
stannique).

Avec le *chlorure d'or*, on obtient du pourpre de Cassius (réaction inverse des sels d'or).

Le *chlorure mercurique* donne un précipité blanc de calomel.

32. SELS STANNIQUES. — L'*hydrogène sulfuré* donne, surtout lorsqu'on chauffe, un précipité jaune $SnS^2$, soluble dans le sulfure ammonique, dans la potasse, l'ammoniaque et l'acide chlorhydrique à chaud. L'acide azotique le transforme en une poudre blanche.

Les sels stanneux et les sels stanniques donnent avec le *zinc* un précipité d'étain métallique. La solution, dans le sulfure ammonique, du sulfure stanneux ou stannique, étant chauffée dans une petite capsule de porcelaine, donne contre les parois du vase un anneau *jaune* de sulfure stannique.

*Au chalumeau*, sur le charbon, avec du *cyanure de potassium*, on obtient très aisément avec les sels d'étain des grains métalliques malléables, sans enduit.

33. **Antimoine.** — La solution concentrée des sels d'antimoine se trouble par l'eau; le précipité est soluble dans l'acide tartrique.

L'*hydrogène sulfuré* donne avec les sels d'antimoine un précipité orangé $SbS^3$ ou $SbS^5$ suivant que le sel est au minimum ou au maximum, soluble dans le sulfure ammonique et dans la potasse, soluble à chaud dans l'acide chlorhydrique. La solution dans le sulfure ammonique, étant évaporée dans une petite capsule de porcelaine, donne un *anneau orangé*.

Le *zinc* précipite l'antimoine à l'état de poudre noire.

Avec l'*appareil de Marsh*, les sels d'antimoine donnent des taches noires sur la porcelaine et un anneau métallique dans le tube. Voici quels sont les caractères de ces taches : 1° On chauffe avec l'acide azotique, on évapore à sec, et l'on reprend par l'eau : on obtient une poudre blanche, et la solution ne donne aucune réaction avec l'azotate d'argent. 2° On traite par l'acide azotique d'autres taches, comme ci-dessus, et l'on ajoute quelques gouttes de sulfure ammonique : en évaporant, on obtient une tache orangée soluble à chaud dans l'acide chlorhydrique. 3° Les taches ne disparaissent point avec l'hypochlorite de soude.

L'anneau métallique étant chauffé, après avoir enlevé le tube de l'appareil, disparaît en donnant des fumées blanches, *sans odeur*.

*Au chalumeau*, les sels d'antimoine donnent sur le charbon, avec du carbonnate de soude, des grains métalliques *cassants*, avec un enduit blanc qui se déplace aisément sous l'action du dard. Pendant l'opération, il se dégage beaucoup de fumée, et la flamme prend par intervalles une coloration verdâtre livide.

**34. Arsenic.** — Nous avons déjà étudié les réactions de l'arsenic en traitant des acides de ce métalloïde ; rappelons seulement la réaction de l'*hydrogène sulfuré* comme déterminant le groupe auquel il appartient.

L'*hydrogène sulfuré* donne, dans les solutions contenant de l'arsenic, *après addition* d'acide sulfureux ou de sulfite de soude, un précipité jaune d'orpiment

AsS³, soluble dans les sulfures alcalins, dans l'ammoniaque et dans la potasse.

Avec l'*appareil* de *Marsh*, les taches et l'anneau présentent les caractères suivants : 1° On traite par l'acide
azotique, on évapore à sec à une douce chaleur, et l'on
ajoute de *l'azotate d'argent* additionné de quelques
gouttes d'ammoniaque : on obtient un précipité *rouge
brique*. 2° Avec le sulfure ammonique, après évaporation, on a une tache jaune, soluble dans l'ammoniaque, insoluble dans l'acide chlorhydrique à chaud.
3° Les taches se dissolvent dans l'hypochlorite de
soude.

L'anneau d'arsenic se déplace lorsqu'on le chauffe,
et, étant grillé, après qu'on a coupé le tube près de
l'endroit où il s'est déposé, il donne l'odeur d'ail, en
même temps qu'un sublimé cristallin d'acide arsénieux montrant à la loupe ou au microscope des octaèdres réguliers.

35. **Molybdène**. — Dans la solution des molybdates alcalins acidifiée par l'acide chlorhydrique, *l'hydrogène
sulfuré* donne un précipité brun de sulfure de molybdène, et la liqueur surnageante est verte; s'il n'y a
que très peu d'acide molybdique, la liqueur devient
seulement verte et dépose au bout d'un certain temps,
surtout à chaud, le sulfure brun. Le précipité est soluble dans le sulfure ammonique.

Avec le *sulfure ammonique,* on obtient, au bout
d'un certain temps, une liqueur d'un jaune d'or;
Dans les liqueurs concentrées, on a une coloration

d'un jauue brun. Avec un acide étendu, on obtient un précipité brun de sulfure.

Les molybdates alcalins en solution assez concentrée donnent par les acides un précipité blanc, soluble dans un excès de réactif.

Une solution de molybdate d'ammoniaque acidifiée a acide chlorhydrique ou azotique et traitée par très peu de *phosphate de soude* devient d'abord jaune, et donne, surtout à chaud, un précipité jaune de phosphate molybdo-ammonique.

Avec le *zinc métallique*, une solution chlorhydrique contenant de l'acide molybdique donne une liqueur d'abord bleue, puis verte et enfin brune.

*Au chalumeau*, sur le charbon ou sur le fil de platine, les combinaisons de molybdène colorent la flamme en vert jaunâtre. Avec le sel de phosphore, on obtient une perle jaune verdâtre à chaud et presque incolore à froid, à la flamme d'oxydation; dans la flamme de réduction, la perle devient verte, comme pour le chrome.

36. **Tungstène.** — La solution des tungstates alcalins ne peut être acidifiée par l'acide chlorhydrique ou azotique sans donner lieu à un précipité blanc de chlorhydrate ou d'azotate d'acide tungstique.

Le *sulfure ammonique* ne précipite point la solution des tungstates alcalins; mais, en ajoutant de l'acide chlorhydrique étendu, il se forme un précipité brun-clair de sulfure. L'acide tungstique qui a été précipité par un acide est soluble dans le sulfure ammonique.

Quand on ajoute de l'acide chlorhydrique à la solution d'un tungstate alcalin et puis une lame de *zinc*, le précipité prend rapidement une belle couleur bleue et se transforme en un oxyde intermédiaire.

Avec le *sel de phosphore*, on obtient au chalumeau, sur le fil de platine, une perle incolore ou à peine jaunâtre à la flamme d'oxydation, devenant d'un beau bleu à la flamme de réduction.

**37. Sélénium et tellure.** — Les réactions de ces deux corps ont été indiquées aux acides; il suffira de rappeler ici l'action de l'*hydrogène sulfuré*.

Le sélénium donne, dans le cas de l'acide sélénieux, un précipité *jaune* à froid et rouge à chaud; il est soluble dans le sulfure ammonique. L'acide sélénique n'est pas précipité.

Le tellure donne un précipité brun comme l'étain du minimum, soluble dans le sulfure ammonique.

### MÉTAUX DU SECOND GROUPE

**38. Argent.** — L'*hydrogène sulfuré* donne dans les solutions des sels d'argent un précipité noir, insoluble dans les sulfures alcalins.

L'*acide chlorhydrique* et les chlorures alcalins donnent un précipité blanc, caillebotté, insoluble dans l'acide azotique et soluble dans l'ammoniaque. Ce précipité noircit à la lumière.

La *potasse* donne un précipité brun d'oxyde, insoluble dans un excès de réactif.

*Au chalumeau*, sur le charbon, avec le carbonate

de soude, on obtient des grains métalliques malléables, sans enduit.

39. **Plomb.** — Les sels de plomb précipitent en noir par l'*hydrogène sulfuré*; le précipité ne se dissout point dans les sulfures alcalins.

L'*acide chlorhydrique* donne un précipité cristallin, soluble dans l'eau bouillante, insoluble dans l'ammoniaque.

L'*acide sulfurique* donne un précipité de sulfate de plomb, peu soluble dans l'acide azotique étendu, soluble dans le tartrate d'ammoniaque et dans l'acétate d'ammoniaque.

Le *chromate de potasse* donne un précipité jaune de chromate de plomb.

*Au chalumeau*, sur le charbon, avec du carbonate de soude, on obtient des grains métalliques malléables avec un enduit jaune.

**Mercure.** — Il existe pour ce métal deux séries de sels : les sels mercureux et les sels mercuriques.

40. Sels mercureux. — L'*hydrogène sulfuré* donne dans la solution des sels mercureux un précipité noir, insoluble dans le sulfure ammonique, mais soluble dans le sulfure de sodium, surtout additionné d'un peu de potasse, avec séparation de mercure métallique.

L'*acide chlorhydrique* et les chlorures donnent un précipité de calomel, devenant noir lorsqu'on ajoute de l'ammoniaque.

41. Sels mercuriques. — L'*hydrogène sulfuré* donne,

avec les sels mercuriques, un précipité d'abord blanc, puis rouge et enfin *noir*, insoluble dans le sulfure ammonique, soluble dans le sulfure de sodium.

L'*iodure de potassium* donne un précipité d'un rouge vif, soluble dans un excès de réactif et dans un excès de sel mercurique.

Le *chlorure stanneux* donne un précipité blanc de calomel.

*Au chalumeau*, les composés de mercure étant chauffés dans un tube, avec du carbonate de soude, donnent un sublimé de mercure sous forme de gouttelettes; en frottant les parois du tube avec une tige en verre ou en bois, on peut rassembler les globules de mercure.

**42. Bismuth.** — La solution des sels de bismuth se trouble *par l'eau*, comme dans le cas des sels d'antimoine; le précipité est *insoluble* dans l'acide tartrique.

L'*hydrogène sulfuré* donne un précipité noir, insoluble dans le sulfure ammonique.

Quand on dissout du *chlorure stanneux* dans une *lessive de potasse* et qu'on ajoute un excès de cette liqueur à la dissolution d'un sel de bismuth, on obtient un précipité *noir* de protoxyde $BiO^2$.

*Au chalumeau*, les composés de bismuth donnent, avec le carbonate de soude, des grains métalliques *cassants* avec un enduit jaune.

**Cuivre.** — Il existe des sels cuivreux et des sels cuivriques; les premiers n'ont que peu d'importance,

**43. Sels cuivreux.** — Lorsqu'on dissout l'oxyde cuivreux (oxyde rouge) dans de l'*acide chlorhydrique*, on obtient une liqueur jaunâtre ou brune (si l'on opère au contact de l'air); quand on l'étend d'eau, il se précipite du chlorure cuivreux blanc, cristallin; par l'ébullition, le précipité se redissout, s'il y a assez d'acide, en donnant une liqueur jaunâtre. Si l'on ajoute alors de l'acide azotique, on obtient une coloration noirâtre; en chauffant, il se dégage des vapeurs rutilantes, et le liquide devient vert.

L'*iodure de potassium* donne, dans une solution de chlorure cuivreux, un précipité blanc de protoiodure.

**44. Sels cuivriques.** — Les sels de bioxyde de cuivre sont bleus ou verts.

L'*hydrogène sulfuré* donne un précipité noir, à peine soluble dans le sulfure ammonique et insoluble dans le sulfure de sodium.

L'*ammoniaque* donne un précipité bleuâtre, soluble dans un excès de réactif en donnant une liqueur d'un beau bleu.

La *potasse* donne un précipité d'un bleu clair, devenant noir par l'ébullition.

Avec le *ferrocyanure de potassium*, on obtient un précipité d'un brun marron.

Une *lame de fer* placée dans une solution de cuivre se recouvre de cuivre métallique.

*Au chalumeau*, avec une perle de borax, on obtient une perle bleue à la flamme d'oxydation, devenant d'un rouge opaque à la flamme de réduction; pour bien réussir cette dernière réaction, il est bon d'ajouter un peu de chlorure stanneux. Sur le charbon, avec le carbonate de soude, on obtient un grain métallique malléable et reconnaissable à sa couleur.

**45. Cadmium.** — L'*hydrogène sulfuré* produit dans la solution des sels de cadmium un précipité d'un beau jaune, insoluble dans le sulfure ammonique.

L'*ammoniaque* donne un précipité soluble dans un excès de réactif.

*Au chalumeau,* sur le charbon, avec le carbonate de soude, on a un enduit jaune brun, sans formation de grains métalliques.

## MÉTAUX DU TROISIÈME GROUPE [1]

**46. Cobalt.** — Les dissolutions des sels de cobalt sont rouges ou roses ; avec un excès d'acide, elles sont bleues ou vertes et deviennent rouges lorsqu'on ajoute de l'eau.

Le *sulfure ammonique* y donne un précipité noir presque insoluble dans l'acide chlorhydrique étendu.

L'*hydrogène sulfuré* ne précipite les sels de cobalt que lorsqu'on ajoute de l'acétate de soude.

Si l'on ajoute à une solution neutre d'un sel de cobalt un excès de *carbonate d'ammoniaque,* de manière à redissoudre le précipité qui se forme d'abord, puis du *sel de phosphore,* on obtient une coloration

1. Ne pas oublier de rendre la liqueur neutre ou ammonia-cale avant de traiter par le sulfure ammonique.

rouge vineuse devenant d'un beau bleu violet par l'action de la chaleur. Si l'on fait bouillir quelques instants, on obtient un précipité *cristallin* de phosphate de cobalt ammoniacal, couleur fleur de pêcher, et la liqueur devient presque incolore; le précipité se dépose de suite.

*L'ammoniaque* donne un précipité bleu soluble dans un excès, en donnant une liqueur d'un brun rougeâtre devenant plus foncée par l'exposition à l'air; par l'addition de la potasse, on obtient une liqueur bleue.

*Au chalumeau*, avec le borax ou le sel de phosphore, on obtient une perle d'un beau bleu dans les deux flammes.

**47. Nickel.** — Les dissolutions des sels de nickel sont vertes.

Le *sulfure ammonique* y donne un précipité noir un peu soluble dans un excès de réactif; la liqueur, filtrée, est colorée en brun. Ce précipité est presque insoluble dans l'acide chlorhydrique étendu; il est soluble dans le *cyanure de potassium* en présence du sulfure ammonique.

*L'hydrogène sulfuré* ne précipite les sels de nickel qu'en présence de l'acétate de soude.

Avec le *carbonate d'ammoniaque* et le *sel de phosphore*, les sels de nickel, traités, comme pour le cobalt, donnent une liqueur bleue sans *précipité*.

*L'ammoniaque* donne un précipité vert très soluble dans un excès de réactif, en donnant une liqueur bleue un peu violacée rappelant la couleur qu'on obtient avec les sels de cuivre. La potasse en excès ajoutée à cette dissolution donne un précipité vert pomme.

*Au chalumeau*, avec le borax, on obtient une perle d'un rouge brun, surtout à chaud.

**Fer.** — Le fer ayant pour ses sels deux degrés d'oxydation, nous les examinerons successivement.

48. SELS FERREUX. — La solution de ces sels est à peine colorée en vert pâle.

Le *sulfure ammonique* y donne un précipité noir, soluble dans l'acide chlorhydrique étendu.

La *potasse* donne un précipité verdâtre devenant rouge brun au contact de l'air, par suite de sa transformation en oxyde ferrique.

Le *ferrocyanure de potassium* donne un précipité d'un blanc bleuâtre devenant rapidement d'un beau bleu au contact de l'air.

Le *ferricyanure de potassium* y produit un précipité d'une belle couleur bleue.

Avec le *sulfocyanure de potassium*, pas de coloration.

49. SELS FERRIQUES. — La solution des sels ferriques est jaune ou rouge jaunâtre.

Le *sulfure ammonique* y donne les mêmes réactions que pour les sels ferreux.

L'*ammoniaque* et la *potasse* donnent un précipité gélatineux d'un rouge brun.

L'*hydrogène sulfuré* donne avec les sels ferriques un dépôt laiteux de soufre, et le sel est réduit au minimum d'oxydation. L'acide sulfureux produit la même réduction.

Le *ferrocyanure de potassium* donne du bleu de Prusse avec les sels ferriques.

Le *ferricyanure de potassium* ne précipite point.

Le *sulfocyanure de potassium* donne une liqueur d'un rouge de sang.

*Au chalumeau*, les sels de fer donnent avec le borax une perle rouge foncé ou jaune à la flamme oxydante, devenant vert bouteille à la flamme de réduction, surtout lorsqu'on ajoute du chlorure stanneux. Sur le charbon, avec le carbonate de soude, on obtient une masse grise magnétique.

**50. Urane.** — Les solutions des sels de peroxyde d'urane sont jaunes.

Le *sulfure ammonique* donne un précipité brun très soluble dans les acides et dans le carbonate d'ammoniaque.

La *potasse* et l'*ammoniaque* donnent un précipité jaune d'uranate alcalin, soluble dans le *carbonate d'ammoniaque* avec une coloration jaune; par l'ébullition, cette solution se trouble fortement.

Le *ferrocyanure de potassium* donne un précipité brun rouge.

*Au chalumeau*, on obtient avec le borax une perle jaune à la flamme oxydante et verte à la flamme de réduction.

**51. Manganèse.** — Les solutions des sels de manganèse sont incolores ou légèrement rosées.

Le *sulfure ammonique* donne un précipité couleur de chair, soluble dans l'acide chlorhydrique étendu.

En présence des sels ammoniacaux, l'*ammoniaque* ne précipite pas les sels de manganèse.

La *potasse* donne un précipité blanc devenant brun au contact de l'air. Si l'on redissout ce précipité dans de l'*acide oxalique*, on obtient une liqueur d'un *beau rose*.

*Au chalumeau*, les composés de manganèse donnent avec le borax une perle violette à la flamme oxydante, devenant incolore à la flamme de réduction, surtout après addition de chlorure stanneux.

Sur la lame de platine, avec le carbonate de soude et le nitre, on obtient une masse verte, de manganate, donnant une liqueur verte avec un peu d'eau froide et rose quand on ajoute de l'acide.

52. **Zinc.** — Le *sulfure ammonique* donne avec les dissolutions de sels de zinc un précipité blanc, soluble dans l'acide chlorhydrique étendu.

En présence de l'acétate de soude, l'*hydrogène sulfuré* précipite le zinc.

La *potasse* et l'*ammoniaque* donnent un précipité soluble dans un excès.

*Au chalumeau*, sur le charbon, avec le carbonate de soude, on obtient un enduit jaune à chaud et blanc par refroidissement ; si l'on humecte cet enduit avec du nitrate de cobalt et qu'on chauffe fortement, il prend une teinte verte.

**53. Alumine.** — Le *sulfure ammonique* donne un précipité blanc gélatineux d'*alumine*, avec dégagement d'hydrogène sulfuré ; ce précipité est soluble dans les acides étendus et dans la potasse.

La *potasse* donne un précipité soluble dans un excès.

L'*ammoniaque* donne un précipité gélatineux insoluble. Le carbonate d'ammoniaque ne dissout point ce précipité.

*Au chalumeau*, sur le charbon, les composés d'alumine donnent, après calcination, lorsqu'on les humecte d'azotate de cobalt, une masse infusible d'un beau bleu.

**54. Glucine.** — Avec le *sulfure ammonique*, la *potasse* et l'*ammoniaque*, la glucine se comporte comme l'alumine; on peut distinguer ces deux bases au moyen du *carbonate d'ammoniaque*, dans lequel la glucine est *soluble*, tandis que l'alumine ne se dissout point.

*Au chalumeau*, avec l'azotate de cobalt, on n'obtient pas de masse bleue.

**55. Chrome.** — Les dissolutions des sels de chrome sont vertes ou violettes et quelquefois bleues.

Le *sulfure ammonique* donne un précipité vert d'*hydrate* d'oxyde de chrome, avec dégagement d'hydrogène sulfuré. Ce précipité est soluble dans les acides étendus.

La *potasse* donne un précipité vert soluble dans un excès du réactif; la couleur de cette dissolution est

verte. Par l'ébullition, l'oxyde de chrome est précipité entièrement, et la liqueur devient incolore.

L'*ammoniaque* donne un précipité d'un gris bleuâtre; la liqueur surnageante est rougeâtre, par suite de
la dissolution d'un peu d'oxyde de chrome.

*Au chalumeau*, avec la perle de borax, on obtient
une coloration verte dans les deux flammes. Sur la
lame de platine avec le carbonate de soude et le nitre,
on a une masse jaune de chromate, donnant avec
l'eau une liqueur jaune. Quand on ajoute à cette liqueur quelques gouttes d'acétate de plomb, puis un
excès d'acide acétique, on obtient un précipité jaune.

**56. Cérium** (lanthane, didyme). — Sels céreux.

Le *sulfure ammonique* donne un précipité blanc
d'oxyde.

.La *potasse* et l'*ammoniaque* donnent des précipités
insolubles dans un excès.

L'*acide oxalique* donne un précipité abondant
d'oxalate, devenant grenu au bout d'un certain temps.
Ce précipité est peu soluble dans l'acide chlorhydrique. L'oxalate, étant calciné, donne un oxyde brun
ou rouge brique, soluble dans l'acide chlorhydrique
avec dégagement de *chlore*. Lorsqu'on chauffe l'oxyde
avec l'acide sulfurique, il se dissout en donnant une
liqueur jaune (comme pour les sels ferriques); en
évaporant à sec et en chassant l'excès d'acide, il reste
une masse orangée, qui, reprise à froid par l'eau, se
dissout en donnant une liqueur jaune; cette dernière
se trouble par l'ébullition.

Le *sulfate de potasse*, en solution saturée, donne dans les solutions concentrées un précipité cristallin de sulfate double; ce précipité est peu soluble dans les acides étendus.

*Au chalumeau*, avec la perle de borax, on obtient à la flamme d'oxydation une coloration qui rappelle celle du fer.

**57. Yttrium** (et ses congénères).

Avec le *sulfure ammonique*, la *potasse*, l'*ammoniaque* et l'*acide oxalique*, mêmes réactions que pour le cérium. L'oxyde provenant de la calcination de l'oxalate est très soluble dans les acides.

Le *sulfate de potasse*, en solution saturée, ne précipite pas les sels d'yttria.

**58. Zirconium.** — Avec le *sulfure ammonique*, la *potasse*, l'*ammoniaque*, mêmes réactions que pour le cérium et l'yttria.

L'*acide oxalique* donne un précipité qui est soluble dans un excès de réactif.

Le *sulfate de potasse* en solution saturée donne un précipité qui, lorsqu'il a été produit à chaud, est presque insoluble dans les acides.

La zircone calcinée est insoluble dans les acides. La dissolution chlorhydrique de l'hydrate colore en rouge brun le papier de curcuma, surtout après dessiccation.

Le *phosphate de soude* donne dans les solutions acides un précipité floconneux de phosphate de zircone.

**59. Titane.** — La dissolution de l'acide titanique dans l'acide chlorhydrique ou dans l'acide sulfurique étendu se comporte de la manière suivante :

Le *sulfure ammonique* donne un précipité volumineux d'acide titanique hydraté.

La *potasse* et l'*ammoniaque* donnent le même précipité, insoluble dans un excès de réactif, soluble dans l'acide chlorhydrique.

L'acide titanique calciné est insoluble dans l'acide chlorhydrique et dans l'acide azotique. Chauffé longtemps avec l'acide sulfurique concentré, ou fondu avec le bisulfate de potasse et repris par l'eau *froide*, il donne une liqueur qui précipite de l'acide titanique par une ébullition prolongée.

Avec le *zinc* et l'*étain*, la solution chlorhydrique de l'acide titanique donne, lorsqu'on chauffe, une coloration bleue ou violette, devenant rose lorsqu'on étend d'eau.

*Au chalumeau*, l'acide titanique donne avec le borax une perle incolore dans la flamme d'oxydation et devenant violette à la flamme de réduction.

## QUATRIÈME GROUPE

**60. Baryum.** — Le *carbonate d'ammoniaque* donne avec les sels de baryte un précipité blanc, soluble avec effervescence dans les acides étendus.

L'*acide sulfurique* et les *sulfates solubles* donnent un précipité insoluble dans l'eau et dans les acides.

L'*acide hydrofluosilicique* donne un précipité de fluosilicate de baryte.

*Au chalumeau*, sur le fil de platine, avec une *très petite quantité* d'un sel de baryte, on obtient par un feu de réduction soutenu, et après avoir humecté à plusieurs reprises par l'acide chlorhydrique, une coloration jaune verdâtre. On obtient aussi bien la réaction en mettant le fil dans la flamme, sans souffler.

*Au spectroscope*, la baryte donne plusieurs lignes vertes très serrées.

**61. Strontium.** — Le *carbonate d'ammoniaque* et *l'acide sulfurique* donnent avec les sels de strontiane les mêmes réactions qu'avec les sels de baryte ; seulement le précipité de sulfate de strontiane n'est pas complètement insoluble dans l'eau.

*L'acide hydrofluosilicique* ne précipite point les sels de strontiane.

*Au chalumeau*, sur le fil de platine, après calcination et addition d'acide chlorhydrique, il colore la flamme en rouge carmin ; on peut obtenir la même réaction en introduisant le fil dans la flamme, sans souffler.

*Au spectroscope*, on obtient plusieurs lignes rouges, une ligne orangée tout près de la ligne jaune de la soude et une ligne bleue.

**62. Calcium.** — Le *carbonate d'ammoniaque* donne un précipité de carbonate, comme pour les sels précédents.

Avec l'*acide sulfurique* et les sulfates, on obtient dans les solutions concentrées un précipité blanc de sulfate, soluble dans beaucoup d'eau, surtout après addition d'acide chlorhydrique. Dans les liqueurs étendues, le précipité n'apparaît que par l'addition de l'alcool.

L'acide *oxalique* et l'*oxalate d'ammoniaque* donnent dans les solutions neutres un précipité d'oxalate, soluble dans l'acide chlorhydrique et dans l'acide azotique, mais insoluble dans l'acide acétique.

*Au chalumeau*, sur le fil de platine, on obtient une coloration rouge jaunâtre, en opérant comme avec les sels de strontiane.

*Au spectroscope*, on obtient principalement une ligne rouge orangé ét une ligne verte.

### CINQUIÈME GROUPE

.63. **Magnésium.** — En présence des sels ammoniacaux en excès, les sels de magnésie ne précipitent pas par le carbonate d'ammoniaque.

En présence du chlorure ammonique, le *phosphate de soude* donne un précipité cristallin de phosphate ammoniaco-magnésien. Si les liqueurs sont très étendues, le précipité n'apparaît que par l'agitation avec une baguette.

*Au chalumeau*, sur le charbon, les sels de magnésie, fortement calcinés et humectés d'azotate de cobalt, donnent une masse infusible couleur de chair.

64. **Potassium.** — Les sels de potasse donnent, avec le *chlorure de platine*, un précipité jaune de chloro-

platinate, soluble dans beaucoup d'eau et insoluble dans l'alcool.

Le *perchlorate d'ammoniaque* donne un précipité grenu de perchlorate de potasse, insoluble dans l'alcool.

L'*acide tartrique* donne, surtout lorsqu'on agite fortement, un précipité cristallin de bitartrate, soluble dans beaucoup d'eau et dans l'ammoniaque.

*Au chalumeau*, sur le fil de platine, les sels de potasse colorent la flamme en violet ; de petites quantités de soude masquent cette réaction. En regardant la flamme à travers un verre bleu foncé, on observe dans tous les cas une belle coloration pourpre.

*Au spectroscope*, les sels de potasse donnent une raie d'un rouge sombre en même temps qu'un spectre complet.

**65. Sodium.** — Les sels de soude ne donnent aucun précipité avec les réactifs qui caractérisent tous les autres métaux de ce groupe.

*Au chalumeau*, on reconnaît facilement la soude par la coloration jaune qu'elle communique à la flamme.

*Au spectroscope*, on a une ligne jaune très caractéristique.

**66. Ammonium.** — Les sels ammoniacaux donnent avec le *chlorure de platine* et l'*acide tartrique* les mêmes réactions que la potasse.

On distingue facilement l'ammoniaque en broyant

3.

le sel avec de la chaux ou bien en chauffant dans un tube avec une solution de potasse; on sentira de suite l'odeur de l'ammoniaque.

**67. Lithium.** — Le carbonate de lithine est peu soluble dans l'eau froide. Le chlorure est déliquescent et soluble dans l'alcool.

Le *phosphate de soude* donne un précipité cristallin dans les liqueurs concentrées.

*Au chalumeau,* on reconnaît facilement la lithine à la coloration rouge carmin qu'elle communique à la flamme. Cette coloration se confond avec celle de la strontiane, mais elle est invisible à travers le verre bleu.

*Au spectroscope,* on a une raie rouge carmin, unique, très caractéristique.

# CHAPITRE III

## ESSAIS PAR LA VOIE SÈCHE ET AU SPECTROSCOPE

Dans toutes les analyses qualitatives de substances minérales artificielles et de minéraux, il est très important de soumettre d'abord la matière aux différents essais par la voie sèche avant de faire les essais par voie humide. Le grand avantage qu'on en retire, c'est que non seulement il arrive très souvent qu'on trouve en peu de temps tous les éléments qui existent dans la substance qui est l'objet de l'examen, mais en outre, quand même on n'en découvre qu'une partie, l'analyse par voie humide n'en est que plus facile et moins longue, parce que l'on sait, à peu près, ce que l'on doit chercher plus particulièrement et ce qui ne peut exister dans la matière.

On ne saurait donc assez recommander aux élèves de faire tous ces essais consciencieusement et surtout bien méthodiquement et sans rien omettre. Les idées préconçues, en fait d'analyses qualitatives, sont très nuisibles et il ne faut jamais négliger de faire tel ou tel essai parce qu'on croit être sûr que certain élément n'existe point dans la matière qu'on examine. Néanmoins il ne faut point tomber dans l'excès contraire et chercher inutilement des corps qui n'existent point dans l'analyse. Ainsi, beaucoup de chimistes, en analysant un minéral, rechercheront des composés qui ne se trouvent point dans la nature, tandis que s'ils étaient seulement un peu au courant des principaux minéraux qu'on y rencontre, ou s'ils consultaient pour la circonstance un traité de *minéralogie*, ils s'épargneraient par ce moyen des recherches souvent pénibles. Il faut donc faire les analyses avec intelligence et connaître autant que possible d'avance si l'on a affaire à une substance naturelle ou artificielle, si elle est abondante ou rare, si elle est homogène, ou bien si elle contient quelque mélange accidentel. Il ne faut pas négliger pour cela, avant de commencer l'analyse, d'examiner bien les différents caractères physiques de la substance en s'aidant au besoin de la loupe, du microscope et de tous les moyens d'investigation faciles à exécuter.

Comme les éléments contenus dans un minéral ou une substance artificielle sont en général très peu nombreux, l'expérience démontre que lorsque les essais préliminaires au chalumeau sont bien conduits on découvre, en moyenne, plus de la moitié et même les trois quarts des corps contenus dans la substance.

Les essais par voie sèche peuvent être faits dans l'ordre suivant : essais *dans le tube fermé* ou *matras,* essais *dans le tube ouvert par les deux bouts*, essais *sur le charbon*, essais *sur la lame* ou *cuiller de platine*, essais *par la coloration de la flamme*, essais des *perles de borax* ou de *sel de phosphore*, essais *au spectroscope*.

**68. Essais dans le tube fermé (matras).** — On prend un tube de verre peu fusible, ayant dix à douze centimètres de long, avec un diamètre intérieur de trois à quatre millimètres; on dirige le dard de la flamme vers le milieu et on l'étire pour avoir à la fois deux tubes fermés.

La matière à essayer, en poudre ou en fragments, est placée dans ce tube, dont on a soin de nettoyer les parois intérieures si la substance en poudre y adhère quelque part. Cela fait, on chauffe graduellement l'extrémité du tube en le tenant incliné à 45°, et l'on observe tous les phénomènes qui peuvent se produire. Or on pourra constater soit *dégagement d'eau* ou autre liquide, soit *dégagement d'un gaz ou vapeur*, soit *formation d'un sublimé*.

*Dégagement d'eau.* — Tous les minéraux ou sels hydratés dégagent de l'eau, qui se condense en gouttelettes dans les parties froides du tube. Il faut toujours examiner si cette eau a une réaction acide ou alcaline, s'il y a une odeur quelconque, si la matière qui reste a changé de couleur et si elle a fondu ou non. Ces observations pourront être de quelque utilité dans la suite de l'analyse.

*Dégagement d'un gaz ou vapeur.* — Plusieurs oxydes

et sels, comme des chlorates, bromates, etc., dégagent
de l'oxygène, facile à reconnaître lorsqu'on présente à
l'orifice du tube une allumette ayant un point en
ignition. Certains carbonates et oxalates dégagent de
l'acide carbonique, facile à reconnaître si l'on adapte
à l'extrémité du tube, au moyen d'un caoutchouc, un
autre tube recourbé à angle droit et effilé à un bout,
dans lequel on place une goutte d'eau de chaux qui
est troublée dans ce cas. Plusieurs azotates dégage-
ront de l'acide hypoazotique.

Dans tous les cas, il est bon de chauffer ensuite
la matière avec du *bisulfate de potasse*, et l'on aura
avec tous les *azotates* des vapeurs rutilantes, avec les
composés de *brome* et d'*iode* des vapeurs de brome
ou d'iode, avec les chlorures un dégagement d'acide
chlorhydrique, facile à reconnaître si l'on fait passer
les vapeurs à travers le tube recourbé dans lequel on
met une goutte d'azotate d'argent. Les *fluorures* donnent de l'acide fluorhydrique, qui corrode le verre.
Pour bien constater ce phénomène, il faut laver le
tube, puis le sécher. Les *acétates* donneront de l'acide
acétique, reconnaissable à son odeur. Certains *sulfates* donnent de l'acide sulfureux, reconnaissable à
son odeur. Enfin, quelques *cyanures* pourront dégager du cyanogène, brûlant avec une flamme rouge
quand on l'enflamme a l'extrémité effilée du tube
appendice.

On chauffe la matière dans un tube étroit avec du
*sodium*, qu'on a soin de placer au fond (la matière
doit être desséchée si elle est hydratée); une vive

réaction a lieu, on casse l'extrémité du tube et on place les fragments sur une pièce d'argent : en ajoutant une goutte d'eau, on aura une forte odeur d'hydrogène phosphoré (odeur alliacée) dans le cas des *phosphates* (celui de fer excepté); avec les *sulfates* ou sulfures, l'argent est noirci fortement. .

Comme on le voit, ces essais sont d'une grande utilité, surtout au point de vue de la recherche des acides.

*Formation d'un sublimé.* — Certains composés d'arsenic, d'antimoine, de mercure, de tellure, de sélénium, de soufre, ainsi que plusieurs sels ammoniacaux, donnent des sublimés très caractéristiques. Dans le cas de l'*arsenic*, on aura soit un anneau d'arsenic métallique, facile à reconnaître lorsqu'on casse l'extrémité du tube et qu'on grille pour avoir l'odeur d'ail, soit un sublimé jaune d'orpiment ou rouge de realgar (ce dernier fusible en gouttelettes), soit un sublimé cristallin d'acide arsénieux (octaèdres visibles au microscope). Dans tous les cas, on aura un sublimé d'arsenic en chauffant avec du carbonate de soude et une esquille de charbon. L'*antimoine* donne tantôt un sublimé blanc non cristallin, d'oxyde d'antimoine, tantôt un sublimé rouge foncé bien moins volatil que le realgar et pas fusible en gouttelettes.

Avec les composés de *mercure*, on a soit un sublimé de mercure métallique en gouttelettes, faciles à rassembler lorsqu'on les frotte avec une tige en bois ou en verre, soit un sublimé blanc. Dans ce dernier cas, il suffit de chauffer avec du carbonate de soude pour avoir le sublimé métallique.

Les composés de *tellure* et de *sélénium* donnent :
pour le premier, un sublimé métallique de tellure, ou
un sublimé blanc, fusible en gouttelettes, d'acide tellureux ; pour le second, un sublimé rouge de sélénium ou blanc d'acide sélénieux. Le sublimé de *soufre*
est facile à reconnaître. Certains *sels ammoniaçaux*
donnent des sublimés blancs, et dans tous les cas, si
l'on introduit dans le tube un peu de potasse, on a de
suite l'odeur d'ammoniaque. Les *matières organiques*
donnent aussi des sublimés liquides ou solides, ordinairement avec dépôt de charbon.

**69. Essais dans le tube ouvert.** — Pour ces essais,
on prend un tube de même diamètre, mais un peu plus
long (sept à huit centimètres); le tube est courbé vers
le milieu, et c'est à cet endroit qu'on met la matière.
On observera soit un dégagement d'odeur, soit une
formation de sublimé. Pour les minéraux, c'est surtout quand ils ont l'éclat métallique que cet essai est
particulièrement utile. Si la matière décrépite, on doit
la bien pulvériser.

*Dégagement d'odeur.* — Les *sulfures* donnent l'odeur
d'acide sulfureux, les *arséniures* l'odeur d'ail, les *séléniures* une odeur de raifort, certains *sels d'ammoniaque* l'odeur de ce gaz.

*Formation d'un sublimé.* — Les mêmes corps qui
donnent des sublimés dans le tube fermé en donnent
aussi dans le tube ouvert ; comme il y a oxydation,
c'est surtout les acides ou oxydes correspondant qu'on
obtient. De plus, certains arséniures, antimoniures et

autres, qui ne donnent point de sublimé dans le tube fermé, en donnent dans le tube ouvert.

**70. Essais sur le charbon.** — On choisit un charbon bien compact exempt de fissure, et, après y avoir pratiqué une cavité au moyen d'une fraise, on y place un fragment de la substance à essayer ; si la matière décrépite, on la pulvérise préalablement. On chauffe graduellement sous l'action du dard du chalumeau, et l'on observe bien tous les phénomènes qui peuvent se produire, soit à la flamme d'oxydation, soit à la flamme de réduction. La matière pourra fondre ou rester infusible ; elle pourra changer de couleur, dégager une odeur quelconque (*sulfures*, odeur d'acide sulfureux, composés d'*arsénic* odeur d'ail, composés de *sélénium*, odeur de raifort), se volatiliser complètement ou en partie, donner un enduit, donner des grains métalliques avec ou sans enduit ; enfin elle pourra fuser (*azotates, chlorates*).

*Essais au nitrate de cobalt.* — Si la matière est *infusible* et *blanche* on pourra faire les essais suivants :

En humectant de quelques gouttes d'azotate de cobalt et chauffant fortement, on obtient avec l'*alumine* une masse bleue, avec la *magnésie* une masse couleur de chair, avec l'*oxyde de zinc* une masse verte.

*Essais avec le carbonate de soude.* — La matière mélangée avec du carbonate de soude est chauffée fortement à la *flamme de réduction ;* on observera s'il se dégage une odeur d'*arsenic* ou de *sélénium*, s'il se forme un enduit sur la charbon, s'il y a des grains métalliques avec ou sans enduit. Comme, avec le carbonate de soude, on obtient les enduits et les grains métalliques dans bien des cas où la matière seule ne les donne point, c'est ici qu'il y a lieu d'en faire un examen attentif.

*Enduit seul.* — Le *zinc* donne un enduit jaune à chaud et blanc par refroidissement; cet enduit, étant humecté d'azotate de cobalt et chauffé, devient vert. Le *cadmium* donne un enduit brun jaune.

*Grains métalliques avec enduit.* — Le *plomb* donne un grain métallique *malléable*, avec enduit jaune; le *bismuth*, un grain métallique *cassant*, avec enduit jaune; l'*antimoine* donne des grains cassants, avec enduit blanc.

*Grains métalliques sans enduit :* — *Or, argent, cuivre* grains métalliques malléables, reconnaissables à leur couleur; l'*étain*, étant très oxydable, donne difficilemement des grains métalliques si l'on ne sait pas bien souffler, mais par l'addition du *cyanure de potassium* en excès, on obtient ces grains très facilement.

Dans le cas du *fer*, *nickel* et *cobalt*, on n'obtient pas de grains, mais une masse attirable au barreau aimanté. S'il y a beaucoup de carbonate de soude en présence, il est bon de chauffer avec de l'eau la masse fondue, de laver et sécher la poudre métallique, qu'on essaye ensuite avec le barreau aimanté.

Un autre essai qu'il ne faut point négliger, c'est de détacher avec un couteau l'essai fondu avec le carbonate de soude, sur le charbon, et de le placer sur une pièce d'argent avec quelques gouttes d'eau ; s'il y a du *soufre* dans la matière première, l'argent est noirci.

**71. Essais sur la lame ou cuiller de platine.** — On chauffe avec un mélange de carbonate de soude et de nitre ; le *manganèse* donne une masse *verte*, et le *chrome* une masse *jaune*.

Le carbonate de soude fait effervescence quand on le chauffe avec un *silicate*, dans la cuiller de platine.

**72. Essais par la coloration de la flamme.** — On prend un fil de platine *très mince* à l'extrémité duquel on fait un petit crochet, on l'humecte d'eau et on y fait adhérer un peu de matière en poudre. Au lieu de fil de platine, on peut employer la pince à bouts de platine ; seulement, dans ce cas, il faut prendre un mince éclat de la matière ; de plus, il faut qu'elle ne soit que fort peu fusible, autrement la pince est souvent difficile à nettoyer. On chauffe d'abord avec précaution, si la matière est en poudre, ensuite plus fortement, surtout à l'extrémité du cône bleu. Souvent il suffit de placer le fil dans la flamme sans souffler.

*Coloration jaune.* — Les sels de *soude*, même en très petite quantité, colorent la flamme en jaune. Cette coloration est invisible quand on regarde à travers un verre bleu.

*Coloration rouge.* — *Strontiane, chaux et lithine*, surtout après avoir fortement chauffé à la flamme de réduction et humecté ensuite d'acide chlorhydrique ;

on introduit de préférence le fil dans la flamme du bec Bunsen, sans souffler. La *strontiane* donne une coloration d'un rouge carmin, la *chaux* une coloration rouge jaunâtre, la *lithine* une coloration rouge carmin. Les colorations de la chaux et de la lithine ne sont point visibles quand on regarde avec un verre bleu. Dans un mélange de chaux et de strontiane, on voit d'abord la coloration de la chaux, puis celle de la strontiane.

*Coloration verte.* — *Baryte, cuivre, acide phosphorique, acide borique.* Pour la *baryte,* il est important de prendre *très peu* de matière sur le fil, et de chauffer fortement à la flamme de réduction, puis d'humecter avec l'acide chlorhydrique et chauffer de nouveau; la coloration est d'un vert jaunâtre. Certains composés de *cuivre*, surtout l'iodure, colorent la flamme en un *beau vert émeraude.* Pour l'*acide phosphorique*, il faut humecter avec de l'acide sulfurique concentré les phosphates à essayer et approcher le fil de la flamme en produisant un très petit dard : on remarque alors une coloration d'un bleu verdâtre, *très pâle* et assez difficile à observer quand on n'en a pas l'habitude. Les *borates*, humectés d'acide sulfurique concentré et placés dans la flamme, sans souffler, donnent une coloration verte bien marquée.

*Coloration bleue.* — Le *chlorure de cuivre* colore la flamme en un beau *bleu* bordé de pourpre. On utilise cette propriété pour reconnaître le *chlore* dans un chlorure, au moyen d'une perle de sel de phosphore saturée d'oxyde de cuivre avec laquelle on chauffe la matière à essayer. Dans les mêmes conditions, on reconnaît l'*iode* d'un iodure par la coloration vert émeraude. Sur le charbon, les *séléniures* donnent une flamme bleue.

*Coloration violette.* — *Sels de potasse.* Cette coloration est masquée par la moindre quantité de soude. Pour reconnaître sûrement la potasse il faut regarder avec un verre bleu : la coloration jaune de la soude disparaît et celle de la potasse est d'un beau pourpre.

Quand on recherche la potasse dans un silicate, il faut humecter à plusieurs reprises avec du *chlorure de calcium* ou du chlorure de baryum et regarder avec le verre bleu ; la coloration de la chaux ou de la baryte disparaît, et l'on voit seulement la potasse.

**73. Essais des perles de borax et de sel de phosphore.** — Pour faire une perle de borax ou de sel de phosphore, on fait un crochet à l'extrémité d'un fil de platine, on le fait rougir et on le trempe dans la poudre de borax ou de sel de phosphore; ensuite on chauffe jusqu'à ce que le gonflement ou bouillonnement cesse, et l'on examine si la perle est bien limpide et incolore. En humectant cette perle, on prend un peu de la matière à essayer, et l'on chauffe, avec précaution d'abord, jusqu'à ce que la substance soit dissoute par le fondant; on maintient quelque temps cette perle à la flamme d'oxydation, puis à la flamme de réduction, et l'on examine bien les différentes colorations qui peuvent se produire, surtout après le refroidissement. Il faut, pour commencer, prendre *très peu* de matière et puis en ajouter, si c'est nécessaire ; autrement on risque d'avoir une perle trop colorée. Si la perle est par trop foncée, on peut ajouter du borax ou bien la casser sur un tas en acier et recommencer. La flamme d'oxydation est toujours très facile à produire, mais la flamme de réduction étant beaucoup plus difficile, il arrive souvent que les personnes peu exercées au chalumeau n'obtiennent point les colorations qu'on doit avoir à la flamme de réduction ; dans ce cas il suffira d'ajouter à la perle un peu de *chlorure stanneux* pour avoir la coloration voulue. Ordinairement, les perles de borax donnent les mêmes colorations que celles de sel de phosphore, et elles ont même le grand avantage de mieux tenir au bout du fil de platine ; cependant, pour peu d'oxydes métalliques, le sel de phosphore donne des colorations différentes,

**Borax.** — *Perle rouge.* — *Cuivre* (flamme de réduction), surtout après addition de chlorure d'étain ; la perle est opaque.

*Rouge brun.* — *Fer* (flamme d'oxydation), surtout à chaud et s'il y a beaucoup de matière ; à froid, la perle devient jaune. — *Nickel* (flamme d'oxydation).

*Rouge améthyste.* — *Manganèse* (flamme d'oxydation). Devient incolore à la flamme de réduction, surtout avec le chlorure d'étain. — *Titane* (flamme de réduction).

*Jaune.* — *Urane* (flamme d'oxydation). — *Fer* (flamme oxydante), avec peu de matière. — *Cérium* (flamme oxydante).

*Verte.* — *Chrome* (dans les deux flammes), surtout à froid. — *Urane* (flamme de réduction). — *Fer* (flamme de réduction) vert bouteille, surtout avec addition de chlorure d'étain.

*Bleue.* — *Cobalt* (dans les deux flammes). — *Cuivre* (flamme oxydante) ; à chaud, la perle est verte

.74. **Essais au spectroscope.** — Certains métaux, principalement les métaux alcalins et alcalino-terreux, ainsi que peu d'autres corps, donnent au spectroscope, lorsqu'on les introduit dans la *flamme* d'un bec de Bunsen ou d'un éolypile, des raies caractéristiques et faciles à reconnaître. Ces métaux sont : le potassium, le sodium, le cœsium, le rubidium, le lithium, le baryum, le strontium, le calcium, le thallium, l'indium, le manganèse, le cuivre, l'acide borique.

La plupart des autres métaux donnent aussi des spectres particuliers quand on se sert d'une bobine d'induction et qu'on fait jaillir l'étincelle à la surface du liquide qui contient ces métaux : seulement, dans ce cas, les spectres sont le plus souvent très compliqués, et de plus l'installation particulière qu'exige ce genre de recherches n'est pas toujours à la portée de tout le monde. Ordinairement, il est plus facile de recourir, pour la recherche de ces métaux, soit au chalumeau, soit à la voie humide.

On opère de la manière suivante : La matière étant réduite en poudre, on la prend avec le crochet du fil de platine humecté d'acide chlorhydrique et on l'introduit à peine dans la flamme, en face de la fente du spectroscope et un peu au-dessous. A ce moment, il faut bien observer toutes les raies et surtout leur succession, parce qu'elles apparaissent suivant l'ordre de volatilité des différents corps : par exemple, dans un mélange de chaux et de baryte, on verra d'abord le spectre de la chaux et puis celui de la baryte ; dans un mélange de potasse et de chaux, on verra d'abord la chaux et puis ensuite la potasse.

Dès que le phénomène a cessé, il faut humecter de nouveau le fil de platine avec de l'acide chlorhydrique placé dans un verre de montre et recommencer plusieurs fois.

Dans le cas particulier des *silicates*, on doit humecter à plusieurs reprises la matière avec du *fluorure d'ammonium* et chauffer à chaque fois pour éliminer la silice ; ensuite on trempe le fil dans l'acide chlorhydrique et l'on observe au spectroscope.

Quand on veut bien étudier un spectre, on a un moyen très commode en employant les carbonates qu'on décompose par l'acide chlorhydrique étendu dans un verre de montre ; on approche de la flamme le bord du verre qu'on incline un peu, de manière à y faire affluer le liquide : l'effervescence entraîne assez de particules pour colorer la flamme d'une manière continue et permettre de bien observer les raies.

Avant de faire un essai, il faut toujours commencer par mettre *au point* la ligne jaune de la soude qui existe toujours dans l'air si l'on fait un peu de poussière, ou qu'on produit très facilement en introduisant dans la flamme un fil trempé dans un sel de soude.

Quand cette ligne se voit très nettement, on peut alors prendre un fil propre et faire l'essai. On doit aussi se mettre en garde contre le spectre donné par la flamme, surtout si l'on place la fente en face de la partie bleue de cette flamme; on doit viser un peu au-dessus du cône bleu intérieur.

Quand le spectroscope est muni d'un micromètre et que le spectre peut se déplacer par rapport au micromètre, on place la ligne jaune de la soude à telle division qu'on juge convenable, soit pour voir l'ensemble du spectre, soit pour explorer la partie rouge ou la partie violette seulement.

Quand on n'a pas de micromètre, il suffit, pour les corps connus, d'observer à quelle distance, à peu près, de la ligne jaune de la soude, apparaissent les différentes raies d'un spectre, soit à droite, soit à gauche. Comme les spectres se produisent souvent successivement, surtout au commencement, on peut se passer du micromètre quand on s'est exercé à reconnaître l'ensemble d'un spectre donné.

Voici quelles sont les raies caractéristiques de quelques métaux :

*Soude*, une raie jaune unique.

*Chaux*, une raie verte et une raie rouge presque à égale distance de la soude.

*Lithine*, une raie rouge carmin unique, plus éloignée de la ligne de la soude que la raie rouge de la chaux.

*Potasse*, une raie d'un rouge sombre beaucoup plus éloignée de la soude que celle de la lithine; en même temps, on observe un spectre complet. Cette ligne est difficile à observer, étant à l'extrémité rouge du spectre. Elle est visible à travers un verre bleu, tandis que la ligne rouge de la lithine disparaît, ainsi que celle de la chaux. Quand on recherche la potasse, il est toujours bon de commencer par voir, avec un autre fil ayant de la potasse, si la fente du spectroscope est bien placée pour observer ce métal; on ouvre au besoin un peu plus la fente si cette dernière est mobile.

*Strontiane*, une raie orangée très près de la ligne de la soude, plusieurs raies rouges dépassant à peine celle de la lithine, et une ligne bleue. La ligne orangée est celle qui persiste le plus.

*Baryte*, plusieurs lignes vertes très serrées les unes contre les autres. Pour bien produire ce spectre, il faut prendre *très peu* de matière sur le fil et le maintenir longtemps dans la flamme.

*Manganèse*, plusieurs lignes vertes espacées.

*Acide borique*, plusieurs lignes vertes très espacées. Ce spectre est visible avec une perle de borax en même temps que la soude.

*Corps plus rares.* — *Cæsium*, deux lignes bleues très rapprochées et fort peu éloignées de la ligne bleue de la strontiane.

*Rubidium*, une ligne rouge se confondant presque avec la ligne rouge de la potasse et deux lignes violettes très rapprochées.

*Thallium*, une raie verte unique plus éloignée de la soude que la ligne verte de la chaux.

*Indium*, une ligne bleue unique un peu plus éloignée que la ligne bleue de la strontiane.

# CHAPITRE IV

## ESSAIS PAR VOIE HUMIDE. — RECHERCHE DES BASES ET DES ACIDES

**75. Essais préliminaires.** — On commence par pulvériser la matière à analyser, dans un mortier en agate, et l'on essaye successivement les différents dissolvants. Si c'est un métal ou un alliage qu'on ne peut pulvériser, on le lime. Pour cet essai préliminaire, il faut prendre d'abord *très peu* de matière, avec la spatule de platine, et la placer dans un tube à essai ; on commence par y verser de l'*eau*, et l'on chauffe au besoin, pour voir si la matière est soluble en totalité ou en partie. Pour s'assurer si la matière est soluble *en partie*, on filtre quelques gouttes de cette liqueur, et l'on évapore sur une lame de platine pour voir s'il reste un résidu sensible ; s'il y en a un, on laisse reposer la liqueur qui reste dans le tube, on décante dans un verre, et l'on ajoute une nouvelle quantité d'eau au résidu, pour voir si par un nouveau traitement tout se dissout.

Quand on s'est assuré qu'une partie de la matière n'est pas soluble dans l'eau, ou bien si elle est entièrement insoluble, on ajoute alors au résidu de l'*acide chlorhydrique* étendu d'abord et ensuite de l'acide concentré. On chauffe quelque temps, et, si la matière n'est soluble qu'en partie, on opérera comme dans le premier cas. Pendant l'action de l'acide chlorhydrique, on devra bien examiner s'il se dégage quelque gaz : acide carbonique, acide sulfureux, hydrogène, hydrogène sulfuré, acide cyanhydrique, chlore (carbonates, sulfites, hyposulfites, métaux, sulfures, cyanures et peroxydes).

Plusieurs silicates faisant gelée avec l'acide chlorhydrique, ce phénomène pourra se produire soit pendant qu'on chauffe, soit en évaporant ; dans ce cas, il faudra évaporer *à sec* la liqueur et reprendre par l'eau acidulée, afin d'éliminer la silice et d'avoir les autres corps en dissolution. D'autres silicates étant attaquables avec dépôt de silice terreuse, il pourra arriver que le résidu partiel de l'attaque à l'acide chlorhydrique soit de la silice seulement ; on l'essayera en le chauffant avec un excès de carbonate de soude en solution concentrée et en voyant s'il se dissout entièrement ou en grande partie ; dans ce cas, la solution précipitera en flocons par le chlorure d'ammonium.

Si l'acide chlorhydrique n'agit point sur la matière, on essaye l'action de l'*acide azotique*, de l'*eau régale* et au besoin de l'*acide sulfurique* concentré. Sous l'action de l'acide azotique, il pourra se dégager des vapeurs rutilantes avec ou sans dépôt de soufre (sulfures, métaux, alliages), ou bien la matière se transformera en partie en une poudre blanche (sulfate de plomb dans le cas d'un sulfure contenant du plomb, oxydes insolubles dans le cas de composés d'antimoine ou d'étain). L'acide azotique est le meilleur dissolvant pour la plupart des métaux, alliages, sulfures, arséniures.

Si par l'action de ces différents dissolvants il reste un résidu insoluble et si ce résidu n'est pas de la silice seule (par conséquent soluble à chaud dans le carbonate de soude), on *attaquera* ce résidu par la voie sèche, afin de le rendre soluble. Les principaux composés insolubles dans les acides sont : la *silice* à l'état de quartz, opale, jaspe ; certains *silicates;* les *sulfates de baryte, strontiane;* les *chlorures, bromures, iodures d'argent;* le *corindon;* certains *aluminates;* le *fer chromé;* l'*oxyde de chrome,* l'*oxyde d'antimoine,* l'*acide molybdique,* l'*oxyde d'étain* (ayant été préalablement calcinés); l'*acide tungstique* (poudre jaune), le *charbon* et ses variétés. Quand l'acide tungstique provient de la décomposition d'un tungstate et n'a pas été calciné, il se dissout à froid dans l'ammoniaque.

Or, pendant les essais préliminaires au chalumeau, on a dû reconnaître la plupart de ces composés, et, maintenant qu'on sait que la matière est insoluble, il sera très facile de savoir à peu près en quoi consiste le résidu. Voici maintenant les différents modes d'attaque :

4.

*Silicates.* — Attaque au carbonate de soude, ou bien avec un mélange de carbonate de soude et de potasse (10 parties de carbonate de soude et 13 parties de carbonate de potasse), lequel est plus fusible. On prend 4 parties de carbonate pour 1 partie de silicate, on mélange et l'on fond dans une cuiller de platine, au chalumeau, ou dans un petit creuset de platine à la lampe à double courant. On traite la masse fondue par l'eau acidulée d'acide chlorhydrique ; on évapore à sec, après formation de gelée, et l'on reprend par l'eau acidulée, afin d'éliminer la silice. Dans la liqueur filtrée on trouve toutes les bases.

*Sulfates insolubles.* — Après attaque au carbonate de soude, on reprend par *l'eau seulement*, on filtre, on lave le résidu : les bases restent insolubles dans l'eau et peuvent être dissoutes dans de l'acide étendu, tandis que l'acide sulfurique reste dans la liqueur alcaline.

*L'oxyde d'étain* peut être attaqué comme les silicates.

Les *chlorures, bromures, iodures d'argent* pourront être attaqués en les mettant en contact avec une lame de zinc et de l'acide sulfurique étendu ; il se forme de l'argent métallique, et les acides se trouvent dans la liqueur.

Pour le *corindon* et les *aluminates*, la meilleure manière de les attaquer, c'est de les faire fondre dans un creuset de platine, à une douce chaleur, avec 6 parties de *bisulfate de potasse* et de reprendre par l'eau seule ou l'eau acidulée.

Le *fer chromé* s'attaque bien avec un mélange de carbonate de soude et de nitre; reprendre par l'eau d'abord pour dissoudre le chromate alcalin et traiter le résidu par l'acide chlorhydrique.

Le *charbon*, fondu avec du nitre, le transforme avec déflagration en carbonate alcalin..

Lorsque, par l'action des différents dissolvants qu'on a employés dans le *tube d'essai*, on a vu *comment* il faut attaquer la matière, c'est alors qu'on pourra prendre une quantité *plus grande*, afin d'avoir assez de dissolution pour exécuter l'analyse qualitative.

### RECHERCHES DES BASES OU MÉTAUX

**76.** Quand on a obtenu une dissolution aqueuse ou acide de la matière à analyser, il faut toujours en mettre de côté plus de la moitié, pour des essais ultérieurs. On examine la couleur de la dissolution, ce qui peut donner des indications utiles.

Ainsi, une coloration *jaune* indiquera la présence de l'or, du platine, du fer, d'un chromate; une coloration *verte* celle du cuivre, du nickel. du chrome : une coloration *rose*, celle du cobalt; une coloration *bleue*, celle du cuivre, etc.

Si l'on a affaire à une solution aqueuse [1], il faut voir si elle est acide ou alcaline. Dans le cas particulier d'une solution aqueuse, on commence par y verser de l'acide chlorhydrique (jusqu'à réaction

---

1. La plupart des minéraux sont insolubles dans l'eau, et ceux qui ne sont solubles qu'en partie sont rares.

franchement acide si la liqueur est alcaline), pour voir s'il y a un précipité quelconque. Outre le *chlorure d'argent*, le *chlorure mercureux* et le *chlorure de plomb*, qui se précipitent toujours dans une solution *aqueuse* ou *azotique*, l'acide chlorhydrique pourra précipiter dans une liqueur *alcaline :* certains acides comme la silice, l'acide borique (liqueur concentrée), l'acide tungstique, des sulfures du premier groupe, si la solution contient un *sulfure alcalin*, certains cyanures et cyanoferrures. Il pourra se précipiter aussi des oxydes métalliques solubles dans les alcalis, comme l'alumine et le zinc; mais ces derniers se dissolvent facilement dans un excès d'acide. Dans tous les cas si ces précipités ne se dissolvent point dans un excès d'acide et par concentration de la liqueur, on les séparera par filtration après refroidissement et on les examinera séparément au chalumeau ou par voie humide.

**77. Méthode d'analyse.** — Cette méthode est fondée pour les métaux sur la séparation en différents *groupes*, au moyen de l'*hydrogène sulfuré*, du *sulfure ammonique* et du *carbonate d'ammoniaque;* ensuite on recherche les corps que peut contenir chaque groupe au moyen de réactifs particuliers.

Pour les acides, on fait aussi une séparation en groupes au moyen des réactifs déjà indiqués aux réactions des acides.

**78. Traitement par l'hydrogène sulfuré.** — L'hydrogène sulfuré précipite dans une liqueur acide les métaux suivants, dont les sulfures sont, les uns *solubles* dans le sulfure ammonique, et les autres *insolubles* dans ce réactif :

<table>
<tr><td>**PREMIER GROUPE**</td><td>**SECOND GROUPE**</td></tr>
<tr><td>*Sulfures solubles dans le sulfure ammonique.*</td><td>*Sulfures insolubles dans le sulfure ammonique.*</td></tr>
</table>

Or, Platine, } brun noir.
Etain, brun ou jaune.
Antimoine, orangé.
Arsenic, jaune.
Molybdène, brun.
Sélénium, jaune,
Tellure brun.

Argent, Plomb, Mercure, Bismuth, Cuivre, } noir.
Cadmium, jaune.

**79.** Avant de traiter par l'hydrogène sulfuré, on ajoute toujours de *l'acide chlorhydrique*, si la liqueur n'a pas été traitée par ce réactif, pour savoir s'il y a de l'argent, du mercure au minimum et du plomb (en quantité notable). Voici comment se comportent ces précipités :

*Chlorure d'argent.* — Blanc caillebotté, noircit à la lumière, et soluble dans l'ammoniaque.

*Chlorure mercureux* — Blanc pulvérulent, noircit avec l'ammoniaque.

*Chlorure de plomb.* — Blanc cristallin, insoluble dans l'ammoniaque, soluble dans l'eau bouillante et dans beaucoup d'eau froide.

Si ces trois chlorures se trouvent ensemble, on les reconnaît de la manière suivante : le précipité étant bouilli avec assez d'eau, le chlorure de plomb se dissout; on filtre, et l'on ajoute à la liqueur de l'acide

sulfurique, qui précipite le plomb à l'état de sulfate.
La partie insoluble dans l'eau est traitée par l'ammoniaque, qui dissout le chlorure d'argent; on filtre,
et la liqueur est acidifiée par l'acide azotique, qui le
reprécipite. Le précipité noir, insoluble dans l'ammoniaque et contenant le mercure pourra être contrôlé au chalumeau, ainsi que les autres précipités.
Si l'acide chlorhydrique ne précipite point ou si l'on
a déjà une liqueur chlorhydrique, le précipité produit par l'hydrogène sulfuré ne pourra contenir ni
argent, ni mercure au minimum; quant au plomb, il
ne pourra s'en trouver qu'une petite quantité.

80. On place la liqueur qu'on doit précipiter par
l'hydrogène sulfuré dans une fiole ou un flacon à
large col muni d'un bouchon avec deux tubes, l'un
droit pour amener le gaz et l'autre à angle droit
pour sa sortie; ce dernier est effilé, et l'on place
devant un bec de Bunsen pour brûler l'excès d'hydrogène sulfuré et éviter ainsi sa mauvaise odeur. Il
faut avoir soin de laisser dégager un peu de gaz
avant de l'enflammer à l'extrémité effilée, pour éviter
une explosion dans le flacon. Au lieu de faire passer
le courant, on peut employer la dissolution d'hydrogène sulfuré, s'il y a surtout peu à précipiter. On
reconnaît que tout est précipité quand la liqueur, à
la surface de laquelle on a soufflé fortement, sent
bien l'hydrogène sulfuré; ordinairement, quand l'opération est finie le précipité se dépose facilement et
souvent même pendant le passage du courant si le
tube qui l'amène ne plonge pas trop. En tout cas, on

peut être sûr qu'il n'y a plus rien à précipiter quand, après avoir filtré ou décanté un peu de liqueur, on y ajoute son volume d'eau et puis de la dissolution d'hydrogène sulfuré, et qu'il ne se produit pas de précipité. Une précipitation incomplète ou même nulle tient ordinairement à la trop grande acidité de la liqueur; dans ce cas, il faut ou étendre d'eau ou bien neutraliser l'excès d'acide au moyen de l'ammoniaque, tout en laissant la liqueur acide. Éviter les liqueurs contenant trop d'acide *azotique* libre à cause du grand dépôt de soufre. Quand la matière contient de l'arsenic, ne pas oublier d'ajouter préalablement de l'acide sulfureux ou du sulfite de soude, et de faire digérer à une douce chaleur, car l'arsenic précipite difficilement s'il est à l'état d'acide arsénique.

Outre les sulfures déjà indiqués, l'hydrogène sulfuré précipite du soufre d'un blanc laiteux si la liqueur contient du fer au maximum ou un chromate; dans le premier cas, si la coloration jaune était due au fer, la liqueur se décolore, et dans le cas du chrome la liqueur devient verte.

Le précipité des sulfures, étant jeté sur le filtre, est lavé avec de l'eau contenant un peu d'hydrogène sulfuré, la liqueur filtrée est mise de côté pour les traitements ultérieurs. On prend un peu de précipité avec une spatule et on le met en digestion, en chauffant à peine, avec un excès de sulfure ammonique. S'il se dissout entièrement, on n'aura que des métaux du premier groupe; pour voir s'il est soluble en partie, on filtre le précipité et on ajoute à la liqueur préala-

blement étendue l'acide chlorhydrique dilué jusqu'à
réaction acide. On agite avec une baguette et on
laisse reposer : s'il n'y a rien de dissous, on aura seulement un trouble laiteux dû au soufre du sulfure
ammonique; si au contraire il y a des sulfures du
premier groupe, on aura un précipité floconneux visible, mais de couleur *plus pâle* que les sulfures correspondants, à cause du mélange de soufre. Ici, le sulfure
d'*étain* précipite toujours en *jaune* quand même il était
brun (au minimum) par l'hydrogène sulfuré. Si le
sulfure ammonique n'a rien dissous, il est inutile de
traiter par ce réactif le reste du précipité, puisqu'il y
a absence de premier groupe et dans ce cas le reste
du précipité est traité comme il sera question au
second groupe.

## Considérations générales sur les métaux du premier groupe.

**81. Or et platine.** — Ces deux métaux ne se rencontrent ordinairement dans la nature qu'à l'état natif ;
l'or est souvent allié à de petites quantités d'argent,
et le platine est mélangé avec ses congénères iridium, palladium, ainsi qu'avec du fer.

Dans les produits artificiels, l'or est surtout allié à
du cuivre et à de l'argent.

**Etain.** — Dans la nature, on ne connaît qu'un seul
minerai abondant contenant ce métal : c'est la *cassité-
rite* (oxyde d'étain). Le seul sulfure qui contienne de

l'étain, c'est la *stannine* (sulfure de cuivre, fer et étain).

Dans les produits artificiels, l'étain se rencontre à l'état d'alliage, surtout avec le plomb, le cuivre et l'antimoine.

**Antimoine.** — Dans la nature, on rencontre l'antimoine surtout à l'état de sulfure simple (*stibine*) ou multiple, et dans ce dernier cas associé surtout au plomb, au cuivre et plus rarement au fer ou à l'argent. On le trouve aussi à l'état d'oxyde, à l'état natif ou combiné à l'arsenic. Dans les minéraux, on ne trouve *jamais* l'antimoine et l'étain en même temps.

Les alliages artificiels sont principalement ceux d'antimoine et de plomb.

**Arsenic.** — Très abondant dans la nature à l'état natif, à l'état de sulfures, d'arséniures ou d'arséniates divers.

**Molybdène.** — Assez rare ; principalement à l'état de sulfure et de molybdate de plomb.

**Tungstène.** — Dans la nature, on rencontre le tungstène dans deux minéraux, le tungstate de fer et manganèse (*wolfram*), et le tungstate de chaux (*schéelite*).

**Sélénium.** — Rare dans la nature ; surtout à l'état de séléniure de plomb, de mercure, ou de plomb et mercure.

**Tellure.** — Rare dans la nature. A l'état de tellurure d'or et d'argent (*sylvane*), de tellurure d'or et de plomb (*élasmose*).

Comme l'or et surtout le platine sont rares, ordinairement, on n'aura à rechercher dans l'analyse du premier groupe que l'*étain*, l'*arsenic* et l'*antimoine*. Les autres métaux se rencontrent aussi rarement.

### PREMIER GROUPE

82. Quand le sulfure ammonique a dissous entièrement une petite portion du précipité produit par l'hydrogène sulfuré, on opère directement sur le reste du précipité. Quand celui-ci n'est soluble qu'en partie, on précipite alors par l'acide chlorhydrique étendu la partie des sulfures en solution dans le sulfure ammonique. On filtre ce précipité, on le lave et l'on procède à l'analyse.

La couleur du précipité peut donner déjà quelques indications : ainsi, une couleur orangée indique la présence de l'antimoine; une couleur jaune indique de l'arsenic ou de l'étain au maximum (ou du sélénium) ; enfin, si le précipité est brun, cela indique qu'il y a de l'étain au minimum, de l'or, du platine, du tellure, du molybdène (dans ce dernier cas, la solution dans le sulfure ammonique a dû être d'un jaune d'or foncé ou d'un jaune brun).

Il ne faut pas oublier que le sulfure d'étain *brun* ne peut se trouver que dans le précipité formé directement par l'hydrogène sulfuré et non dans les sulfures séparés de leur solution dans le sulfure ammonique.

83. On dissout ces sulfures dans l'eau régale, employée par petites portions; on ajoute un excès d'acide

chlorhydrique, et l'on concentre un peu pour décomposer la plus grande partie de l'acide azotique. Pour voir s'il y a du sélénium ou du tellure, on prend un peu de cette liqueur, on y ajoute de l'acide tartrique, puis un excès d'une dissolution d'acide sulfureux : si par l'action de la chaleur il se forme d'abord un précipité rouge, c'est qu'il y a du *sélénium ;* s'il se forme un précipité noir, il y a du *tellure* ou les deux à la fois. Dans ce cas, on traite ainsi toute la liqueur pour en éliminer ces deux corps. S'il y a de l'*or* en présence, il est précipité également par l'acide sulfureux. On le reconnaît en traitant ce précipité, lavé par décantation, avec de l'acide azotique un peu étendu, dans lequel il est insoluble. Comme contrôle on dissout cette poudre dans l'eau régale, on évapore presque à sec, en versant vers la fin un excès d'acide chlorhydrique; en ajoutant une feuille d'étain et en chauffant, il se produit du pourpre de Cassius indiquant l'*or*. La liqueur azotique, qui peut contenir du *tellure* ou du *sélénium*, est traitée de nouveau comme ci-dessus pour la recherche de ces deux corps.

84. La liqueur, contenant les autres métaux de ce groupe (réduite à un petit volume si l'on a traité par l'acide sulfureux), est étendue d'un peu d'eau, puis on y place une lame de zinc qu'on laisse jusqu'à ce qu'il ne se dégage plus d'hydrogène; tous les métaux sont précipités à l'état métallique, sous forme de poudre noire (s'il y a du molybdène, la liqueur se colore d'abord en bleu et à la fin en brun). On enlève le zinc après avoir détaché tout ce qui y adhère, et on lave le

précipité par décantation. La poudre métallique est
chauffée avec de l'acide chlorhydrique, qui dissout
l'étain et laisse les autres métaux; la solution chlorhydrique précipitera en blanc par le bichlorure de mercure et en brun par l'hydrogène sulfuré, s'il y a de
l'*étain*. On traite encore une fois par l'acide chlorhydrique, afin de dissoudre tout l'étain, et le résidu est
lavé par décantation; on le chauffe avec de l'acide
azotique un peu étendu auquel on ajoute de l'acide
tartrique pour dissoudre l'antimoine et l'arsenic; s'il
y a du platine, il restera une poudre noire. Si par les
essais préliminaires au chalumeau, ou bien par un
essai fait sur les sulfures de ce groupe, on trouve
qu'il n'y a point d'arsenic, on mettra en évidence l'*antimoine*, en traitant la liqueur azotique par l'hydrogène sulfuré, qui donnera un précipité orangé. Si l'on
a trouvé de l'arsenic, il vaut mieux dans ce cas
chauffer quelque temps avec de l'eau régale la solution azotique, afin d'être sûr que tout l'arsenic est
transformé en acide arsénique; à la liqueur additionnée de chlorure ammonique, d'acide tartrique et
sursaturée par l'ammoniaque, qui ne doit rien précipiter, on ajoute la mixture magnésienne (sulfate de
magnésie et chlorure ammonique), et on laisse reposer quelque temps. Si la liqueur est assez concentrée, l'*arsenic* ne tarde point à se précipiter à l'état
d'arséniate ammoniaco-magnésien, tandis que l'antimoine reste en dissolution; la liqueur, filtrée, acidifiée par l'acide chlorhydrique, donnera alors un précipité orangé au moyen d'un courant d'hydrogène

sulfuré. L'arséniate ammoniaco-magnésien est essayé au chalumeau.

85. La poudre métallique contenant le platine est traitée par de l'eau régale, la solution évaporée presque à sec, en ajoutant de l'acide chlorhydrique pendant cette évaporation, qui doit se faire dans une capsule de porcelaine. On reprend par un peu d'acide chlorhydrique étendu et l'on ajoute une solution concentrée de chlorure d'ammonium, qui précipite le *platine* à l'état de chloroplatinate jaune.

Le *platine* n'appartient qu'*en partie* à ce groupe, puisque son sulfure est *insoluble* dans le sulfure ammonique (voir n° 30); ce n'est qu'en présence d'autres sulfures du premier groupe qu'il peut se dissoudre en partie, et le reste passe au *second* groupe. Si le sulfure de platine est le seul existant dans le premier groupe, alors il passe également en grande partie au *second* groupe. C'est surtout lorsqu'on emploie du polysulfure d'ammonium qu'il s'en dissout un peu.

Pour séparer l'or et le platine des autres métaux de ce groupe, on peut aussi dessécher les sulfures et les traiter par un courant de chlore sec dans un tube communiquant avec un récipient contenant de l'acide chlorhydrique étendu et de l'acide tartrique; les chlorures d'or et de platine ne se volatilisent point, tandis que les autres chlorures se condensent dans l'eau acidulée.

Dans ce cas, on traite les chlorures non volatils comme il a été indiqué pour la recherche de l'or et du platine; quant aux chlorures volatils, on les traite par le zinc, pour précipiter les métaux, et la séparation se fait comme il a été déjà dit plus haut.

86. Le *tungstène*, quoique appartenant à ce groupe, puisque son sulfure est soluble dans le sulfure ammonique, doit toujours se rechercher sur la *matière première*, si celle-ci, traitée par l'acide chlorhydrique, laisse un résidu insoluble, étant d'ordinaire à l'état de tungstate, l'acide tungstique reste dans le résidu à l'état de poudre jaune (acide tungstique), et peut être mis en évidence quand on traite par l'ammoniaque, qui le dissout, et en ajoutant à cette solution, acidifiée par l'acide chlorhydrique, du zinc; coloration bleue du précipité.

Outre les métaux déjà indiqués, les suivants, qui sont très rares, appartiennent au premier groupe.

87. **Iridium.** — Donne par l'hydrogène sulfuré un sulfure *brun*, soluble dans le sulfure ammonique. Ce métal ne se rencontre qu'avec le minerai de platine et reste en grande partie dans le résidu *insoluble* dans l'eau régale.

88. **Vanadium.** — De même que le tungstène, ce métal n'est pas précipité par l'hydrogène sulfuré dans une liqueur acide. Si l'on ajoute un excès de sulfure ammonique à une solution neutre, on obtient une liqueur d'un pourpre foncé ou brune ; si l'on verse un acide étendu dans cette liqueur, on obtient un précipité brun de *sulfure de vanadium*. Ce précipité

donne avec le sel de phosphore une perle *verte* à la flamme de réduction.

## Considérations sur les métaux du second groupe

89. **Argent.** — Se rencontre dans la nature à l'état natif, à l'état de sulfure simple ou multiple (avec arsenic, antimoine), ou à l'état de chlorure, chloro-bromure.

Dans les produits d'art, on a surtout des alliages d'argent et de cuivre (avec peu de zinc, étain).

**Plomb.** — Dans la nature, on le trouve surtout à l'état de sulfure *(galène)* et de carbonate (*céruse*)*;* également à l'état de phosphate *(pyromorphite)*, ou comme sulfure multiple avec l'antimoine.

Dans les alliages, le plomb est surtout combiné à l'étain, à l'antimoine.

**Mercure.** — Il n'existe, dans la nature, qu'un seul minerai important de mercure : c'est le sulfure *(cina-bre)*.

**Bismuth.** — Les deux minerais de bismuth princi-paux sont le bismuth natif et le sulfure ; avec le bis-muth natif, on trouve ordinairement de l'arséniure de cobalt.

**Cuivre.** — Les minéraux de cuivre les plus impor-tants sont : le cuivre natif, le sulfure de cuivre et de fer *(chalcopyrite* et *phillipsite)*, le sulfure de cuivre *(chalcosine)*, le sulfo-antimoniure-arséniure de cuivre *(panabase)*, l'oxyde rouge *(cuprite)*.

Comme alliages, on rencontre ceux de cuivre et zinc, cuivre et étain, cuivre et argent, cuivre, nickel et zinc, cuivre et nickel.

**Cadmium.** — Excessivement rare dans la nature à l'état de sulfure. Se trouve en petite quantité dans *quelques* blendes.

On remarquera que dans les alliages on trouve très rarement des métaux du troisième groupe, et, quand il y en a, c'est surtout le zinc ou le nickel qu'on rencontre (quelquefois l'aluminium est allié au cuivre).

Les métaux des deux premiers groupes à rechercher dans les alliages sont ordinairement : l'étain, l'antimoine, le plomb, le cuivre, l'or, l'argent, le bismuth, et de petites quantités d'arsenic ou de mercure.

### SECOND GROUPE

90. Le précipité de sulfures insolubles dans le sulfure ammonique, après avoir été lavé avec de l'eau contenant un peu de ce réactif, est traité à chaud dans une capsule de porcelaine, avec de l'acide azotique. S'il reste un résidu *noir*, cela indique la présence du sulfure de *mercure* ou du *platine;* en même temps, il reste du soufre et un peu de sulfate de plomb produit par l'oxydation du sulfure. On peut contrôler la présence du mercure en essayant le précipité par voie

sèche dans un petit tube ouvert ; d'ailleurs le sulfure de mercure est soluble dans le sulfure de sodium et sera précipité en noir de cette solution par l'acide chlorhydrique.

S'il y a en même temps du *platine*, il reste comme résidu quand on a chauffé dans un tube ouvert la partie insoluble dans l'acide azotique ; ce résidu chauffé à l'air est soluble dans l'eau régale, et cette solution donnera les réactions du platine.

91. *Solution azotique.* — On traite par l'acide sulfurique additionné d'un peu d'alcool pour précipiter le reste du *plomb*, on filtre, et l'on ajoute un excès d'ammoniaque ; la liqueur est d'un beau bleu dans le cas du *cuivre*, et il se forme un précipité blanc s'il y a du *bismuth*. Le précipité d'oxyde de bismuth est filtré, puis redissous dans quelques gouttes d'acide chlorhydrique ; la solution est évaporée presque à sec dans une petite capsule, puis traitée par beaucoup d'eau ; il se forme un trouble laiteux qui confirme la présence du bismuth. Comme contrôle on ajoute à la liqueur quelques gouttes d'acide azotique, puis un excès d'une solution potassique de *chlorure stanneux* : précipité noir (voir n° 42). Si la liqueur séparée du bismuth est bleue, on la traite par l'acide chlorhydrique jusqu'à réaction acide, puis par du carbonate d'ammoniaque, et l'on chauffe légèrement ; s'il y a du *cadmium*, on obtient un précipité blanc. Ce précipité lavé est dissous dans l'acide chlorhydrique et précipité en jaune par l'hydrogène sulfuré. S'il n'y a pas de cuivre, la liqueur, séparée du

bismuth et acidifiée, précipite en jaune par l'hydrogène sulfuré (cadmium).

On peut contrôler au chalumeau les différents précipités obtenus par ces diverses réactions.

Comme la liqueur primitive a été traitée par l'acide chlorhydrique, on n'a pas eu à s'occuper ici de l'*argent* et du mercure au *minimum;* de même, la plus grande partie du plomb avait été éliminée.

Les métaux suivants appartiennent également au second groupe. Ils sont tous très rares.

92. **Palladium.** — Sulfure noir.

93. **Rhodium.** — Sulfure brun, se forme au bout d'un certain temps.

94. **Ruthénium.** — Sulfure brun ne se produisant qu'au bout de quelque temps; la liqueur devient d'abord d'un bleu d'azur.

95. **Osmium.** — Sulfure jaune brun ou brun.

Ces quatre métaux se trouvent dans le minerai de platine. L'osmium est allié à l'iridium à l'état d'osmiure d'iridium.

### Considérations sur les métaux du troisième groupe.

96. **Cobalt.** — Les principaux minéraux de colbalt sont l'arséniure (*smaltine*), l'arsénio-sulfure (*cobaltine*) et le *glaucodot* (arsénio-sulfure ferrifère).

**Nickel.** — On rencontre dans la nature le nickel à l'état d'arséniure (*nickeline*) et de silicate magnésien (*garniérile*).

Comme alliages de nickel, on a l'alliage de nickel et cuivre, et celui de nickel, cuivre et zinc.

**Fer.** — Les principaux minerais de fer sont à l'état d'oxyde (l'*oligiste*, la *limonite*, la *magnétite*), à l'état de carbonate (la *sidérose*), à l'état de phosphate (la *vivianite*, la *dufrénite*, etc.), à l'état d'arséniate (la *scorodite*, l'*arsénio-sidérite*), à l'état de sulfure (la *pyrite* et le *magnetkies*), à l'état d'arsénio-sulfure (le *mispickel*).

**Urane.** — Assez rare dans la nature ; surtout à l'état d'*oxyde* (*péchurane*), mélangé à d'autres métaux du troisième groupe et à l'état de phosphate d'urane et de chaux (*uranite*).

**Manganèse** — Dans la nature ; principalement à l'état d'oxyde (*pyrolusite, acerdèse, psilomélane,* etc.), à l'état de phosphate contenant du fer (*triplite*), à l'état de silicate (*rhodonite*), de carbonate (*diallogite*).

**Zinc.** — Dans la nature, on trouve le carbonate (*smithsonite*), le silicate (*calamine*) et le sulfure plus ou moins ferrifère (*blende*).

Les principaux alliages sont ceux de zinc et cuivre, zinc, cuivre et nickel.

**Alumine.** — Se trouve dans la nature à l'état d'*argile* (silicate), à l'état de sous-sulfate contenant de la potasse (*alunite*), à l'état d'alumine (*corindon*, *rubis*, *saphir*), et dans une quantité de silicates.

Alliage avec le cuivre (bronze d'aluminium).

**Glucine.** — Assez rare. Se rencontre surtout dans l'*émeraude* (silicate d'alumine et de glucine).

**Chrome.** — Le principal minerai est le fer chromé (*sidérochrome*), oxyde de chrome, de fer et de magnésie.

**Oxyde de cérium** (lanthane, didyme). — Assez rare. Se trouve principalement dans la *cérérite*, qui est un silicate, et dans l'*orthite* (silicate ferrifère et aluminifère).

**Yttria.** — Rare. On la trouve dans la *gadolinite*, silicate contenant également un peu de cérium et quelquefois de la glucine.

**Zircone.** — Assez rare. Se trouve à l'état de silicate (*zircon*).

**Acide titanique.** — Assez rare. Se rencontre à l'état de fer titané, d'acide titanique (*rutile*).

Ce groupe étant très compliqué, si l'on y suppose tous les corps précédemment énoncés, son analyse paraît au premier abord très longue et difficile; mais en réalité, dans la pratique, on ne rencontre qu'une partie de ces corps, comme le *cobalt*, le *nickel*, le *fer*, le *manganèse*, le *zinc*, l'*alumine*, le *chrome*, le *phosphate de chaux*. Les autres ne se rencontrent que rarement.

### TROISIÈME GROUPE

**87.** Une petite portion de la liqueur, débarrassée des métaux précipitables par l'hydrogène sulfuré, est additionnée de chlorure ammonique, puis sursaturée par l'ammoniaque; sans s'inquiéter du précipité que peut former ce réactif, on y ajoute un petit excès de sulfure ammonique. Du moment qu'il y a des métaux du troisième groupe, on peut alors traiter de la même manière le reste de la liqueur. Après filtration, on s'assure que la précipitation est complète. Si la liqueur filtrée est *brune* et se trouble pendant les lavages du précipité avec de l'eau contenant du sulfure ammonique, cela annonce la présence du *nickel*, puisque son sulfure est légèrement soluble dans ce réactif.

Voici quelle est la composition du troisième groupe.

| A L'ÉTAT DE SULFURES. | A L'ÉTAT D'OXYDES. | A L'ÉTAT DE PHOSPHATES, D'OXALATES, DE BORATES ET DE FLUORURES. |
|---|---|---|
| Cobalt : noir. | a. *Solubles dans la potasse.* | Baryte. |
| Nickel : noir. | | Strontiane. |
| Fer : noir. | Alumine : blanc. | Chaux. |
| Urane : brun noirâtre. | Glucine : blanc. | Magnésie. |
| Manganèse : couleur de chair. | Oxyde de chrome : vert. | Alumine. |
| Zinc : blanc. | b. *Insolubles dans la potasse.* | Urane. Cerium. |
| | Oxyde de cerium : blanc. | Yttria. |
| | Yttria : blanc. | |
| | Zircone : blanc. | |
| | Acide titanique : blanc. | |

En examinant ce tableau, on voit que, si le précipité est *noir*, cela indique la présence du cobalt, nickel, fer; quant à la couleur *verte*, elle se produit dans bien des cas *sans qu'il y ait du chrome*, et voici comment : toutes les fois qu'il y a des traces de sulfure de fer avec un précipité blanc de sulfure de zinc, d'alumine, etc., l'ensemble du précipité prend une teinte *verdâtre*.

Voici comment on traite le troisième groupe :

On fait d'abord une séparation fondée sur ce fait que, parmi les corps de ce groupe, les sulfures de *cobalt* et de *nickel* sont seuls *insolubles* dans l'acide chlorhydrique étendu et froid. Donc, si le précipité est *noir* et se dissout dans l'acide étendu, il n'y a ni cobalt ni nickel; dans le cas contraire, on devra tout traiter par l'acide dilué et séparer par filtration la partie insoluble.

**98. Partie insoluble dans l'acide chlorhydrique. —** On l'essaye au chalumeau avec la perle de borax, pour voir s'il y a du cobalt. On traite le précipité par l'eau régale, on réduit par l'évaporation à un petit volume, et l'on étend d'un peu d'eau; si la liqueur est *rose,* le cobalt domine; si la liqueur est *verte,* c'est le nickel. S'il n'y a que du nickel seul, un peu de cette liqueur rendue ammoniacale et traitée par le sulfure ammonique donne un précipité *soluble* dans le cyanure de potassium. S'il y a du cobalt avec le nickel, employer de préférence la méthode suivante : la liqueur évaporée presque à sec est traitée par un *excès* de bicarbonate d'ammoniaque, puis par du sel de phosphore ; on chauffe à l'ébullition quelques instants jusqu'à ce qu'on sente l'ammoniaque ; on ajoute quelques gouttes d'ammoniaque, on chauffe de nouveau vers 160°, et il se précipite du phosphate ammoniaco-cobalteux couleur *pourpre violacé;* la liqueur surnageante devient d'un bleu de ciel et contient le nickel. S'il n'y a que très peu de nickel, cette liqueur parait incolore ; mais, traitée après filtration par du sulfure ammonique en excès et filtrée de nouveau, elle passe avec une couleur brune caractéristique pour le nickel.

Dans un mélange de nickel et cobalt, on peut encore ajouter un excès d'ammoniaque, puis de la potasse ; on obtient ainsi une liqueur bleue d'autant plus intense qu'il y a plus de cobalt ; on peut reconnaître ainsi jusqu'à 1/10 de cobalt ; vers cette limite, il se précipite bientôt de l'oxyde de nickel d'un vert pomme.

**99. Partie soluble dans l'acide chlorhydrique. — A** une petite portion de la liqueur on ajoute de l'ammoniaque en excès et du sulfure ammonique ; s'il se forme un précipité *noir,* cela indique ordinairement qu'il y a du *fer;* dans ce cas, on traite toute la liqueur, à chaud, par de l'acide azotique, qu'on ajoute par portions, afin de peroxyder le fer ; puis on réduit par l'évaporation à un petit volume. Sur quelques gouttes de cette solution évaporée presque à sec, on contrôle la présence du fer au moyen du ferrocyanure de potassium (précipité de bleu de Prusse). S'il n'y a pas

de précipité noir par le sulfure ammonique, il suffira
de chauffer à l'ébullition la liqueur chlorhydrique
jusqu'à ce qu'on ne sente plus l'odeur de l'hydrogène
sulfuré et de l'évaporer convenablement. (Pour de
*petites* quantités de fer, on pourra traiter un peu de
cette liqueur par l'acide azotique et rechercher le fer
avec le sulfocyanure de potassium).

La liqueur acide, réduite par l'évaporation à un
petit volume, est traitée par un excès de potasse ou
de soude puis portée à l'ébullition ; on reprend par
l'eau, et l'on filtre. La liqueur alcaline contient l'*alumine*, la *glucine* et le *zinc*. (S'il y a du *chrome*, le
zinc pourra ne se dissoudre qu'en partie ou même
rester entièrement dans le résidu insoluble).

Les autres corps du troisième groupe restent dans
la partie insoluble dans la potasse.

**100. Liqueur alcaline.** — Cette liqueur est partagée
en deux ; dans une portion, on recherche le *zinc* au
moyen de l'hydrogène sulfuré, soit directement en
n'employant qu'une *petite* quantité de ce réactif, soit,
après avoir neutralisé par l'acide acétique, en faisant
passer un courant de ce gaz. Il se forme un précipité
blanc de sulfure de zinc. L'autre portion de la liqueur
alcaline est acidifiée par l'acide chlorhydrique, additionnée d'ammoniaque, sans en mettre un excès, et
chauffée quelque temps : il se précipite de l'*alumine*
et de la *glucine*. Ce précipité gélatineux est filtré,
puis mis en digestion avec du carbonate d'ammoniaque en solution concentrée ; si tout se dissout, il

n'y a que de la *glucine;* s'il reste un résidu, il y a de l'*alumine;* dans ce dernier cas, on filtre, et, si la liqueur donne par une ébullition prolongée des flocons blancs, cela indique la présence simultanée de la *glucine.*

**101. Partie insoluble dans la liqueur alcaline.** — S'il y a du *chrome,* on reconnaît sa présence en fondant une portion de ce précipité, dans la cuiller de platine, avec un mélange de chlorate de potasse et de carbonate de soude; la masse fondue est *jaune,* ou verte s'il y a en même temps du *manganèse.* Dans ce dernier cas on reprend la masse par de l'eau chaude additionnée de quelques gouttes d'alcool; la liqueur filtrée est jaune et précipite en jaune par l'acétate de plomb quand on acidifie avec l'acide acétique.

D'ailleurs on a pu s'apercevoir de la présence du chrome dans les essais préliminaires et surtout par la coloration *verte* de la liqueur chlorhydrique, quand on a traité à froid par ce réactif pour séparer les sulfures de cobalt et de nickel.

S'il y a du chrome, on commencera par l'éliminer en fondant le reste du résidu insoluble, préalablement desséché, avec le mélange de chlorate de potasse et de carbonate de soude, et en reprenant par l'eau seule ou l'eau alcoolisée et faisant bouillir pour décomposer le manganate dans le cas du manganèse. On filtre, et il reste un résidu qui contient les autres corps insolubles dans la potasse, tandis que le chrome passe dans les liqueurs. On trouve également dans cette solution de l'acide phosphorique dans le cas de certains phosphates : on le reconnaît au moyen de la mixture magnésienne, après avoir acidifié par l'acide chlorhydrique et neutralisé par l'ammoniaque.

Le résidu est lavé, puis dissous dans l'acide chlorhydrique. Si l'on n'a pas trouvé de zinc, on le recherchera ici, comme il a été indiqué plus haut, en traitant à chaud par la potasse en excès (voir 100).

La partie insoluble dans la potasse, soit qu'on n'ait point trouvé du chrome, soit qu'on l'ait éliminé, servira maintenant à la recherche des phosphates, oxalates, etc.

102. *Phosphates terreux.* — On commence par rechercher l'acide phosphorique au moyen du molybdate d'ammoniaque, après avoir dissous un peu du précipité dans l'acide chlorhydrique ou azotique. Dans le cas de l'acide phosphorique, on traite un peu de la solution chlorhydrique du résidu insoluble dans la potasse par de l'acide sulfurique étendu : s'il y a un précipité, on aura affaire à la *baryte* ou à la *strontiane*, ou même à la *chaux* si la liqueur est concentrée.

Au moyen du chalumeau ou bien au spectroscope, on verra quelle est la nature du précipité. S'il n'y a pas de précipité, on ajoute de l'alcool en excès, qui précipite du *sulfate de chaux*. Si l'alcool ne précipite rien, on devra rechercher la *magnésie*. Pour faire cette recherche, on ajoute à la solution de l'eau et l'on chauffe pour chasser l'alcool ; on verse ensuite

un excès d'acide citrique, on sature par l'ammoniaque et on précipite ainsi le phosphate ammoniaco-
magnésien.

Dans le cas du *phosphate d'alumine*, on devra rechercher l'acide phosphorique dans la partie soluble
dans la potasse (n° 100). Pour cela, on neutralise par
l'acide chlorhydrique, on ajoute de l'acide citrique,
de l'ammoniaque en excès, et la mixture magnésienne.
Quand on veut rechercher la *glucine*, la liqueur filtrée séparée du phosphate ammoniaco-magnésien est
évaporée à sec ; on calcine pour décomposer l'acide
citrique et l'on reprend par de l'acide; la solution est
précipitée par l'ammoniaque, puis, après filtration, on
traite le résidu par du carbonate d'ammoniaque, afin
de dissoudre la glucine.

103. *Oxalates terreux et borates.* — Quand on a
trouvé des alcalis terreux, au troisième groupe, il
pourra aussi y avoir de l'acide *oxalique* ou *borique*.
Pour rechercher ces acides, on prend un peu de la
dissolution chlorhydrique et on la fait bouillir avec du
carbonate de soude en excès ; dans une portion du
liquide filtré, acidifié par de l'acide acétique, on verse
du sulfate de chaux qui précipite de l'oxalate de chaux;
dans l'autre portion neutralisée par l'acide chlorhydrique et évaporée à sec, on recherche l'acide borique
au chalumeau, après avoir humecté avec l'acide sulfurique concentré.

104. *Fluorures terreux.* — On recherche le *fluor* à
la manière ordinaire dans le précipité du troisième

groupe traité à chaud par l'acide sulfurique. Les bases se trouveront dans la partie insoluble et dans la partie soluble.

S'il y a une partie insoluble, ce sera de la baryte, de la strontiane, et peut-être aussi de la chaux si la solution est concentrée : on reconnaîtra ces bases à la manière ordinaire. Dans la partie soluble, il y aura le reste de la chaux et la magnésie : on traitera par l'ammoniaque et le sulfure ammonique, et ces bases se trouveront dans la liqueur filtrée.

105. Pour la recherche de l'*urane,* des oxydes du *cérium,* de l'*ytria,* de la *zircone* et de l'*acide titanique,* on opère de la manière suivante, quand il n'y a pas d'acide phosphorique.

Pour reconnaître l'*urane,* on prend une portion du résidu insoluble dans la potasse, on le fait digérer quelque temps avec une solution concentrée de carbonate d'ammoniaque pour dissoudre l'oxyde d'urane; on filtre et on ajoute quelques gouttes de sulfure ammonique pour séparer un peu de fer dissous, puis on filtre de nouveau; on acidifie légèrement, au moyen de l'acide chlorhydrique, et l'on fait bouillir quelque temps. Après filtration, on ajoute à une portion de la liqueur du ferrocyanure de potassium, qui donne un précipité brun rouge dans le cas de l'urane; l'autre portion de la liqueur précipite en brun noirâtre par le sulfure ammonique. Lorsqu'il y a assez d'urane, la solution dans le carbonate d'ammoniaque est jaune.

Pour reconnaître le *cérium,* l'*ytria,* la *zircone,* l'*acide titanique*, on prend une portion du précipité produit par le sulfure ammonique, on le sèche, on le grille, puis on le fait fondre, dans un creuset de platine, avec un excès de bisulfate de potasse (6 à 8 fois son poids); la masse fondue est ensuite pulvérisée et traitée par l'eau en excès, *à froid*. S'il reste un résidu, on filtre; la liqueur est additionnée d'acide sulfureux (dans le cas du fer), et l'on fait bouillir assez longtemps pour précipiter l'*acide titanique*. Ce dernier est contrôlé (voir aux réactions). Dans le cas de la *zircone*, il en reste ordinairement avec l'acide titanique. La liqueur, séparée par filtration du précipité produit par l'ébullition, est chauffée avec de l'acide azotique pour peroxyder le fer, puis traitée par un excès d'ammoniaque; le précipité est filtré, lavé et dissous dans l'acide chlorhydrique. On ajoute à cette liqueur, *à froid*, un excès de potasse en solution concentrée, pour dissoudre les oxydes solubles dans ce réactif et pour précipiter le fer, l'urane, le *cérium*, l'*ytria*, la *zircone*. Ce dernier précipité est dissous dans l'acide chlorhydrique, la liqueur est réduite à un petit volume par l'évaporation, et l'on ajoute une solution saturée de sulfate de potasse ainsi que quelques cristaux de ce sel; on fait bouillir, on laisse reposer quelques heures, et l'on sépare par filtration le précipité des sulfates doubles de *cérium* et de *potasse*, de *zircone* et de *potasse*. Dans la liqueur filtrée se trouve l'*ytria*, qu'on précipite par l'acide oxalique. Le précipité des sulfates doubles est lavé avec la solution saturée de sulfate de potasse et traité ensuite à plu-

sieurs reprises par de l'eau acidulée d'acide chlorhydrique ; le sulfate double contenant le *cérium* se
dissout seul. On précipite cette solution par l'acide
oxalique. Le sulfate double contenant la *zircone* reste
insoluble. Ces divers précipités sont contrôlés au
moyen des réactions particulières à ces corps. On re-
connait facilement la présence de la zircone en dissolvant dans l'acide chlorhydrique la partie insoluble
dans la potasse et en y versant du phosphate de soude :
il se forme des flocons blancs de phosphate de zircone.
Si l'on ne trouve point d'acide titanique, il est plus
simple de précipiter par le sulfate de potasse la solution
chlorhydrique de la partie insoluble dans la potasse.

Les oxydes d'urane, de cérium, d'ytria, peuvent se
trouver dans ce groupe à l'état de phosphates. Dans
ce cas, on doit modifier la marche précédente; autrement on méconnaitrait la présence de l'urane.

Le phosphate de *zircone* étant insoluble dans les
acides, cette base ne peut se trouver dans ce groupe
en présence d'autres phosphates; il en est de même
pour l'*acide titanique*. On ne devra donc pas chercher
ces corps, surtout la *zircone*, quand il y aura de
l'acide phosphorique. Voici la marche à suivre en
présence des phosphates pour reconnaitre la présence de l'urane, du cérium, de l'ytria. La partie
insoluble dans la potasse étant dissoute dans l'acide
chlorhydrique, on ajoute assez d'acide citrique pour
que la liqueur ne précipite point par l'ammoniaque
en excès; puis on verse dans cette liqueur un excès
de mixture magnésienne pour précipiter tout l'acide

phosphorique. Si la matière contenait du *phosphate de magnésie*, on aurait déjà un précipité cristallin, par l'agitation, avant d'y verser le sulfate de magnésie, mais en tout cas il faudra toujours mettre un excès de ce réactif. On laisse déposer quelques heures, on filtre, on évapore à sec, pour chasser les sels ammoniacaux, et l'on calcine dans une capsule de platine pour décomposer les citrates. On reprend par l'acide chlorhydrique, on précipite par l'ammoniaque après avoir ajouté du chlorure ammonique, et l'on filtre pour éliminer la magnésie et le manganèse. Le résidu insoluble est redissous dans l'acide chlorhydrique, en petite quantité, et la liqueur est partagée en deux parties : dans l'une, on recherche l'*urane* en traitant la liqueur par du carbonate d'ammoniaque comme il a été indiqué plus haut: dans l'autre, on précipite le *cérium* et l'*ytria* par un excès d'acide oxalique. Les oxalates calcinés donnent les oxydes qu'on dissout dans l'acide chlorhydrique et qu'on sépare ensuite au moyen du sulfate de potasse (voir plus haut).

Outre les métaux précédemment indiqués, le sulfure ammonique précipite également les corps suivants, qui sont rares :

106. **Tantale et niobium.** — A l'état d'oxydes blancs (acides métalliques); ces acides, une fois calcinés, sont insolubles dans les acides.

107. **Thorium.** — Précipite à l'état d'oxyde blanc, comme la zircone, et devient insoluble dans les acides après calcination.

**108. Thallium.** — Sulfure noir. La solution dans l'acide chlorhydrique *précipite* par une lame de zinc. Colore la flamme en vert et se reconnaît facilement au spectroscope (voir ces essais).

**109. Indium.** — Sulfure jaune. Facile à reconnaître au spectroscope (voir ces essais).

## Considérations générales sur les métaux du quatrième groupe.

**Baryte.** — Il y a dans la nature deux minéraux principaux qui contiennent la baryte : le sulfate de baryte (*baryline*) et le carbonate de baryte (*withérite*). Dans les silicates, il est très rare de rencontrer la baryte.

**Strontiane.** — De même que pour la baryte, il y a le sulfate de strontiane (*célestine*) et le carbonate de strontiane (*strontianite*). Presque jamais dans les silicates.

**Chaux.** — Très abondante dans la nature à l'état de carbonate (*calcaire*), de sulfate anhydre (*anhydrite*), de sulfate hydraté (*gypse*), de phosphate (*apatite*), de carbonate de chaux et manganèse (*dolomie*), de fluorure (*fluorine*).

On rencontre la chaux dans une quantité de silicates tant naturels qu'artificiels.

### QUATRIÈME GROUPE

**110.** La liqueur, débarrassée des métaux du premier, second et troisième groupe, est traitée à une douce chaleur par du carbonate d'ammoniaque, qui précipite la *baryte*, la *strontiane* et la *chaux*. On filtre, et l'on réserve la liqueur pour rechercher le groupe suivant.

Le précipité des carbonates est dissous dans *très peu* d'acide chlorhydrique étendu ; au chalumeau, au moyen de la coloration de la flamme, ainsi qu'au spectroscope, il sera facile d'examiner ces corps. Pour les reconnaître par voie humide, on évapore presque à sec la solution, on reprend par l'eau ; une portion est traitée par la solution de gypse : s'il y a un précipité immédiat, cela indique la présence de la *baryte* ; la *strontiane* ne précipite qu'après un certain temps. Une autre portion est traitée par l'acide sulfurique étendu, qui précipite la baryte, la strontiane et une partie de la chaux ; la liqueur filtrée neutralisée par l'ammoniaque précipite par l'oxalate d'ammoniaque (*chaux*). Dans le précipité de sulfate, on recherche la *strontiane* au spectroscope.

## Considérations générales sur les métaux du cinquième groupe.

**Magnésie.** — Les minéraux principaux qui contiennent la magnésie sont le carbonate (*giobertite*), le carbonate de magnésie et de chaux (*dolomie*), le silicate de magnésie (*talc* et *stéatite*). Elle se trouve également dans beaucoup d'autres silicates.

**Potasse.** — Les principaux minéraux contenant de la potasse sont : le chlorure (*sylvine*), le chlorure de

potassium et de magnésie (*carnallite*), l'azotate de potasse (*nitre*). Se trouve dans beaucoup de silicates, surtout dans le *feldspath orthose*, qui fait partie constituante des granites et autres roches analogues.

**Soude.** — Très abondante dans la nature, surtout à l'état de chlorure (*sel marin* et *sel gemme*), d'azotate (*nitraline*), de carbonate (*natron, urao*), de borate (*borax*).

On la trouve dans beaucoup de silicates.

**Lithine.** — Assez rare dans la nature ; on la trouve surtout dans un silicate de la famille des micas (*lépidolite*), deux autres silicates (*pétalite, triphane*) et dans deux phosphates (l'*amblygonite*, la *triphylline*).

**Ammoniaque.** — Dans la nature, assez rare,; dans le chlorure d'ammonium (*salmiac*).

### CINQUIÈME GROUPE

111. La liqueur restant après la précipitation par les réactifs précédents ne contient plus que la *magnésie*, la *potasse*, la *soude*, la *lithine* et l'*ammoniaque*.

L'*ammoniaque* ne peut se rechercher que dans la matière *première*, puisqu'ici on a introduit des sels ammoniacaux ; quant à la *soude*, on ne doit pas la rechercher non plus, si la liqueur analysée provient d'une attaque au carbonate de soude ; de même pour la *potasse*. En tout cas, on peut reconnaître sûrement la soude, la potasse et la lithine dans la matière pre-

mière par les colorations des flammes et au spectroscope.

Pour reconnaître la *magnésie*, on ajoute à une portion de la liqueur du phosphate de soude et l'on agite
fortement; il se forme un précipité *cristallin* de phosphate ammoniaco-magnésien.

L'autre portion de la liqueur est évaporée à sec
dans une capsule de porcelaine, et on chasse les sels
ammoniacaux : le résidu peut servir à la recherche
des alcalis, soit au chalumeau, soit au spectroscope.

Les métaux suivants appartiennent également au
cinquième groupe :

**112. Cæsium, rubidium.** — Métaux alcalins de la
famille du potassium, sodium. Avec le *chlorure de
platine,* ils précipitent comme la potasse. On les reconnaît facilement au spectrocope (voir les essais au
spectroscope).

### Recherche des acides.

113. Les acides qu'on rencontre habituellement
dans les minéraux sont les suivants : l'acide sulfurique, l'acide phosphorique, l'acide arsénique, l'acide
carbonique, l'acide fluorhydrique, l'acide silicique,
l'acide chlorhydrique, l'acide sulfhydrique ; et *plus
rarement* les acides : chromique, borique, bromhydrique, iodhydrique et azotique. Ainsi, quand il s'agit
de l'analyse d'un minéral, la recherche des acides
n'est ni longue ni difficile. Dans les sels et produits
artificiels, les acides qu'on trouve sont en général

peu nombreux, pour chaque sel pris isolément, mais on doit cependant les rechercher dans une série beaucoup plus grande.

Nous avons déjà vu qu'on partageait les acides en trois groupes, suivant la manière dont ils se comportaient avec l'*acétate de baryte* et l'*azotate d'argent.* Quand on a affaire à des sels *alcalins* ou *alcalino-terreux* solubles dans l'eau, on peut y appliquer ce mode de séparation en groupes, et puis examiner séparément l'acide de chaque groupe. Ainsi, la liqueur *neutre* sera traitée par l'acétate de baryte, qui précipitera tous les acides du *premier* groupe ; la liqueur filtrée débarrassée de ces acides sera additionnée d'azotate d'argent, qui précipitera les acides du second groupe ; enfin, après une seconde filtration, la dernière liqueur retiendra les acides du *troisième* groupe (on recherchera, bien entendu, sur la matière primitive les acides acétique et azotique introduits ici par les réactifs).

Cependant tel n'est pas le cas général, car non seulement l'action des dissolvants acides a éliminé certains corps, comme l'*acide carbonique*, l'*acide sulfureux*, l'*acide silicique*, l'*acide sulfhydrique* et d'autres encore (si l'on a employé, par exemple, l'acide sulfurique concentré comme moyen d'attaque); mais aussi on doit tenir compte des corps employés comme dissolvants ou comme réactifs introduits dans la liqueur à analyser.

De plus, la présence d'oxydes métalliques, précipitables par l'ammoniaque, empêche d'employer l'acé-

*tate de baryte*, puisque, l'acide sulfurique excepté, tous les autres acides du groupe ne précipitent que dans une liqueur neutre ou ammoniacale. C'est pour cela qu'on réserve pour la recherche de certains des acides de ce groupe la liqueur débarrassée des trois premiers groupes de métaux. C'est donc cette liqueur et la liqueur *primitive* qui serviront pour reconnaître certains acides; le reste sera recherché dans la matière *première*.

### ACIDES DU PREMIER GROUPE

**114. Acide sulfurique.** — La liqueur primitive chlorhydrique ou azotique précipitera par le chlorure de baryum. (Pour les sulfates insolubles, voir page 66).

**115. Acide sulfureux.** — Se reconnaît sur la matière première quand on traite par un acide : il se dégage de l'acide sulfureux, dont l'odeur est caractéristique.

**116. Acide hyposulfureux.** — Si dans l'opération précédente il se dépose en même temps du soufre, cela indique la présence probable d'un hyposulfite, à moins qu'il n'y ait un autre composé sulfuré, comme un polysulfure, donnant lieu à un dépôt de soufre.

**117. Acide phosphorique.** — Cet acide peut se trouver au troisième groupe dans le cas de phosphates *terreux*, ou bien dans la liqueur du quatrième groupe; dans ce dernier cas, il suffira de verser dans cette liqueur du sulfate de magnésie additionné de chlorure ammonique et d'agiter fortement pour avoir un

6.

précipité cristallin de phosphate ammoniaco-magnésien. On peut aussi faire bouillir la liqueur avec de
l'acide azotique, pour décomposer les sulfures, et
chauffer avec le molybdate d'ammonique : précipité
jaune.

Nous avons vu plus haut comment on reconnaissait
cet acide au troisième groupe par le même réactif.

**118. Acide chromique.** — La liqueur primitive est
jaune ou rouge; si elle est à bases alcalines, on pourra
faire les réactions indiquées pour les chromates. De
toute manière, le chrome est déjà reconnu au troisième groupe.

**119. Acides de l'arsenic.** — Faire les réactions sur
la liqueur première ; on trouve l'arsenic en cherchant
les bases.

**120. Acide borique.** — Sera reconnu sur la matière
première dans les essais par voie sèche.

**121. Acide carbonique.** — A été reconnu sur la matière première.

**122. Acide oxalique.** — Cet acide peut se trouver
soit au troisième groupe à l'état d'oxalate terreux, et
nous avons vu comment on le reconnaissait; soit dans
la liqueur du quatrième groupe. Dans ce dernier cas,
précipiter par le chlorure de baryum, filtrer, laver le
précipité et le traiter comme dans le cas des oxalates
terreux au troisième groupe. Si la liqueur primitive
a été obtenue en traitant par l'acide sulfurique, dans

ce cas chercher l'acide oxalique sur la matière première.

**123. Acide fluorhydrique.** — Se reconnaît sur la matière première en chauffant, avec l'acide sulfurique, dans le creuset de platine muni d'un couvercle percé d'un trou sur lequel on place la lame de verre; celui-ci est corrodé.

**124. Acide silicique.** — Nous avons indiqué comment on le reconnaît en attaquant la matière première.

### ACIDES DU SECOND GROUPE

**125. Acide chlorhydrique.** — La matière première est dissoute dans l'acide azotique étendu, et l'on ajoute à cette solution de l'azotate d'argent, qui précipite du chlorure d'argent blanc très soluble dans l'ammoniaque. Contrôler un chalumeau.

On traite ensuite la matière première par du peroxyde de manganèse et de l'acide sulfurique, dans un tube à chaud; on a un dégagement de chlore. Dans le cas du chlorure d'argent, qui est insoluble dans l'acide azotique, on le traite à froid avec du zinc et de l'acide sulfurique étendu; l'argent est réduit et l'acide chlorhydrique passe dans la liqueur.

**126. Acide bromhydrique.** — La matière primitive est chauffée avec de l'acide sulfurique et du peroxyde de manganèse : il se dégage du brome.

Dans le cas du bromure d'argent, opérer comme

avec le chlorure; la liqueur restante est traitée dans un tube par l'eau chlorée et de l'éther qui s'empare du brome mis en liberté.

Dans un mélange de bromure et de chlorure alcalin, on peut reconnaître la présence du chlore de la manière suivante : on ajoute un excès de sulfate de cuivre et de l'acide sulfureux, on chauffe à l'ébullition; il se précipite du bromure cuivreux $Cu^2Br$, tandis que le chlorure cuivreux $Cu^2Cl$ reste dissous à chaud; le bromure cuivreux se dépose facilement; on décante la liqueur surnageante pendant qu'elle est chaude, et par refroidissement elle se trouble fortement, par suite du dépôt de chlorure cuivreux. S'il y a beaucoup de chlorure, on n'obtient pas de précipité de bromure, mais la liqueur se trouble par refroidissement à cause du chlorure; on reconnaît d'ailleurs le brome au moyen de l'eau chlorée et de l'éther dans le mélange des deux sels.

Pour reconnaître de petites quantités de chlore en présence du brome, on distille dans une petite cornue avec un mélange d'acide sulfurique et de bichromate de potasse; il se condense de l'acide *chlorochromique*, qui, traité par l'ammoniaque en excès, donne une liqueur jaune dans le cas d'un chlorure.

127. **Acide Iodhydrique.** — Si la matière est soluble dans l'eau, l'azotate d'argent donnera un précipité jaune d'iodure, insoluble dans l'ammoniaque.

La solution aqueuse traitée par l'eau de chlore ou l'acide azotique, colore en bleu l'empois d'amidon ou une bande de papier collé à l'amidon. La matière première donnera de l'iode en chauffant dans un tube avec le peroxyde de manganèse et l'acide sulfurique.

Dans un mélange d'iodure et de bromure, on reconnaît la présence du brome en traitant la liqueur à froid, par du sulfate de cuivre et de l'acide sulfureux en excès : il se précipite du proto-iodure de cuivre, et le bromure de cuivre reste en dissolution.

Si l'on fait bouillir le liquide filtré, il se précipite du bromure cuivreux, et dans ce précipité on peut reconnaitre le brome en le chauffant dans un tube avec du bisulfate de potasse.

S'il y a du chlore, en même temps que l'iode et le brome, le chlorure cuivreux reste dans la liqueur chaude séparée du bromure cuivreux et se dépose par refroidissement comme il a été indiqué plus haut.

**128. Acide cyanhydrique.** — On traite la matière par l'acide sulfurique étendu à chaud; on aura l'odeur d'amandes amères.

Si la liqueur renferme un ferro-cyanure alcalin, elle donnera du bleu de Prusse avec un sel de fer. Dans le cas du cyanure de mercure (voir n° 20).

**129. Acide sulfhydrique.** — Ordinairement, la matière primitive dégage ce gaz quand on la traite par l'acide chlorhydrique. Ce gaz noircit le papier humecté d'acétate de plomb.

Les sulfures qui ne sont attaquables que par l'acide azotique (vapeurs rutilantes) donnent souvent un dépôt de soufre. Par le grillage, les sulfures métalliques dégagent de l'acide sulfureux. Quand on fond avec du carbonate de soude et qu'on reprend par l'eau, la liqueur filtrée précipite en noir par l'acétate de plomb.

### ACIDES DU TROISIÈME GROUPE

**130. Acide azotique.** — La matière primitive, chauffée avec l'acide sulfurique concentré et la tournure de cuivre, donne des vapeurs rutilantes. Avec le sulfate ferreux et l'acide sulfurique, on obtient une coloration brune (voir n° 22). S'il y a en même temps de l'acide chlorique, on peut le décomposer par la calcination.

**131. Acide chlorique.** — Avec l'acide sulfurique concentré, odeur d'acide hypochlorique et coloration jaune. Avec l'acide chlorhydrique à chaud, odeur d'acide hypochloreux. Si l'on a un chlorate alcalin, on obtient par la calcination un chlorure dont la dissolution dans l'eau précipite par l'azotate d'argent.

Avant de faire cette dernière réaction, on doit s'assurer que la matière ne contient pas d'autre acide précipitable par l'azotate d'argent.

**132. Acide perchlorique.** — La solution aqueuse et concentrée des perchlorates précipite par un *sel de potasse* ; le précipité est cristallin et donne par la calcination du chlorure de potassium.

## ACIDES ORGANIQUES

**133.** Les acides *tartrique* et *citrique* peuvent se trouver non seulement dans la liqueur débarrassée des métaux des quatre premiers groupes, mais aussi dans le *troisième groupe* à l'état de sels terreux. S'ils existent au troisième groupe, le précipité doit donner par la calcination un résidu charbonneux.

Pour les séparer des bases terreuses, on fait bouillir avec un excès de carbonate de soude comme il a été dit pour le cas des oxalates terreux ; les acides entrent en dissolution.

On acidifie la liqueur filtrée avec l'acide chlorhydrique, on rend la liqueur alcaline au moyen de l'ammoniaque, et l'on ajoute du chlorure ammonique et du chlorure de calcium ; au bout de quelque temps, il se forme surtout par l'agitation un précipité qu'on filtre et qu'on lave. Ce précipité contient l'acide tartrique et en outre l'acide oxalique, phosphorique, etc., si ces acides existent au troisième groupe.

On traite ce précipité à froid, par une lessive de soude ; on étend ensuite avec de l'eau, on filtre et on fait bouillir : s'il y a de l'*acide tartrique*, on aura un précipité. On contrôle au moyen de la réaction de l'azotate d'argent avec l'ammoniaque (n° 25).

La liqueur, filtrée, séparée du précipité formé par le chlorure de calcium, est additionnée de trois fois son volume d'alcool, et, s'il se forme un précipité, c'est qu'il peut y avoir de l'*acide citrique*. Après filtration et lavage à l'alcool, on dissout le précipité dans un peu d'acide chlorhydrique et on sursature par l'ammoniaque ; s'il se forme par l'ébullition un précipité, c'est qu'il y a de l'*acide citrique*. Comme contrôle, on le filtre, on le redissout dans l'acide chlorhydrique et on précipite de nouveau à chaud par l'ammoniaque.

Pour rechercher l'acide tartrique et l'acide citrique dans la liqueur du cinquième groupe, on précipite par le chlorure de calcium, et l'on opère sur le précipité et sur la liqueur filtrée comme il vient d'être dit plus haut.

**134. Acide acétique.** — La matière chauffée avec de l'acide sulfurique donne l'odeur de l'acide acétique. La solution aqueuse se colore en rouge brun par le chlorure ferrique.

**135. Acide formique.** — La dissolution dans l'eau de la matière première donne avec le *bichlorure de mercure,* à une douce chaleur, un précipité blanc de protochlorure. Contrôler avec l'azotate d'argent (nº 28).

# LIVRE II

## ANALYSE QUANTITATIVE

---

## CHAPITRE PREMIER

### BALANCES ET PESÉES, DENSITÉS, DOSAGE DE L'EAU, FILTRATIONS, CALCINATIONS.

**1. Balances et pesées.** — Pour la plupart des analyses quantitatives, il suffit d'avoir une bonne balance pouvant peser de 50 à 100 grammes, et sensible au 1/2 milligramme. Un genre de balance d'un usage plus commode et pouvant servir dans tous les cas, est celui qui peut peser jusqu'à 200 grammes ou 300 grammes avec la sensibilité d'un 1/2 ou 1/10 de milligramme. On construit maintenant de grandes balances avec cavaliers, qu'on place sur une tige graduée qui se trouve sur le fléau, et qu'on fait mouvoir au moyen d'un bras mobile qui traverse la cage. Avec ces cavaliers, on n'a pas besoin de mettre sur les plateaux les poids des milligrammes ou des dixièmes de milligramme, et la pesée se fait très rapidement.

On pèse la substance à analyser sur un couvercle ou une capsule de platine et mieux encore dans une petite *main* en platine. Si la substance attire facilement l'humidité de l'air, on la pèsera en la plaçant entre deux verres de montre ou dans un tube de verre bouché. Tous ces objets devront être tarés *une fois pour toutes* en mettant sur le même plateau 2 grammes ou 5 grammes, et en équilibrant au moyen d'une boîte en fer-blanc ou d'un flacon dans lesquels on met de la grenaille de plomb ou du grenat pyrope ainsi que quelques feuilles d'étain pour finir. On tare de la même manière les creusets, capsules, qui servent pour la pesée des précipités obtenus dans l'analyse. Comme en général on opère sur 1/2 gramme ou 1 gramme de matière et plus rarement sur 2 ou 3 grammes, il suffira, pour les pesées, d'ajouter des poids à côté du vase renfermant la matière, jusqu'à équilibre, et de retrancher ces poids de 2 grammes ou 5 grammes pour avoir le poids de la substance (méthode de la double pesée).

2. **Densité des liquides et des solides.** — *Densité des liquides.* — On prend un flacon à densité ordinaire, on le remplit d'eau distillée jusqu'au bord, de manière à avoir un ménisque convexe ; on y adapte le bouchon portant un tube effilé sur lequel on a marqué un trait, on essuie le flacon avec du papier à filtre, et, après avoir laissé la température s'équilibrer, on enlève avec un tampon de papier le liquide qui se trouve au-dessus du trait. On pèse exactement

le flacon, on le vide, on le sèche, et on le remplit de
la même manière avec le liquide dont on cherche
la densité. Après avoir pesé une seconde fois, il ne
reste plus qu'à diviser le second poids par le premier
pour avoir la densité. Si l'on n'a que très peu de
matière à sa disposition, on prendra un petit tube
fermé par un bout et étiré vers le milieu, on y introduit un peu de liquide, et en chauffant un peu la
partie fermée on chassera assez d'air pour permettre
au liquide d'entrer. Quand le tube est plein jusqu'au
trait marqué à la partie étranglée, on laisse refroidir
et l'on pèse comme ci-dessus. Pour les déterminations exactes, on doit ramener la température à 4°;
mais le plus souvent on prend la densité à 15°.

Quand on veut avoir rapidement une densité approchée sur beaucoup de liquide, il suffit de prendre
une éprouvette graduée de 100 centimètres cubes, de
la tarer sur une balance ordinaire et de la remplir
du liquide dont on cherche la densité : le poids obtenu divisé par 100 grammes donnera la densité
cherchée.

*Densité des solides.* — On peut se servir de la méthode du flacon en opérant comme il suit. On commence par peser la matière, en morceaux ou en
ôoudre, dans un verre de montre ou dans une main
en platine qu'on laisse après cela sur le plateau de
la balance ; on place à côté le flacon à densité plein
d'eau distillée et on prend la tare du tout. Ensuite
on introduit dans le flacon la matière, après avoir
pté un peu de liquide ; on chauffe pour chasser les

bulles d'air, on laisse refroidir, on finit de remplir, on ferme avec les précautions ordinaires, et l'on replace sur le plateau de la balance à côté de l'objet sur lequel on a pesé la matière. En mettant des poids pour rétablir l'équilibre, on n'aura fait que remplacer le poids de l'eau déplacée, et ce poids représentera le volume d'eau occupé par la matière, en supposant le liquide à 4°. En divisant le poids de la matière par ce volume, on aura la densité suivant la formule $D = \dfrac{P}{V}$. Ordinairement on opère à la température ordinaire et l'on fait ensuite les corrections pour plus d'exactitude.

Quand on prend des fragments, il est bon de les réduire à une grosseur à peu près uniforme, comme des grains de blé.

Si la matière est soluble dans l'eau, on emploiera l'alcool; seulement, dans le calcul du volume, on tiendra compte de sa densité.

Un moyen commode pour déterminer la densité des minéraux en fragments, est de prendre un petit creuset de platine percé de trous à sa partie inférieure, et de le suspendre avec un fil de platine au crochet de la balance, pendant qu'il plonge dans de l'eau placée dans un vase à part. La susbtance préalablement pesée est placée sur le plateau du côté du creuset, et le tout est taré. On met ensuite la matière dans le creuset, qu'on retire plusieurs fois de l'eau pour faire échapper les bulles d'air, et l'on pèse de nouveau dans l'eau; la perte de poids indiquera le volume déplacé.

Quand on voudra prendre rapidement des densités de minéraux d'une manière approchée, on pourra se servir de la balance de Jolly (voir mon *Traité élémentaire de minéralogie*, page 78) ou du petit appareil que j'ai décrit en 1878 (Académie des sciences, séance du 4 février).

**3. Dosage de l'eau.** — Quand on fait l'analyse d'un minéral, d'un sel ou de tout autre produit artificiel, le dosage de l'eau est une opération qu'on exécute très fréquemment. Il y a deux manières de doser l'eau : par *perte* après calcination, ou par *pesée directe* après absorption de cette eau dans un tube contenant du chlorure de calcium ou autre substance ayant une action analogue.

*Dosage de l'eau par perte de poids.* — Si la substance peut supporter une forte calcination sans se décomposer et sans absorber l'oxygène de l'air, il suffira de la chauffer au rouge plus ou moins intense dans un creuset de platine et de voir, après refroidissement, la perte de poids. Comme contrôle, il faut chauffer encore une fois pour voir si le poids est constant.

Quand la matière contient de l'eau sous *deux états*, par exemple de l'eau de *cristallisation* et de l'eau de *combinaison*, comme le phosphate de soude ordinaire, qui par une calcination modérée ne perd que son eau de cristallisation, tandis qu'une calcination au rouge lui fait perdre en outre son eau de combinaison ; en le transformant en pyro-phosphate de soude, il suffira alors de chauffer à différentes températures pour voir quelles sont les pertes de poids. Pour cela, on chauffera soit au bain-marie, soit à l'étuve à air, à des températures comprises entre 150 et 300 degrés, en notant la perte de poids pour chaque température ; ensuite on chauffe au rouge pour finir. Il faut toujours laisser refroidir le creuset sous le dessiccateur.

Avant de faire ces déterminations d'eau, il importe de bien dessécher la substance, afin de lui enlever toute son eau hygroscopique. Pour opérer cette dessiccation, on procède de différentes manières, suivant les cas.

Si la substance est efflorescente, ou perd son eau sous le dessiccateur à acide sulfurique, il suffira de la pulvériser et de la presser entre des doubles de papier à filtrer.

Autrement, on desséchera soit sous la cloche à acide sulfurique, soit dans le vide de la machine pneumatique, soit à l'étuve à air, à des températures de 50°, 100° ou 120°. Pour beaucoup de substances, surtout les minéraux, on opère la dessiccation en chauffant au bain-marie à 100°. La matière est placée dans une capsule, dans un creuset ou dans un tube, et l'on a soin de laisser refroidir sous le dessiccateur avant de peser la quantité destinée à l'analyse.

Si la substance ne peut perdre son eau, par la calcination, sans se décomposer en partie, on la chauffera, dans certains cas, avec une *quantité connue*

d'une matière pouvant retenir le corps qui se volatilise.

Par exemple, certains sulfates ne peuvent perdre
leur eau sans dégager en même temps de l'acide sulfurique; on empêchera ce dégagement en ajoutant
6 à 8 parties d'oxyde de plomb, préalablement calciné, lequel retient l'acide sulfurique.

Dans certains cas, on pourra doser l'eau en chauffant à une température inférieure à celle de la décomposition, mais suffisante pour dégager cette eau.

*Dosage de l'eau par pesée directe.* — On prend un
tube en verre vert, peu fusible, comme pour les analyses organiques, ayant de 15 à 20 centimètres de
longueur et fermé par un bout. On remplit environ
le quart de ce tube avec du carbonate de plomb bien
sec, ensuite on met la substance à essayer soit seule,
soit mélangée de carbonate de plomb (dans le cas d'un
sulfate décomposable). Dans ce dernier cas, le mélange
ira jusqu'à la moitié du tube et l'on finira de le remplir aux trois quarts avec du carbonate de plomb.
Le tube est mis en communication, au moyen d'un
bouchon, avec un tube en U contenant du chlorure
de calcium desséché et préalablement taré. On
chauffe, avec des charbons ou sur une grille à gaz,
d'abord la partie antérieure du tube en allant graduellement jusqu'au bout ; l'acide carbonique qui
se dégage, par la décomposition du carbonate, entraîne toute l'eau dans le tube à chlorure de calcium.

Ce mode de dosage ne peut s'employer dans tous
les cas, et il est des substances pour lesquelles il

faut ajouter d'autres composés, comme le carbonate de soude, ou bien avoir recours à d'autres procédés, comme par exemple l'analyse organique élémentaire.

**4. Filtration des précipités.** — On trouve actuellement dans le commerce deux sortes de papier à filtrer, pour analyses : du papier suédois dit Berzélius et un autre papier dit rapide. Ces papiers sont préférables au papier à filtrer ordinaire, parce qu'ils laissent moins de cendres. Le papier Berzélius est bon pour toutes les filtrations; seulement, les précipités gélatineux filtrent très lentement, ce qui cause une perte de temps. Avec le papier rapide, on ne peut filtrer certains précipités pulvérulents, comme l'oxalate de chaux, le sulfate de baryte ; mais, en revanche, les précipités gélatineux, comme l'alumine, l'oxyde ferrique, la silice, certains sulfures, et des précipités cristallins, comme le phosphate ammoniaco-magnésien, filtrent avec une rapidité merveilleuse, surtout quand on a soin de décanter une ou deux fois la liqueur avant de mettre le précipité sur le filtre.

Il est préférable de faire des filtres unis plutôt que des filtres à plis, ces derniers étant moins faciles à laver et moins commodes quand il s'agit d'enlever le précipité du filtre. Les filtres unis sont coupés circulairement, après été avoir pliés en quatre, au moyen de patrons d'un quart de cercle, avec un rayon de **4, 5, 6** centimètres, grandeurs suffisantes dans la plupart des analyses faites sur 1/2 gramme ou sur 1 gramme. Pour le papier Berzélius, le poids des cendres varie pour ces dimensions entre 1 et 3 milligrammes et pour le papier rapide entre 1/2 et 2 1/2 milligrammes. On fait cette détermination en prenant plusieurs filtres d'une grandeur donnée, en les incinérant et prenant la moyenne de poids pour chaque filtre. On prend pour ces filtres des entonnoirs ayant une ouverture de 60°, car alors le filtre uni s'adapte parfaitement contre les parois. Le filtre ne doit pas dépasser les bords de l'entonnoir (excepté quand on sait qu'un précipité a une tendance à grimper le long des parois ; dans ce cas, on fera dépasser un peu les bords du filtre).

Après avoir placé le filtre dans son entonnoir, on le maintient bien ajusté contre les parois pendant qu'on y verse un peu d'eau distillée ; avant que celle-ci s'écoule, on applique bien le doigt contre le papier, pour qu'il adhère partout, car la rapidité de la filtration dépend beaucoup de la manière dont le papier a été ajusté. Pour accélérer la filtration, surtout avec le papier Berzélius ou en général avec les précipités longs à filtrer, on adapte à l'extrémité de l'entonnoir, au moyen d'un caoutchouc, un tube en verre presque capillaire, ayant de 20 à 25 centimètres. Avec cet ajutage, il y a succion, et le liquide s'écoule presque deux fois plus vite. On se fera une idée de la rapidité de la filtration quand on saura qu'avec le papier rapide et cet ajutage une liqueur claire, décantée sur le filtre, passe *si vite* qu'on peut la verser d'une manière continue sans poser le verre. La filtration se ralentit quand le précipité (surtout gélatineux) est sur le filtre ;

7.

mais, même alors, elle est de beaucoup plus prompte, et par ce moyen le filtre ne crève jamais.

Avant de filtrer un précipité, il faut toujours observer certaines précautions; autrement cette filtration pourrait être fort longue, et quelquefois même une partie du précipité serait entraînée dans les liqueurs. Quand une précipitation est faite, soit à chaud soit à froid, il ne faut *jamais* jeter le précipité sur le filtre avec la liqueur où ce précipité s'est formé; autrement le lavage serait beaucoup plus difficile, d'autant plus que certains précipités gélatineux bouchent les pores du papier et que la filtration devient d'une lenteur extrême; en outre, certains corps passent à travers le filtre, et ce n'est qu'en remettant plusieurs fois sur ce même filtre la liqueur qui passe trouble qu'on parvient à la rendre claire. Quand le précipité est formé, on devra le laisser déposer, de telle sorte que la liqueur surnageante soit tout à fait claire; on la décante alors dans un grand verre, on remet de suite de l'eau sur le résidu, on remue avec la baguette et on laisse déposer encore une fois. Pendant ce temps, on *filtre* la liqueur décantée (à moins qu'elle ne soit tout à fait limpide), et, si l'on a d'autres opérations à effectuer sur ce liquide, on le met à évaporer dans une capsule, pour gagner du temps. On décante une seconde fois le liquide qui s'est éclairci, on le filtre, et il est ajouté à celui qui s'évapore; s'il est nécessaire, on remettra encore de l'eau sur le précipité pour décanter une troisième fois, et on continuera de la même manière jusqu'à ce que le précipité soit lavé en partie.

Pour un corps pulvérulent, comme le sulfate de baryte, l'oxalate de chaux, ou cristallin, comme le phosphate ammoniaco-magnésien, trois décantations suffisent en général; mais, pour des corps gélatineux comme l'alumine, l'oxyde de fer, il en faut souvent le double ou plus, suivant le rapport qu'il y a entre le volume qu'on décante à chaque fois et le volume du liquide tenant en suspension le précipité qui reste dans le verre. Il est certain que pour ces précipités *gélatineux* on doit mettre beaucoup plus d'eau, à chaque fois, que pour les précipités *pulvérulents*, ces derniers restant en suspension dans un volume bien moindre. Quand on a fini de décanter, on met *un peu* d'eau sur le précipité, on remue avec la baguette et on le fait tomber sur le filtre, en ayant soin, cette fois, de recueillir les eaux dans un verre *assez petit*, si l'on a affaire à un corps ayant une tendance à passer à travers le filtre ou à grimper le long des parois. Par ce moyen, s'il arrivait, à un moment donné, que la liqueur passât trouble, on ne serait obligé que de filtrer ce qui se trouve dans le petit verre et non une grande quantité de liquide; il est bien entendu qu'on ajoute de temps en temps le contenu du petit verre aux premières liqueurs filtrées.

On reprend plusieurs fois, par un peu d'eau, dans le vase où se trouvait le précipité, et on finit de l'enlever complètement en se servant d'un pinceau. Lorsqu'on se sert d'une capsule de porcelaine et qu'on a obtenu un précipité *blanc*, on s'assure qu'on a bien lavé la capsule en versant les dernières portions d'eau de lavage au pinceau dans un petit verre à pied, avant de les passer sur le filtre; on voit ainsi s'il n'y a plus de précipité à enlever.

On peut être sûr qu'un précipité est bien lavé, si en évaporant quelques gouttes des dernières eaux de filtrage sur une lame de platine, il ne reste plus de résidu. Dans certains cas, on recherche dans l'eau de lavage s'il reste encore du réactif précipitant. Exemple : un sulfate a été précipité par le *chlorure de baryum*, le précipité de sulfate de baryte sera bien lavé, quand la liqueur filtrée, recueillie dans un verre à pied, ne se trouble plus par l'addition de l'acide sulfurique. De plus l'eau de lavage qui passe en dernier lieu ne doit plus avoir d'action sur les pa piers colorés.

On trouve depuis quelque temps un papier à filtration rapide et qui, en même temps, ne laisse presque pas de cendres ; cette quantité est si insignifiante qu'on peut la négliger. Ce papier, tout découpé en disques de différents diamètres, a été traité par l'acide chlorhydrique et par l'acide fluorhydrique, afin de le débarrasser des substances minérales. Avec certaines précautions, quand on a soin de bien laisser déposer le précipité et de décanter plusieurs fois, on peut y filtrer même l'oxalate de chaux et le sulfate de baryte.

On peut abréger de beaucoup la durée de la filtration des précipités, surtout de ceux qui sont gélatineux, en se servant de la trompe Bunsen ou d'un autre genre de trompe propre à produire une aspiration énergique. Quand on n'a pas de robinet d'eau donnant une pression assez considérable, il est préférable de se servir de la trompe Bunsen, qui peut être utilisée avec un débit d'eau assez faible. Seulement, si on voulait s'en servir également pour faire le vide dans certains appareils, il faudrait que le tube de descente ait au moins 11 à 12 mètres de hauteur. Quand cet appareil ne doit servir qu'aux filtrations, une hauteur de 4 à 5 mètres est suffisante.

L'entonnoir est ajusté à un bouchon à deux trous, adapté à une fiole ou un flacon à large ouverture; l'autre trou porte un tube à angle droit par lequel se fait l'aspiration au moyen d'un tube en caoutchouc à parois fortes, comme ceux que l'on emploie pour faire le vide. Pour empêcher que le filtre ne se crève, on place au fond de l'entonnoir un tout petit cône de platine ayant exactement 60°, et c'est sur ce cône qu'on ajuste le filtre uni, à la manière ordinaire.

**5. Calcination et pesée des précipités.** — Pour dessécher le filtre, on le détache avec précaution, et on le met soit dans une étuve, soit dans une capsule plate au fond de laquelle on a mis du papier à filtrer, ou bien dans une assiette en porcelaine dégourdie. On doit chauffer avec précaution vers 110° ou 150°, pour ne pas carboniser le papier. Quand la matière est bien sèche, on procède à la calcination de la manière suivante:

Le creuset de platine ou de porcelaine étant bien taré (il est bon de vérifier la tare pour chaque opération), on le place sur une feuille de papier glacé noir; on ouvre un peu le filtre, avec précaution, et l'on fait tomber le précipité dans le creuset, en froissant un

peu le papier à l'extérieur ou en frottant l'intérieur
avec la spatule de platine. Quand on a détaché le plus
de matière possible, on incinère le filtre. Il se présente ici deux cas : 1° la matière n'est pas réduite au
contact du charbon du filtre; 2° la matière peut être
réduite par le charbon du filtre.

Dans le premier cas, il suffit d'enflammer le papier
au-dessus du creuset en le tenant avec une pince en
fer, de faire tomber dans le creuset tout ce qui a pu
rester sur le papier, et de calciner en plaçant le creuset
sur un triangle de platine au-dessus d'un bec Bunsen.
On chauffera, avec précaution d'abord, ensuite au
rouge, jusqu'à incinération complète; au besoin, on
incline le creuset à 45°, ou bien on met le couvercle à
moitié pour favoriser l'accès de l'air. Si l'incinération
est trop lente, on peut l'accélérer en pressant le filtre
contre les parois du creuset au moyen d'une spatule
de platine ou d'un gros fil du même métal; quand le
creuset est refroidi on aura soin de nettoyer la spatule
avec une barbe de plume avant de la retirer.

Dans le second cas, on place dans un verre de
montre le précipité du creuset et on incinère le filtre
comme ci-dessus, en reprenant au besoin les cendres
par quelque réactif, s'il y a lieu, afin de transformer
la matière réduite, qu'on n'a pu détacher du filtre, à
l'état où elle doit être pesée. Quand cette opération
est terminée, on met dans le creuset la matière mise à
part dans le verre de montre, et l'on calcine le tout
convenablement.

Si la matière a besoin d'être calcinée à une plus

haute température, on chauffera ensuite avec la lampe alimentée par un soufflet.

Quand la calcination est terminée, on met le couvercle sur le creuset, et, si la matière attire l'humidité, comme la silice, l'alumine et certains précipités pulvérulents, on le met encore chaud sous un *dessiccateur*, afin de le laisser refroidir dans une atmosphère sèche. Le dessiccateur le plus simple consiste en une cloche, rodée à l'émeri, placée sur une plaque en verre dépoli sur laquelle se trouve un cristallisoir contenant de l'acide sulfurique concentré et portant un triangle pour y placer le creuset.

On retire le creuset du dessiccateur ; quand il est bien froid, on le pèse, puis on calcine encore une fois comme contrôle. Eviter d'incinérer dans un creuset de platine toute substance contenant de l'*arsenic*, de l'*antimoine*, du *plomb*, du *bismuth* ou autre métal pouvant former un alliage fusible avec le platine lorsqu'on chauffe au contact du charbon du filtre. Dans ce cas on se sert d'un creuset en porcelaine.

**6. Filtres tarés.** — Il est certaines substances qu'on ne peut calciner sans les altérer ; dans ce cas, on les chauffe à une température donnée avec le filtre préalablement taré. On prend deux filtres de même grandeur, qu'on place sur les plateaux de la balance, et on coupe peu à peu celui qui est plus lourd jusqu'à équilibre parfait ; l'un de ces filtres sert de tare à l'autre au moment de la pesée du précipité. Pour que ces filtres soient dans les mêmes conditions après la filtration et le séchage, on passera sur le filtre qui doit servir de tare la liqueur qui a filtré sur le premier, et ces filtres seront séchés en même temps dans l'étuve, puis placés sous le dessiccateur avant la pesée. On chauffe dans une étuve à air ou à huile portant un thermomètre. Ordinairement, on chauffe à 100°, ou bien entre 110° et 120°, suivant les cas. Il est nécessaire de peser plusieurs fois, jusqu'à ce que le poids soit constant.

## TABLE DES ÉQUIVALENTS.

### Hydrogène = 1.

| | | | | | |
|---|---|---|---|---|---|
| Aluminium | Al | 13,75 | Manganèse | Mn | 27,5 |
| Antimoine | Sb | 122 | Mercure | Hg | 100 |
| Argent | Ag | 168 | Molybdène | Mo | 48 |
| Arsenic | As | 75 | Nickel | Ni | 29,5 |
| Azote | Az | 14 | Niobium | Nb | 47 |
| Baryum | Ba | 68,5 | Or | Au | 98,2 |
| Bismuth | Bi | 210 | Osmium | Os | 99,5 |
| Bore | Bo | 11 | Oxygène | O | 8 |
| Brome | Br | 80 | Palladium | Pd | 53,25 |
| Cadmium | Cd | 56 | Phosphore | Ph | 31 |
| Calcium | Ca | 20 | Platine | Pt | 98,5 |
| Carbone | C | 6 | Plomb | Pb | 103,5 |
| Cérium | Ce | 46 | Potassium | K | 39 |
| Chlore | Cl | 35,5 | Rhodium | Rh | 52 |
| Chrome | Cr | 26,25 | Rubidium | Rb | 85 |
| Cobalt | Co | 29,5 | Ruthénium | Ru | 52 |
| Cœsium | Cs | 133 | Sélénium | Se | 39,75 |
| Cuivre | Cu | 31,7 | Silicium | Si | 14 |
| Didyme | Di | 48 | Sodium | Na | 23 |
| Erbium | Er | 56,3 | Soufre | S | 16 |
| Étain | Sn | 59 | Strontium | Sr | 43,75 |
| Fer | Fe | 28 | Tantale | Ta | 91 |
| Fluor | Fl | 19 | Tellure | Te | 64 |
| Gallium | Ga | 70 | Thallium | Tl | 204 |
| Glucinium | Gl | 4,65 | Thorium | Th | 116 |
| Hydrogène | H | 1 | Titane | Ti | 24,5 |
| Indium | In | 56,7 | Tungstène | W | 92 |
| Iode | Io | 127 | Urane | Ur | 60 |
| Iridium | Ir | 98,5 | Vanadium | Va | 51,4 |
| Lanthane | La | 46 | Yttrium | Y | 30,85 |
| Lithium | Li | 7 | Zinc | Zn | 32,7 |
| Magnésium | M | 12 | Zirconium | Zr | 45 |

# CHAPITRE II

## PREMIER GROUPE

**7. Or.** — *Dosage à l'état métallique.* — L'or étant dissous dans l'eau régale, on évapore presque à sec, en ajoutant pendant l'évaporation de l'acide chlorhydrique pour détruire l'acide azotique, et l'on reprend par l'eau fortement acidulée d'acide chlorhydrique. Pour précipiter l'or, on emploiera soit le *protochlorure d'antimoine*, soit l'acide oxalique, si l'on ne veut pas introduire un autre métal dans la dissolution.

Avec le *protochlorure d'antimoine*, la solution doit toujours être assez acide pour que l'eau ne décompose pas ce réactif; on chauffe doucement, dans une capsule de porcelaine, jusqu'à ce que l'or soit bien rassemblé avec sa couleur caractéristique; on décante la liqueur, et l'on reprend plusieurs fois par de l'eau additionnée d'acide chlorhydrique. Si la capsule est tarée, on pourra la peser avec les cendres du petit filtre sur lequel on a passé les liqueurs décantées.

Avec l'*acide oxalique*, on chauffe pendant un jour ou deux à une douce chaleur. On filtre et on lave.

On peut aussi précipiter l'or par l'*hydrogène sulfuré* à l'état de *sulfure*, filtrer rapidement, laver et calciner pour avoir de l'or métallique.

8. **Platine.** — *Dosage à l'état métallique.* — La solution dans l'eau régale étant réduite à un petit volume par l'évaporation, on neutralise en partie l'excès d'acide au moyen de l'ammoniaque et l'on y verse un excès de chlorure d'ammonium et de l'alcool.

Après quelques heures, on filtre le chloro-platinate d'ammoniaque, on lave avec de l'alcool à 80 0/0, on sèche et l'on calcine avec précaution ; on aura ainsi du platine.

On peut aussi précipiter le platine au moyen du *chlorure de potassium*, en opérant comme ci-dessus. Le chloro-platinate de potasse est recueilli sur un filtre taré, séché à 130°, puis pesé. On prend la plus grande partie de ce précipité, on le pèse, on le place dans une nacelle de porcelaine qu'on met dans un tube en verre, et l'on y fait passer un courant d'hydrogène en chauffant modérément. Il reste un mélange de chlorure de potassium et de platine ; en traitant par l'eau, on aura ce dernier comme résidu.

9. *Séparation du platine d'avec l'or.* — On traite la solution concentrée des deux chlorures par le chlorure de potassium, qui précipite le platine comme ci-dessus ; dans la liqueur filtrée, on précipite l'or, comme il a été indiqué plus haut.

**10. Etain.** — *Dosage à l'état d'oxyde stannique.* — Quand on a affaire à de l'étain métallique ou à un alliage, on le traite par l'acide azotique à 1,3 de densité dans un ballon surmonté d'un petit entonnoir ou dans une capsule à l'intérieur de laquelle on place un entonnoir. Quand la réaction a cessé, on chauffe quelque temps, jusqu'à ce que l'acide métastannique soit bien blanc et qu'il ne se dégage plus de vapeurs rutilantes. On évapore presque à sec dans une capsule, on ajoute de l'eau, on chauffe et on filtre ; le précipité, lavé et séché, est calciné très fortement dans un creuset de porcelaine, en ayant soin d'incinérer le filtre à part.

On pèse à l'état de bioxyde $SnO^2 = 75$.

Quand une solution contient de l'étain au minimum ou au maximum, la meilleure manière de le précipiter, c'est d'employer *l'hydrogène sulfuré.* La liqueur doit être acide, autrement il faudrait y ajouter de l'acide chlorhydrique ; on y fait passer un courant d'hydrogène sulfuré, qui précipite du protosulfure brun ou du bisulfure jaune, suivant le degré d'oxydation du métal. S'il se précipite du sulfure jaune, il faudra attendre que la liqueur ait perdu toute odeur d'hydrogène sulfuré par son exposition à l'air. Après filtration et lavage, le précipité est séché en partie, puis chauffé encore humide, avec le filtre, dans un creuset de porcelaine incliné à 45°. Au commencement, on chauffe peu, tant qu'il se dégage de l'acide sulfureux ; ensuite, on calcine plus fort, et à la fin on met dans le creuset un peu de carbonate d'ammoniaque pour chasser les dernières traces de soufre. On reprend par quelques gouttes d'acide azotique, qu'on évapore; on calcine et on pèse : on aura le bioxyde $SnO^2$.

Les liqueurs chlorhydriques contenant de l'étain au maximum ne doivent pas être évaporées, autrement il se volatiliserait du chlorure d'étain.

11. *Séparation de l'étain d'avec l'or et le platine.* — L'alliage ou les sulfures étant placés dans une nacelle en porcelaine, on introduit celle-ci dans un tube en verre, et l'on y fait passer un courant de chlore, en chauffant légèrement, surtout au commencement. L'étain se volatilise à l'état de bichlorure, tandis que les chlorures d'or et de platine restent dans la nacelle.

L'appareil est installé de la manière suivante : une fiole pour dégager du chlore, communiquant avec un barbotteur contenant de l'acide sulfurique (ou un petit flacon à deux tubulures) ; ensuite une éprouvette à dessécher pleine de chlorure de calcium ; cette dernière est mise en communication avec un tube de verre à l'extrémité duquel on a soudé un tube coudé de petit diamètre; l'extrémité de ce tube s'adapte au moyen d'un bouchon à un tube en U portant trois boules, dans lequel on met de l'eau acidulée d'acide chlorhydrique jusqu'à la moitié des deux boules latérales; enfin le tube à boules porte un tube qui plonge dans un verre contenant de la potasse pour absorber l'excès de chlore. La nacelle contenant la matière est placée vers le milieu du tube, lequel a une longueur de 25 à 30 centimètres. S'il se condense des produits volatils vers l'extrémité où se trouve le tube coudé, on devra les chasser avec la flamme de la lampe, de manière à condenser la plus grande partie dans le tube à boules.

Après l'opération, on retire la nacelle de porcelaine contenant les chlorures non volatils, et le tube est lavé de manière à entraîner tout ce qui a pu se déposer dans la partie étroite, afin que tous les chlorures volatils soient en dissolution dans l'eau du tube à boules.

**12. Antimoine.** — *Dosage à l'état de sulfure.* — Ce métal étant en dissolution dans de l'acide chlorhydrique ou dans l'eau régale, on ajoute une quantité d'acide tartrique suffisante pour empêcher la précipitation par l'eau ; on étend suffisamment, et l'on fait passer un courant d'hydrogène sulfuré, qui précipite du sulfure d'antimoine $SbS^3$ plus ou moins mélangé de *soufre.* Quand la précipitation est achevée, on doit laisser le tout au contact de l'air jusqu'à disparition d'odeur d'hydrogène sulfuré. Le précipité est recueilli sur un filtre *taré* et lavé avec de l'eau ; on le sèche à 110 ou 120°, jusqu'à ce que le poids soit constant.

Pour déterminer la quantité de soufre contenu dans le sulfure, on pèse une grande partie du précipité séparé du filtre, on le place dans un ballon surmonté d'un petit entonnoir, et on y verse avec précaution un peu d'acide azotique fumant pour commencer à oxyder le soufre ; quand la réaction, qui est très vive, a cessé, on ajoute un peu plus d'acide azotique et assez

d'acide chlorhydrique pour dissoudre tout l'antimoine. On chauffe doucement, jusqu'à ce que le
soufre qui se sépare soit entièrement dissous ou qu'il
n'en reste que fort peu avec sa couleur caractéristique. On verse assez d'acide tartrique pur pour que
la liqueur ne se trouble point quand on l'étend d'eau;
on décante pour séparer le soufre non dissous, qu'on
pèse à part après l'avoir séché, et l'on ajoute au liquide du chlorure de baryum pour précipiter l'acide
sulfurique formé. Du poids du sulfate de baryte on
déduit celui du soufre, lequel, ajouté au soufre non dissous, est retranché du sulfure d'antimoine employé
pour cette analyse; la différence donne l'antimoine.

13. *Séparation de l'antimoine d'avec l'or et le platine.* — Cette séparation peut se faire au moyen du
chlore dans l'appareil décrit précédemment; on doit
mettre un peu d'acide tartrique dans la solution contenue dans le tube en U, afin que le chlorure d'antimoine volatil ne soit pas décomposé par l'eau.

14. *Séparation de l'antimoine d'avec l'étain.* — L'alliage est traité, dans une capsule munie d'un entonnoir, avec de l'acide azotique de 1,4 de densité;
lorsque l'attaque est terminée, on évapore à sec, et les
oxydes restants sont calcinés légèrement. On place le
résidu dans un creuset d'argent, et on le fond avec 5
ou 6 parties de soude caustique. Quand la fusion a
duré quelque temps, on laisse refroidir et on reprend
par l'eau, plusieurs fois, pour enlever tout ce qui
reste dans le creuset; on place le tout dans un verre,
et l'on ajoute à la liqueur le tiers de son volume

d'alcool à 0,83. On agite à plusieurs reprises, et on laisse reposer quelques heures ; l'antimoniate de soude reste insoluble, tandis que le stannate de soude se dissout dans la liqueur en même temps que l'excès de soude. On décante la liqueur claire, et le résidu est repris, d'abord avec un mélange d'alcool et d'eau à volumes égaux, ensuite avec une partie d'eau et trois parties d'alcool. Le résidu est bien lavé quand une portion de la liqueur de lavage ne précipite plus par l'hydrogène sulfuré ; il est bon d'ajouter aux eaux de lavage quelques gouttes de carbonate de soude.

La liqueur alcaline contenant l'étain est évaporée doucement pour chasser l'alcool, acidifiée par l'acide chlorhydrique et précipitée par l'hydrogène sulfuré ; le sulfure d'étain est filtré, lavé, et transformé en oxyde, comme il a été indiqué plus haut.

L'antimoniate de soude est traité sur le filtre même par un mélange d'acide chlorhydrique étendu et d'acide tartrique ; pour que le liquide agisse mieux, on bouche avec de la cire l'extrémité de l'entonnoir ; on fait ensuite écouler le liquide, et l'on ajoute du même mélange jusqu'à dissolution complète de tout le précipité. Les liqueurs filtrées sont traitées par l'hydrogène sulfuré, qui précipite l'antimoine à l'état de sulfure ; quand on a pesé ce précipité sur un filtre taré, on y dose le soufre comme il a été déjà indiqué.

**15. Arsenic.** — *Dosage à l'état de sulfure.* — Si l'arsenic se trouve dans une liqueur à l'état d'*acide arsénieux*, on pourra le précipiter au moyen de l'hydrogène sulfuré, après avoir acidifié avec l'acide chlorhydrique. Quand la précipitation est terminée, on fait passer un courant d'acide carbonique pour chasser l'excès d'hydrogène sulfuré ; le sulfure est filtré, lavé et séché à 100° (filtre taré). Si l'on suppose que le précipité contienne du soufre libre, ce qui arrive si la liqueur primitive contient un sel ferrique ou autre substance pouvant agir sur l'hydrogène sulfuré, on le traite avec du sulfure de carbone, qu'on fait passer plusieurs fois sur le filtre (préalablement séché et pesé) pour dissoudre l'excès de soufre. Le sulfure d'arsenic pesé est $AsS^3 = 123$.

16. *Dosage à l'état d'arséniate ammoniaco-magnésien.* — Si l'arsenic se trouve à l'état d'*acide arsénique*, on traite la liqueur par un excès d'ammoniaque, qui ne doit produire aucun trouble; ensuite on ajoute la mixture magnésienne (mélange de sulfate de magnésie et de chlorure ammonique en excès avec l'ammoniaque) pour précipiter l'arséniate ammoniaco-magnésien[1]. Après douze heures de repos, on recueille sur un filtre taré, et on lave avec de l'eau contenant un quart d'ammoniaque. Après dessiccation à 102 ou 103°, on pèse. $AzH^4O,2MgO,AsO^5 + HO = 190$.

Quand on précipite l'arsenic au moyen de l'hydrogène sulfuré, on le transforme quelquefois en acide

[1]. La meilleure manière de préparer la *mixture magnésienne* est la suivante :

100 grammes de chlorure de magnésium cristallisé; 140 grammes de chlorure d'ammonium; 700 grammes d'ammoniaque pure; 1300 grammes d'eau distillée. Quand on s'en sert pour doser l'acide phosphorique, il suffit d'ajouter : 10 centimètres cubes de ce mélange pour 0 gr. 1 d'acide à précipiter.

arsénique qu'on précipite par la méthode ci-dessus. Pour faire cette transformation, on traite à chaud le précipité humide, soit par de l'acide *azotique fumant*, soit en le dissolvant dans une lessive de potasse et en faisant passer un courant de chlore ; dans les deux cas, il se forme de l'acide arsénique et de l'acide sulfurique.

Si l'on voulait précipiter l'arsenic à l'état de sulfure $AsS^3$ dans une liqueur contenant de l'acide *arsénique*, il faudrait la faire chauffer préalablement avec de l'acide sulfureux pour transformer l'arsenic en acide arsénieux.

17. *Séparation de l'arsenic d'avec l'or et le platine.* — Avec le chlore dans l'appareil décrit plus haut (11). Le chlorure d'arsenic qui se volatilise se transforme en acide arsénique au contact de l'eau contenue dans le tube à boules.

18. *Séparation de l'arsenic d'avec l'étain.* — L'arsenic doit être à l'état d'acide arsénique ; on traite pour cela l'alliage ou les sulfures par l'acide azotique ou par l'eau régale. On ajoute de l'ammoniaque et du sulfure ammonique, et l'on fait digérer pour avoir une solution limpide ; on verse dans cette solution de la mixture magnésienne pour précipiter de l'arséniate ammoniaco-magnésien. Dans la liqueur filtrée, on précipite l'étain à l'état de bisulfure au moyen de l'acide chlorhydrique étendu.

19. *Séparation de l'arsenic d'avec l'antimoine.* — La combinaison, traitée par l'eau régale ou par l'acide chlorhydrique et le chlorate de potasse, est

additionnée d'acide tartrique, de chlorure ammoniqueet d'ammoniaque en excès.

A la liqueur on ajoute la mixture magnésienne, qui précipite de l'arséniate ammoniaco-magnésien. La liqueur filtrée, acidifiée par l'acide chlorhydrique, est traitée par l'hydrogène sulfuré, qui précipite l'antimoine à l'état de sulfure.

On peut aussi traiter la solution des métaux par l'ammoniaque et le sulfure ammonique et opérer comme il a été dit pour l'arsenic et l'étain. Cette manière d'opérer s'applique par conséquent à la *séparation* de l'*arsenic* avec l'*étain* et l'*antimoine ;* après avoir séparé l'arsenic, on précipite l'étain et l'antimoine, en acidifiant la liqueur par un acide étendu, puis en traitant les deux sulfures comme il a été indiqué pour la séparation de l'étain et de l'antimoine.

20. **Molybdène.** — *Dosage à l'état de sulfure.* — La précipitation complète du molybdène par l'hydrogène sulfuré présente des difficultés. La liqueur acide et assez étendue est traitée pendant longtemps par un courant d'hydrogène sulfuré ; la plus grande partie du molybdène est précipitée à l'état de sulfure brun ; on filtre et on lave : la liqueur filtrée est ordinairement colorée en bleu et contient encore du molybdène. On fait chauffer les liqueurs filtrées et on y ajoute une dissolution d'hydrogène sulfuré, qui précipite encore du sulfure de molybdène ; on répète plusieurs fois cette opération, jusqu'à ce qu'on obtienne une liqueur incolore, qui ne précipite plus par l'hydrogène sul-

furé. Le précipité de sulfure de molybdène doit être recueilli sur un filtre taré, puis séché et pesé. On prend ensuite un poids connu de ce sulfure et on le calcine dans un courant d'hydrogène pour volatiliser l'excès de soufre ; on emploie pour cela un creuset ont le couvercle est percé d'un trou et porte un tube en porcelaine ou en verre par lequel arrive le courant d'hydrogène sec. On pèse à l'état de sulfure $MoS^j = 80$.

21. *Dosage au moyen des liqueurs titrées.* —Ce mode de dosage, très exact, est fondé sur le principe suivant : quand on réduit, au moyen du zinc, une liqueur chlorhydrique contenant de l'acide molybdique, ce dernier finit par se transformer en un sesquichlorure brun, qui se décolore par le permanganate de potasse et se transforme en acide molybdique ; la fin de l'opération est indiquée par la teinte rose que prend la liqueur. Avant de se colorer, la liqueur passe du brun au vert.

On doit prolonger l'action du zinc jusqu'à ce que la teinte brune n'augmente plus d'intensité, pour être sûr que la réduction soit complète. Le permanganate de potasse pourra être titré au moyen du molybdate d'ammoniaque préalablement réduit par le zinc.

Lorsque le molybdène est en dissolution dans le sulfure ammonique, ce qui arrive lorsqu'on le sépare des métaux du second et du troisième groupe, on peut le précipiter à l'état de sulfure en étendant d'eau et en ajoutant un acide dilué ; on doit laisser déposer quelque temps avant de filtrer.

**22. Tungstène.** — *Dosage à l'état d'acide tungstique.*
— Lorsqu'on a une solution ammoniacale d'acide tungstique, comme cela arrive dans l'analyse du Wolfram, on évapore à sec et l'on calcine au contact de l'air, jusqu'à ce que le résidu soit bien jaune ; on a ainsi de l'acide tungstique $WO^3 = 116$.

Si l'acide tungstique est à l'état de tungstate de soude ou de potasse, on neutralise la liqueur par de l'acide azotique et l'on ajoute de l'azotate mercureux ; ensuite, on verse quelques gouttes d'ammoniaque, jusqu'à ce qu'il commence à se former un précipité noir. Le précipité de tungstate mercureux est lavé d'abord à l'eau, ensuite avec une solution d'azotate mercureux ; par calcination, il donne de l'acide tungstique. Cette calcination doit être faite sous une bonne cheminée, afin de se garantir de l'action des vapeurs mercurielles.

**23. Sélénium.** — *Dosage à l'état de sélénium.* — A la solution de l'acide sélénieux ou d'un sélénite, acidifiée par l'acide chlorhydrique, on ajoute un excès d'acide sulfureux ou d'un sulfite alcalin, et l'on fait bouillir quelque temps ; le précipité est d'abord rouge, puis noir et se dépose bien. On le recueille sur un filtre taré et l'on sèche vers 100°. On pèse le sélénium $Se = 39,7$. Si la liqueur contient de l'acide azotique, on ajoute du chlorure de potassium, on réduit à un petit volume et l'on ajoute plusieurs fois de l'acide chlorhydrique, au bain-marie, pour détruire

l'acide azotique ; on traitera ensuite par l'acide sulfureux.

Si le sélénium est à l'état d'*acide sélénique*, on doit
toujours chauffer avec de l'acide chlorhydrique, jusqu'à ce qu'il ne se dégage plus de chlore pour obtenir
de l'acide sélénieux, avant de précipiter par l'acide
sulfureux.

**24. Tellure.** — *Dosage à l'état de tellure.* — Si le
tellure se trouve à l'état d'*acide tellureux*, il suffit de
chauffer quelque temps la solution additionnée d'acide
chlorhydrique, avec un excès d'acide sulfureux, pour
précipiter tout le tellure ; on recueille sur un filtre
taré, on sèche vers 100°, et l'on pèse à l'état de tellure
Te = 64,5. Lorsque le tellure est à l'état d'acide tellurique, on doit chauffer quelque temps la solution
avec de l'acide chlorhydrique, jusqu'à ce qu'il ne se
dégage plus de chlore ; on précipite alors par de
l'acide sulfureux.

Quand la dissolution où se trouve le tellure contient de l'acide azotique, on doit l'évaporer avec un
excès d'acide chlorhydrique, pour décomposer l'acide
azotique, avant de traiter par l'acide sulfureux.

**24 (bis). Vanadium.** — *Dosage à l'état d'acide vanadique.* — Lorsque le vanadium est à l'état d'acide
vanadique dans une solution acide, ou à l'état de vanadate de potasse ou de soude, on le précipite facilement en ajoutant de l'ammoniaque si la liqueur est
acide, en évaporant l'excès d'ammoniaque et en y
versant du chlorure ammonique en solution concen-

trée; il est bon d'y ajouter en outre de ce sel en morceaux. Il se précipite du vanadate d'ammoniaque, qu'on laisse reposer pendant plusieurs heures et qu'on lave, d'abord avec une solution de chlorure ammonique, et ensuite avec de l'alcool pour enlever l'excès de sel ammoniac.

Le vanadate d'ammoniaque étant calciné avec précaution au contact de l'air, dans un creuset de porcelaine, se transforme en acide vanadique $Vd^2O^5$ qu'on peut chauffer jusqu'à fusion.

La meilleure manière de séparer le vanadium de la plupart des oxydes métalliques consiste à faire fondre leur combinaison avec du nitre additionné de carbonate de soude; il se forme du vanadate alcalin, qu'on sépare par l'eau (solution jaune comme le chromate) et qu'on précipite après filtration par le chlorure ammonique, comme ci-dessus.

### SECOND GROUPE

25. **Argent.** — *Dosage à l'état de chlorure.* — La liqueur azotique contenant l'argent est traitée par l'acide chlorhydrique, à une douce chaleur, en agitant fréquemment avec une baguette, jusqu'à ce que le précipité soit bien rassemblé et que la liqueur surnageante soit bien limpide. Après décantation et filtrage, laver le précipité avec de l'eau acidulée d'acide azotique, puis avec de l'eau pure. Pendant ces opérations, éviter une lumière trop vive. Le filtre étant sec, on met le chlorure dans un verre de montre, et le

papier est incinéré dans un creuset de porcelaine; on reprend à chaud par quelques gouttes d'acide azotique pour dissoudre l'argent réduit, on ajoute une goutte d'acide chlorhydrique, et l'on évapore à sec; après avoir ajouté le chlorure d'argent mis à part, on calcine jusqu'à commencement de fusion. On pèse le chlorure d'argent AgCl = 143,5.

Pour nettoyer le creuset de porcelaine, on ajoute un morceau de zinc et de l'acide sulfurique étendu ; l'argent est réduit et peut être facilement détaché, soit mécaniquement, soit après lavage, en le dissolvant dans l'acide azotique.

26. *Dosage par les liqueurs titrées. Méthode de Gay-Lussac.* — Cette méthode est employée principalement pour l'essai des monnaies et autres alliages d'argent et de cuivre.

Voici comment on prépare les liqueurs nécessaires pour ces essais.

*Liqueur normale de sel marin.* — On prend du chlorure de sodium pur, qu'on calcine sans le faire fondre, et on pèse 5$^{gr}$,417 pour chaque litre de liqueur qu'on veut préparer. Cette quantité étant dissoute dans l'eau, on complète le litre à une température de 16° ; dans ces conditions, 100 centimètres cubes de cette liqueur correspondent à 0$^{gr}$,541 de chlorure de sodium, quantité équivalente à 1 gramme d'argent. Pour vérifier le titre de cette liqueur, on pèse 1 gramme d'argent pur, on le place dans un flacon de 250 centimètres cubes, bouché à l'émeri, et on le dissout, au bain-marie, dans 5 centimètres cubes d'acide azotique d'une densité de 1,2. Quand la dissolution est faite, on souffle avec un tube pour chasser les vapeurs nitreuses, on laisse refroidir et l'on verse, au moyen d'une pipette, 100 centimètres cubes de la solution normale de sel marin. On adapte le bouchon, on agite fortement pour bien rassembler le chlorure d'argent. Si la liqueur normale est juste, la liqueur surnageante ne doit se troubler ni par le chlorure de sodium ni par l'azotate d'argent. Pour cela, on verse au moyen d'une pipette d'un centimètre cube une dissolution de sel marin dix fois plus faible (*liqueur décime salée*); s'il y a excès d'argent, il se formera un nuage à la surface du liquide. Dans ce cas, on agitera encore jusqu'à éclaircir la liqueur, et l'on ajoutera encore 1 centimètre cube de la liqueur décime salée; on recommence tant que la liqueur se trouble. D'après le nombre de centimètres cubes versés, on connaîtra le nombre de milligrammes d'argent en excès, et l'on calculera ce qu'il faudra ajouter de sel marin pour chaque centimètre cube de la liqueur. Si le premier centimètre cube de liqueur décime salée n'a pas troublé, on le neutralise par 1 centimètre cube de la liqueur *décime d'argent* (1 gramme d'argent dissous dans l'acide azotique avec assez d'eau pour faire 1 litre à 16°).

Après agitation, on ajoute 1 centimètre cube de la même liqueur et l'on continue comme ci-dessus tant que le liquide se trouble. Dans ce dernier cas, la liqueur normale est trop concentrée, et l'on devra y ajouter de l'eau. On refait encore un ou deux essais sur 1 gramme d'argent, jusqu'à ce que la liqueur normale soit exacte.

*Liqueur décime salée.* — Cette liqueur se prépare en prenant 100 centimètres cubes de liqueur normale et en complétant 1 litre.

*Liqueur décime d'argent.* — Elle contient, comme nous l'avons déjà dit, 1 gramme d'argent par litre ; 1 centimètre cube de cette liqueur correspond à 1 centimètre cube de la liqueur décime salée.

*Manière de faire les essais.* — Avant d'essayer par cette méthode un alliage d'argent et de cuivre, il faut d'abord en connaître le titre approximatif, ce que l'on fait au moyen de la coupellation. Supposons que le titre trouvé ainsi soit de 850/1000 ; on devra alors peser la quantité d'alliage contenant 1 *gramme* d'argent, suivant la proportion $1000 : 850 :: x : 1$ gr., d'où $x = 1^{gr},176$.

On pèsera donc $1^{gr},176$ de cet alliage, on le dissoudra dans l'acide azotique, de la manière indiquée pour la fixation du titre de la liqueur normale, et l'on ajoutera 100 centimètres cubes de liqueur normale. Si le titre trouvé par la coupellation est *trop faible*, il restera, dans la liqueur éclaircie, un *excès* d'argent, et le premier centimètre cube de la liqueur décime salée produira un trouble ; après agitation, on ajoutera un second centimètre cube, et ainsi de suite, jusqu'à ce qu'il ne se produise plus de nuage. Le dernier centimètre cube ajouté ne compte point, et l'avant-dernier ne compte que pour la moitié : si donc on a ajouté 4 centimètres cubes, on en note seulement 2 et demi. Si le titre supposé était trop *fort*, la liqueur décime salée ne produira aucun trouble; on la neutralisera par 1 centimètre cube de liqueur décime d'argent, on agitera de nouveau, et c'est à partir du second centimètre cube qu'on comptera comme il a été dit plus haut.

Supposons qu'on ait versé 2 centimètres cubes et demi de la liqueur décime salée; il en résulte que les 1$^{gr}$,176 d'alliage contiennent en réalité 1$^{gr}$,0025 d'argent, et l'on aura le vrai titre par la proportion 1$^{gr}$,176 : 1$^{gr}$,0025 :: 1000 : $x$, d'où $x = 852$. L'alliage sera au titre de 852/1000.

Quand l'alliage contient du mercure en petite quantité, on ajoute dè l'acétate d'ammoniaque, 30 centimètres cubes environ, avant de verser la liqueur normale; autrement l'essai ne serait pas exact.

27. *Méthode au moyen de l'iodure d'amidon.* — Cette méthode est fondée sur le principe suivant. Quand on verse une dissolution d'iodure d'amidon dans une solution étendue d'azotate d'argent, l'iodure d'amidon est décoloré par suite de la formation de l'iodure d'argent; quand tout l'argent est précipité, la liqueur se colore en bleu ou en violet.

Les autres métaux qui peuvent décolorer l'iodure d'amidon sont : les sels de mercure, d'étain au minimum, d'antimoine, de manganèse, de fer au minimum, les arsénites.

Pour titrer la liqueur d'iodure d'amidon, on prépare une solution d'azotate d'argent contenant 1 gramme d'argent par litre; on prend 10 centimètres cubes de cette liqueur = 0ᵍʳ,010 d'argent, on ajoute un peu de carbonate de chaux pur, et on verse l'iodure d'amidon jusqu'à coloration bleue. Si la liqueur d'iodure d'amidon est trop concentrée, par exemple si l'on a employé 10 ou 15 centimètres cubes, on ajoutera assez d'eau pour que, dans un nouvel essai, on en verse de 50 à 80 centimètres cubes. Comme on verse cette liqueur avec une burette graduée en demi-centimètres cubes, chaque division correspondra à 0ᵍʳ,0001 argent ou à une quantité moindre.

Le carbonate de chaux employé sature l'excès d'acide et permet de mieux reconnaître la fin de l'opération.

Cette méthode est d'une sensibilité extrême et applicable surtout pour le dosage de petites quantités d'argent.

**28. *Essais d'argent par la voie sèche. Coupellation.*** — Lorsqu'on chauffe, dans une coupelle de cendres d'os, à la température du rouge vif, un alliage d'argent et de cuivre ou autre métal oxydable, en présence d'un *excès* de plomb, ce dernier métal, en s'oxydant, pénètre dans les pores de la coupelle en entraînant les autres métaux oxydables, tandis que l'argent reste à peu près pur.

La quantité de plomb *pur* à employer dans ces essais varie suivant le titre de l'alliage. On a construit des tables pour les alliages d'argent et de cuivre, et voici les quantités de plomb nécessaires pour faire ces essais :

Alliage à 950/1000, plomb 3 parties ; 900/1000, plomb

7 parties; 800/1000, plomb 10 parties; 700/1000, plomb 12 parties; 600/1000, plomb 14 parties; de 500/1000 à 0/1000, la quantité de plomb nécessaire est de 16 à 17 parties.

Pour avoir approximativement le titre de l'alliage, on peut en coupeller 1 décigramme avec 1 gramme de plomb et peser le bouton obtenu, ou bien chercher la quantité d'argent au moyen de l'iodure d'amidon sur 1 centigramme de matière.

L'essai se fait sur 1 gramme pour les alliages jusqu'à 800/1000 et sur 1/2 gramme pour les alliages plus pauvres.

Comme pendant la coupellation il y a toujours perte d'une petite quantité d'argent, soit par volatilisation soit par absorption dans la coupelle, on a dressé des tables qui indiquent la quantité d'argent à ajouter au titre obtenu au moyen de la coupellation. Ainsi, lorsqu'on passe à la coupelle de l'argent pur à 1000/1000 avec 3 décigrammes de plomb, le bouton obtenu ne donne que 999/1000 environ, et il y a perte de 1 millième d'argent. On a trouvé qu'il faut ajouter en millièmes 2,5 pour le titre de 950/1000, 4 pour le titre de 900/1000, et environ 4,5 pour les titres compris entre 800/1000 et 450/1000; pour les titres plus bas la perte est un peu moindre, 3 à 4 millièmes.

Voici maintenant quelle est la manière d'opérer. L'alliage étant pesé exactement à une balance sensible au dixième de milligramme, on pèse approximativement la quantité de plomb pur (plomb pauvre), et, quand le moufle du fourneau est à la température convenable, on retire un peu, avec une pincette, la coupelle qu'on a mis à chauffer, on y place le plomb seul et on la repousse au milieu du moufle dont on ferme quelques instants la porte. Quand la surface du plomb qui s'est oxydée au premier moment est bien découverte et plus incandescente que la coupelle elle-même, on y place l'alliage, qu'on a eu soin d'envelopper dans un morceau de papier. On ferme à demi la porte du moufle jusqu'à ce que la coupellation commence, ce que l'on reconnaît aux nombreux points brillants qui s'agitent à la surface du bain et vont en augmentant de grosseur; plus tard, l'essai diminue de volume, et les points lumineux sont plus brillants; alors on rapproche la coupelle et on ouvre la porte. Quand l'opération touche à sa fin, l'essai devient terne, et bientôt sa surface se couvre de bandes irisées qui s'y meuvent avec rapidité; l'essai redevient terne, et, quand on ferme en partie la porte du moufle, pour donner la température nécessaire à l'absorption des dernières pellicules d'oxyde de plomb, il arrive bientôt que le bouton devient brillant comme de l'argent fondu dans un creuset.

Cette dernière phase de l'opération est ce que l'on nomme l'*éclair*.

Quand l'éclair a eu lieu et que le bouton commence à se solidifier, on approche graduellement la coupelle de la porte du moufle et on la met de champ, afin que le bouton se refroidisse lentement; autrement l'essai peut *rocher*, c'est-à-dire qu'il y a projection d'un peu d'argent, par suite du dégagement de l'oxygène dissous dans la partie encore liquide, laquelle perce le croûte solidifiée.

Quand on a retiré la coupelle du moufle, on détache le bouton, on le brosse au-dessous en le tenant avec une pince, puis on le pèse avec soin, et l'on ajoute au titre trouvé les millièmes de compensation.

La pratique seule peut indiquer les meilleures conditions de température pour bien effectuer une coupellation. Il faut que le moufle ne soit pas trop froid; autrement le plomb introduit seul, au commencement, se recouvre d'une croûte de litharge qui n'est pas absorbée par la coupelle; on peut sauver quelquefois l'essai en plaçant devant la coupelle un charbon incandescent qui augmente la température. Si le moufle est trop chaud, il peut y avoir perte d'argent. En général, le fourneau est à une bonne température quand les fumées de plomb s'élèvent lentement.

Comme contrôle, il convient de faire deux fois le même essai.

**29. Plomb.** — *Dosage à l'état de sulfate.* — La liqueur azotique est traitée par l'acide sulfurique, puis additionnée de deux fois son volume d'alcool; après repos, le précipité de sulfate de plomb est lavé avec de l'alcool. Quand le filtre est sec, on détache la matière à part, et le papier est incinéré dans un creuset de porcelaine; on ajoute aux cendres quelques gouttes d'acide azotique; on chauffe, on verse une ou deux gouttes d'acide sulfurique, et l'on chasse l'excès d'acide ; la matière est ajoutée et le tout calciné au rouge. On aura du sulfate de plomb $PbO,SO^3 = 151,5$.

Quand la liqueur contient de l'acide azotique ou de l'acide chlorhydrique en excès, il faut, après avoir ajouté l'acide sulfurique, évaporer jusqu'à commencement de volatilisation de cet acide, puis reprendre par l'eau. Dans ce cas, on peut même se dispenser d'ajouter de l'alcool. On fait le lavage du précipité avec de l'eau contenant de l'acide sulfurique et en dernier avec de l'alcool.

S'il n'y a que du plomb dans la liqueur, on peut aussi, après évaporation de l'excès d'acide sulfurique dans une capsule tarée, calciner et peser le sulfate restant.

30. *Dosage à l'état d'oxyde de plomb.* — Précipiter par l'oxalate d'ammoniaque additionné d'ammoniaque, laisser déposer, filtrer et laver. Le filtre étant sec on met le précipité dans un verre de montre, et le papier est incinéré dans un creuset de porcelaine ; on reprend par un peu d'acide azotique, on évapore, on ajoute le précipité et l'on calcine pour transformer l'oxalate de plomb en oxyde $PbO = 111,5$.

Si l'on a affaire à du carbonate ou à de l'azotate, il suffira de calciner pour avoir l'oxyde.

31. *Séparation du plomb d'avec l'argent.* — Ajouter à la liqueur de l'acétate de soude, puis précipiter à chaud par l'acide chlorhydrique étendu ; le chlorure d'argent se précipite, et celui de plomb reste dissous. On précipite ce dernier par l'hydrogène sulfuré, on transforme le sulfure en azotate, puis en sulfate.

Dans le cas d'un alliage de plomb et d'argent, on peut procéder par *coupellation*, après avoir ajouté du plomb si l'alliage est trop riche en argent.

S'il s'agit d'une galène *argentifère*, on pourra doser directement l'argent, au moyen de l'iodure d'amidon, après avoir dissous le minerai dans de l'acide azotique étendu et précipité le plomb par de l'acide sulfurique *pur* ou du sulfate de potasse.

Par voie sèche, on traite la galène de la manière suivante :

On prend de 20 à 25 grammes de minerai pulvérisé, on le mélange avec 30 grammes de *flux noir*, et l'on chauffe au rouge dans un creuset en fer; ce métal s'empare d'une partie du soufre, tandis que le reste est retenu par le flux noir (mélange de carbonate de potasse et de charbon). Quand la masse est fondue, on l'agite avec une tige en fer pour éviter le boursouflement, et, quand elle est bien fluide, on la coule dans une cuiller en fer. En cassant la masse solidifiée, on trouve au fond un culot de plomb qui a retenu tout l'argent et qu'on passe à la coupellation. De plus, le poids du culot donnera une idée approximative du rendement pratique en plomb.

Si la galène contient beaucoup de gangue et que l'essai ne fonde pas bien dans le creuset, on y ajoute encore soit du flux noir, soit du carbonate de soude desséché.

**32. Mercure.** — *Dosage à l'état de protochlorure.* — Ce dosage exige que le mercure soit au *minimum* d'oxydation; autrement, on le ramène à cet état en ajoutant à la liqueur étendue un excès d'acide phosphoreux. Pour précipiter le mercure à l'état de protochlorure, on ajoute du chlorure de sodium ou de l'acide chlorhydrique; on laisse déposer pendant quelques heures, et l'on recueille sur un filtre taré. Le précipité est séché à 100° et pesé. $Hg^2Cl = 235,5$.

33. *Dosage à l'état de sulfure.* -- Si le mercure est au minimum, on chauffe avec l'acide azotique, on chasse l'excès d'acide par l'évaporation, on étend d'eau, et, après avoir ajouté un peu d'acide chlorhydrique, on précipite par l'hydrogène sulfuré. Le sulfure est recueilli sur un filtre taré et séché à 100°. $HgS = 116$.

S'il arrivait que le précipité contînt du soufre libre, on l'en débarrasserait en chauffant avec du sulfite de soude en solution concentrée, après l'avoir lavé par décantation et avant de le jeter sur le filtre.

34. *Séparation de l'oxyde mercureux d'avec l'oxyde mercurique.* — Précipiter le protochlorure par l'acide chlorhydrique, comme ci-dessus ; dans la liqueur filtrée, on précipite par l'hydrogène sulfuré l'oxyde mercurique.

35. *Séparation du mercure d'avec l'argent.* — La liqueur contenant le mercure au maximum est traitée par l'acide chlorhydrique ; après décantation de la liqueur claire, le précipité est chauffé avec un peu d'acide azotique ; on étend d'eau, on ajoute un peu d'acide chlorhydrique et l'on filtre. La liqueur filtrée est traitée par l'hydrogène sulfuré, qui précipite le

mercure. Dans le cas d'un amalgame, il suffira de le calciner pour avoir l'argent.

36. *Séparation du mercure d'avec le plomb.* — A la solution azotique on ajoute de l'acide sulfurique pour précipiter le plomb à l'état de sulfate, on évapore de manière à chasser une partie de l'acide sulfurique, on reprend par l'eau acidulée d'acide sulfurique, puis on filtre; le précipité est lavé, d'abord avec de l'eau contenant de l'acide sulfurique, ensuite avec de l'alcool. Dans la liqueur filtrée, le mercure est précipité par l'hydrogène sulfuré.

37. **Bismuth.** — *Dosage à l'état d'oxyde.* — La solution azotique est traitée par du carbonate d'ammoniaque, qui précipite du carbonate de bismuth. Chauffer et filtrer. Le précipité, séché, est détaché du filtre, celui-ci incinéré à part dans un creuset de porcelaine; reprendre par l'acide azotique, évaporer, ajouter le reste du précipité et calciner. On obtient de l'oxyde de bismuth $BiO^3 = 234$.

Quand on doit précipiter le bismuth par l'hydrogène sulfuré, on traite le sulfure obtenu par l'acide azotique, à une douce chaleur, et l'on reprend par de l'eau acidulée avec l'acide acétique; le métal est précipité comme ci-dessus par le carbonate d'ammoniaque.

38. *Séparation du bismuth d'avec l'argent.* — Par l'acide chlorhydrique, ou bien par coupellation.

39. *Séparation du bismuth d'avec le plomb.* — La solution azotique est traitée par un excès d'acide

sulfurique, évaporée jusqu'à apparition de vapeurs
d'acide sulfurique; on reprend par l'eau, qui laisse le
sulfate de plomb. Laver d'abord avec de l'eau contenant de l'acide sulfurique et puis avec de l'alcool.
Dans les liqueurs filtrées, on précipite le bismuth par
l'hydrogène sulfuré.

**40. Cuivre.** — *Dosage à l'état de sulfure.* — Lorsque
la liqueur ne contient pas d'autres métaux précipitables par l'hydrogène sulfuré, on pourra employer ce
mode de dosage. La liqueur étant convenablement
étendue d'eau, on fait passer un courant d'hydrogène
sulfuré, jusqu'à ce que la liqueur sente fortement ce
gaz et que le précipité se dépose facilement. On filtre
la liqueur claire, on ajoute de l'eau contenant de
l'hydrogène sulfuré, on laisse encore déposer une
ou deux fois, puis le précipité est filtré et lavé avec
de l'eau contenant de l'hydrogène sulfuré.

Quand le filtre est sec, on détache la matière dans
un verre de montre; le filtre est incinéré dans un
creuset de platine ou de porcelaine; après refroidissement, on ajoute le sulfure avec un peu de fleur de
soufre, on met le couvercle, et l'on chauffe jusqu'à ce
que l'excès de soufre soit volatilisé. On pèse une première fois, et la même opération est recommencée
comme contrôle, de manière à avoir le même poids à
un ou deux millièmes près. Le précipité calciné est du
sulfure $Cu^2S = 79,4$.

**41.** *Dosage à l'état de protoiodure.* — A la solution
de cuivre, qui ne doit pas être trop acide, on ajoute un

excès d'acide sulfureux, on chauffe, puis on verse de l'iodure de potassium jusqu'à précipitation complète. Le précipité est d'un blanc sale ; on maintient à une douce chaleur, jusqu'à ce que la liqueur surnageante soit bien claire ; autrement elle passerait trouble. Après décantation, on remet de l'eau chaude sur le précipité, on laisse encore déposer et l'on filtre sur un filtre taré. Quand la liqueur est trop acide et surtout azotique, on sature par la potasse ; le précipité est redissous dans l'acide sulfureux, puis on ajoute l'iodure de potassium. Pendant l'opération, l'acide sulfureux doit toujours être en excès. L'iodure cuivreux est séché entre 110° et 120°, puis pesé. $Cu^2Io = 190,4$.

Il arrive parfois que quelques millièmes de cuivre restent en solution ; on les retrouve en ajoutant à la liqueur filtrée un peu d'hydrogène sulfuré en, dissolution et en recueillant sur un petit filtre le sulfure de cuivre, qu'il suffira de griller et de peser comme oxyde.

Cette méthode, très expéditive, est particulièrement applicable pour la séparation du cuivre d'avec le zinc (dans le laiton), d'avec le fer (dans la chalcopyrite).

42. *Séparation du cuivre d'avec l'argent.* — Par l'acide chlorhydrique. Par coupellation ou par l'iodure d'amidon, on dose l'argent, et le cuivre est obtenu par différence.

43. *Séparation du cuivre d'avec le plomb.* — Par l'acide sulfurique.

44. *Séparation du cuivre d'avec le mercure.* — On

précipite le mercure à l'état de protochlorure au moyen de l'acide phosphoreux; dans la liqueur filtrée, on précipite le cuivre par l'hydrogène sulfuré.

45. *Séparation du cuivre d'avec le bismuth.* — Par l'iodure de potassium en présence de l'acide sulfureux.

Par le carbonate d'ammoniaque, à une douce chaleur; après lavage, le précipité de carbonate de bismuth est redissous dans l'acide azotique et précipité de nouveau par le carbonate d'ammoniaque pour séparer un peu de cuivre entraîné; s'il y a beaucoup de cuivre, on pourra recommencer une troisième fois.

46. **Cadmium.** — *Dosage à l'état de sulfure.* — On fait passer un courant d'hydrogène sulfuré; le précipité, d'un beau jaune, est recueilli sur un filtre taré et séché à 100°, puis pesé à l'état de CdS = 72.

Eviter une liqueur trop acide et étendre suffisamment avec de l'eau. S'il arrive que le précipité entraîne du soufre libre, on peut s'en débarrasser en traitant la matière desséchée par le sulfure de carbone sur le même filtre.

47. *Séparation du cadmium d'avec le bismuth.* — Ajouter à la liqueur du carbonate de soude en excès, puis du cyanure de potassium; on chauffe quelque temps : le bismuth est précipité à l'état de carbonate, et le cadmium reste en dissolution. Après filtration, le cadmium est précipité par l'hydrogène sulfuré.

48. *Séparation du cadmium d'avec le cuivre.* — Par l'iodure de potassium en présence de l'acide sulfu-

reux ; le cadmium reste en solution. On peut aussi neutraliser par la potasse, ajouter un excès de cyanure de potassium, et ensuite de l'hydrogène sulfuré, qui précipite le cadmium seul. La liqueur filtrée est chauffée avec l'acide azotique et sulfurique, pour décomposer le cyanure ; le cuivre est ensuite précipité par l'hydrogène sulfuré.

## Séparation de quelques métaux du second groupe d'avec certains métaux du premier groupe.

En principe, on peut séparer chaque métal du second groupe d'avec un métal du premier groupe, en traitant le mélange des sulfures, précipités par l'hydrogène sulfuré, au moyen du sulfure ammonique, qui dissout le sulfure du premier groupe et laisse insoluble celui du second ; seulement, dans la pratique, il est souvent plus commode dans certains cas d'avoir recours à des méthodes particulières.

Nous ne donnerons ici que les séparations de métaux qu'on rencontre le plus souvent ensemble, soit à l'état d'alliage, soit à l'état de sulfures ou autres combinaisons.

49. **Alliage d'argent et d'or.** — L'essai est fondé sur ce fait qu'un alliage contenant au moins 80 0/0 d'argent est attaquable par l'acide azotique, qui dissout l'argent et laisse l'or. Quand l'alliage contient moins de 80 0/0 d'argent, il est, soit attaquable en partie seulement, soit inattaquable ; dans ce cas, on le fond avec 3 parties d'argent pour le rendre attaquable. L'alliage doit être réduit en limaille ou mieux en lame mince

et traité dans un matras d'essayeur, d'abord avec de l'acide azotique ayant 1,2 de densité, puis, après décantation du liquide, par de l'acide à 1,3. On lave par décantation, on remplit ensuite complètement le matras d'eau, et on renverse brusquement dans un creuset de porcelaine : l'or tombe en entier au bas de la colonne liquide et reste au fond du creuset. On retire graduellement l'extrémité du matras, on décante le liquide du creuset et l'on sèche l'or à une douce chaleur; il est ensuite chauffé au rouge et pesé. Si l'on a pesé préalablement l'alliage primitif, on aura l'argent par différence. Il est bon de dissoudre l'or dans l'eau régale faible, pour voir s'il n'a pas retenu d'argent; dans ce dernier cas, on pèsera le chlorure insoluble pour en déduire l'argent. Si l'on a attaqué de la limaille et que l'or reste très divisé, on peut le filtrer au lieu de décanter.

**50. Alliage de plomb et d'étain** (soudure). — L'alliage réduit en limaille, est traité, dans un ballon ou une capsule fermée par un entonnoir, par l'acide azotique, qui dissout le plomb et laisse l'étain à l'état d'oxyde. Ce dernier est filtré, lavé et pesé. La liqueur contenant le plomb est précipitée par l'acide sulfurique, et le plomb dosé à l'état de sulfate.

**51. Alliage de plomb et d'antimoine** (caractères d'imprimerie). — L'alliage réduit en limaille est attaqué dans un ballon par de l'acide azotique auquel on ajoute un peu d'acide chlorhydrique; quand l'attaque a cessé, on ajoute de l'ammoniaque, puis un excès de

sulfure ammonique ; on ferme le ballon, et on laisse
digérer quelque temps à une douce chaleur. On décante le sulfure ammonique, on en remet une nouvelle
portion pour dissoudre complètement le sulfure d'antimoine. Le résidu de sulfure de plomb est lavé avec
de l'eau contenant du sulfure ammonique, puis on le
dissout dans l'acide azotique et on le transforme en
sulfate, que l'on pèse[1].

La liqueur contenant l'antimoine est précipitée par
l'acide chlorhydrique étendu, le précipité de sulfure
d'antimoine est ensuite recueilli sur un filtre taré et
dosé comme d'ordinaire.

**52. Plomb et arsenic.** — On opère comme dans le
cas du plomb et de l'antimoine.

**53. Mercure et or.** — L'amalgame étant chauffé au
rouge, le mercure se volatilise et l'or reste.

**54. Alliage de cuivre et d'or.** — On traite par l'acide
azotique, qui dissout le cuivre et laisse l'or, que l'on
pèse. Opérer dans un matras, comme dans le cas de
l'argent et de l'or.

Si l'alliage n'est pas attaquable par l'acide azotique,
ce qui arrive quand l'or est en grande quantité, on le
fond avec 3 parties de plomb, on aplatit le culot, et
on le traite ensuite par l'acide azotique, qui dissout le
plomb et le cuivre, et laisse l'or.

1. Au lieu de transformer le sulfure de plomb en sulfate au
moyen de l'acide azotique, il est plus simple de le dessécher,
de brûler le filtre à part, d'ajouter les cendres au sulfure (dans
un creuset de porcelaine) et de calciner le tout avec de la fleur
de soufre, au rouge, dans un courant d'hydrogène, comme il est
indiqué au n° 60. On obtient du sulfure PbS, qui doit être cristallin

On peut aussi opérer par la coupellation, seulement on prend d'ordinaire 1/2 gramme pour faire cet essai. Quand on ne connaît pas le titre des alliages d'or et de cuivre, on le cherche approximativement, soit par la pierre de touche, soit en coupellant un demi-décigramme avec un gramme de plomb.

On a dressé des tables particulières donnant la quantité de plomb à ajouter pour la coupellation des alliages d'or et de cuivre.

Alliage à 900/1000, plomb 10 parties ; 800/1000, plomb 16 parties ; de 700/1000 à 100/1000, on ajoute de 22 à 34 parties de plomb.

Comme les alliages riches en or donnent une légère surcharge par la coupellation, il est d'usage, après avoir approximé le titre, d'ajouter trois parties d'argent pour une partie d'or (inquartation) et de passer le tout à la coupelle avec la quantité de plomb nécessaire. Le bouton obtenu est aplati, laminé, puis traité par l'acide azotique, comme on l'a déjà indiqué pour les alliages d'argent et d'or.

S'il s'agit d'un alliage triple de *cuivre, d'argent et d'or*, on commence par coupeller 1 décigramme, pour avoir l'or et l'argent, qu'on pèse ; suivant le titre en or de cet alliage, obtenu approximativement par la pierre de touche, on saura s'il faut y ajouter de l'argent pour l'inquartation, et l'on opère comme ci-dessus.

**55. Alliage de cuivre et d'étain (*bronze*).** — On chauffe avec l'acide azotique dans une capsule recouverte d'un entonnoir ; l'étain reste à l'état d'oxyde, tandis que le cuivre se dissout ; on évapore à un petit volume ; on reprend par l'eau et l'on chauffe quelque temps à l'ébullition, jusqu'à ce que le précipité soit devenu floconneux. Après filtration de l'oxyde d'étain, on précipite le cuivre, soit à l'état de sulfure, soit à l'état d'iodure. S'il y a un peu de plomb, on le sépare d'abord au moyen de l'acide sulfurique.

**56. Cuivre et antimoine.** — Si l'on a affaire à un sulfure, comme c'est le cas ordinaire dans les minéraux, on attaque dans un ballon par l'acide azotique et l'on traite par la soude et le sulfure de sodium en excès ; après avoir fait digérer quelque temps, on filtre et on lave avec de l'eau contenant du sulfure de sodium ; le sulfure de cuivre reste, et celui d'antimoine se dissout. Le sulfure de cuivre est calciné avec du soufre et pesé ; celui d'antimoine est précipité par l'acide chlorhydrique étendu, et dosé à la manière ordinaire.

On peut aussi traiter les sulfures par un courant de chlore dans l'appareil décrit au nº 11. Le chlorure de cuivre reste dans la nacelle, et celui d'antimoine se volatilise.

**57. Cuivre et arsenic.** — La solution azotique est traitée, comme précédemment, au moyen du sulfure de sodium ou bien par le chlore.

On traite de la même façon un mélange de cuivre, arsenic et antimoine.

Quand on veut doser de très petites quantités d'arsenic dans le cuivre du commerce, on le dissout dans l'acide azotique ; on ajoute quelques gouttes d'azotate de plomb, puis un excès d'ammoniaque ; l'oxyde de plomb qui se précipite entraîne tout l'arsenic. On lave le précipité, on le traite encore humide par du sulfure ammonique pour transformer le plomb en sulfure, et après filtration on précipite l'acide arsénique par la mixture magnésienne.

**58. Essais par la voie sèche des minerais d'argent et d'or.** — Nous avons déjà indiqué à la suite du plomb comment on essaye les galènes argentifères. Ici, nous nous occuperons de l'essai en général des minerais d'argent et d'or.

Si ces minerais contiennent du plomb comme oxyde (minerais carbonatés, phosphatés, etc.), on les fond avec du flux noir, 2 à 3 parties. Quand ils contiennent des substances oxydées, mais pas de plomb, on les fond avec un mélange de flux noir et de litharge ; ici, la litharge sert à produire le plomb nécessaire pour retenir tout l'argent ou l'or, et en même temps elle sert aussi de fondant si l'on en met un excès. Si on ne l'emploie que pour produire le plomb, on ne doit prendre qu'une partie de litharge pour une partie de minerais et ajouter de 2 à 3 parties de flux noir ; si l'on veut l'employer comme fondant, on en prend une quantité plus considérable et seulement 1/2 partie ou 1 partie de flux noir : autrement il se produirait trop de plomb, ce qui serait très embarrassant pour la coupellation et causerait en même temps des pertes

en argent. On règle la quantité de flux noir en sachant qu'une partie de flux donne avec la litharge
une partie de plomb.

Quand les minerais se composent en grande partie
de gangues pierreuses, argileuses ou ferrugineuses
et qu'elles contiennent en même temps des substances oxydables telles que les pyrites ordinaires,
les pyrites cuivreuses, le mispickel, etc., on les fond
avec de la litharge seule, 8 à 12 parties, et il se produit en général assez de plomb pour la coupellation.
Enfin, si les minerais se composent en grande partie
de substances oxydables, telles que les divers sulfures,
arsénio-sulfures, etc., on les fond avec un mélange
de litharge et de nitre, afin qu'il ne se forme pas trop
de plomb.

Dans ces divers essais, on pèse en général 10 grammes pour les minerais d'argent et 20 à 25 grammes
pour les minerais d'or. Le minerai est mélangé
intimement avec le fondant ou le réductif nécessaire,
et placé dans un creuset en terre, qu'on recouvre
de son couvercle et l'on chauffe jusqu'à fusion parfaite et bien liquide. Quand on retire du fourneau, on
frappe un peu le creuset pour bien rassembler le
plomb et on le laisse refroidir. En cassant le creuset,
on trouve un seul culot de plomb, qu'on nettoie bien
et qu'on soumet ensuite à la coupellation. Le bouton
d'argent ou d'or est pesé à une balance sensible au
dixième de milligramme, et s'il y a les deux métaux
on en fait la séparation.

La quantité de litharge à employer pour la fusion

des matières oxydables pures doit être très grande ;
pour les pyrites, on emploie 50 parties ; pour le mispickel, la blende, la pyrite cuivreuse, le cuivre gris, on
emploie de 25 à 40 parties. Naturellement, ces proportions doivent être modifiées suivant la quantité de
gangues pierreuses mélangées. Comme dans ces essais
il se forme trop de plomb (de 6 à 8 parties, suivant
les sulfures), on a déjà indiqué qu'il faut ajouter une
certaine quantité de nitre pour oxyder une grande
partie du plomb. Pour savoir la quantité de nitre
qu'il faut ajouter, on commencera par fondre 1 partie
de minerai avec 30 parties de litharge, et on pèse
le culot de plomb obtenu; on ajoutera ensuite, pour
faire l'essai définitif, assez de nitre pour réduire
à 15 ou 20 grammes seulement la quantité de plomb
qu'on devra coupeller. On se fonde pour cela sur ce
fait qu'il faut environ 1/4 de nitre pour oxyder une
partie de plomb; donc si l'on avait obtenu 50 grammes
de plomb et qu'on n'en veuille que 15 grammes, on
ajoutera environ 9 grammes de nitre. Outre les fondants déjà indiqués, on se sert également de borax, de
carbonate de potasse ou de soude. Dans certains cas,
on peut griller les minerais de plomb ou de cuivre
contenant du soufre ou de l'arsenic et puis les fondre
avec un flux réductif; si l'on obtient comme culot du
cuivre à peu près pur, on pourra le coupeller en y
ajoutant une certaine quantité de plomb.

Dans tous ces essais, on ne peut pas toujours indiquer à l'avance les meilleures proportions de fondant
ou réductif à employer, et c'est surtout par la pra-

tique, par tâtonnement sur un essai préliminaire
qu'on arrive à un résultat satisfaisant.

**59. Cobalt.** — *Dosage à l'état de pyrophosphate.* —
A la solution de l'azotate ou du sulfate de cobalt, rendue presque neutre par une évaporation à sec, on
ajoute un grand excès d'une dissolution de *sel de
phosphore* saturée à froid (il faut mettre environ 30
parties de sel pour 1 partie de cobalt), mélangée avec
un volume égal d'une solution de *bicarbonate d'am·
moniaque.* Il se forme ainsi un précipité bleu. On
chauffe graduellement, puis on fait bouillir quelques
instants, jusqu'à ce qu'on sente l'odeur de l'ammoniaque; on ajoute de 2 centimètres cubes à 3 centimètres cubes d'ammoniaque, et le précipité se dissout
en partie. En chauffant de nouveau jusqu'à 100°, il
se forme un pricipité cristallin d'un beau pourpre violacé, qui se dépose rapidement. La liqueur surnageante doit être incolore.

Ce précipité est un phosphate ammoniaco-cobalteux. On filtre la liqueur claire, on jette le précipité
sur le filtre et on le lave à l'eau froide. Après calcination du précipité séparé du filtre comme d'ordinaire, on obtient du pyrophosphate, qu'on pèse.
$2CoO,PhO^3 = 146$.

On peut également recueillir sur un filtre taré le
phosphate ammoniaco-cobalteux ayant pour formule
$AzH^4O,2CoO,PhO^5 + 2HO$ et le sécher vers 110°.

Au lieu de bicarbonate d'ammoniaque, on peut
employer l'*acétate d'ammoniaque*, obtenu en satu-

rant l'acide acétique à 8° par de l'ammoniaque. On ajoute 2 à 3 centimètres cubes de cet acétate pour 0$^{gr}$,050 environ de cobalt et 5 centimètres cubes de la solution de sel de phosphore; en chauffant au bain-marie, le précipité bleu se transforme rapidement en phosphate ammoniaco-cobalteux pourpre et cristallin.

60. **Nickel.** — *Dosage à l'état de nickel métallique.* — La liqueur contenant le nickel est traitée par un léger excès de potasse *pure* et chauffée quelques instants; on étend de beaucoup d'eau chaude et on laisse déposer; on lave trois à quatre fois, par décantation, avec de l'eau chaude, puis on filtre, et le précipité est lavé longtemps à l'eau bouillante, parce qu'il retient facilement un peu d'alcali. Après dessiccation, on le calcine dans un creuset de platine, et, quand l'incinération est complète, on adapte au creuset un couvercle percé d'un trou et portant un tube par lequel on fait arriver un courant d'hydrogène; on chauffe quelque temps pour réduire l'oxyde de nickel en métal. On laisse refroidir dans le courant d'hydrogène, on reprend deux ou trois fois par un peu d'eau dans le creuset même, afin d'enlever les dernières traces d'alcali; on sèche et on chauffe encore dans le courant de gaz, puis on pèse le nickel.

Dans certains cas, on est obligé de précipiter le nickel à l'état de sulfure; cette précipitation exige quelques précautions, puisque le sulfure ammonique dissout toujours *un peu* de nickel. La solution de nickel ne doit pas être trop acide ; on y ajoute un excès de bicarbonate d'ammoniaque ou d'acétate d'ammoniaque, puis on y fait passer un courant d'hydrogène sulfuré, qui précipite tout le nickel. On laisse déposer, on filtre et on lave. Ce précipité peut être traité par l'eau régale (le filtre est incinéré à part, et les cendres sont ajoutées à la liqueur), et le nickel précipité comme ci-dessus.

On peut aussi calciner avec du soufre, comme pour le sulfure de cuivre, et peser à l'état de $Ni^2S = 75$. Ce sulfure est de couleur jaune, à éclat métallique[1].

61. *Séparation du nickel d'avec le cobalt.* — Les deux oxydes étant réduits par l'hydrogène, on les pèse, on dissout dans l'acide azotique et on évapore à sec au bain-marie. On reprend par 50 centimètres cubes d'eau environ, et l'on traite par le mélange de *bicarbonate d'ammoniaque et de sel de phosphore,* dans les proportions indiquées plus haut pour la précipitation du cobalt, et l'on opère de la même façon. Le cobalt étant précipité à l'état de phosphate ammoniaco-cobalteux, tout le nickel reste en dissolution dans la liqueur bleue.

Si l'on fait trop bouillir, ou si le nickel est en grand excès, il arrive quelquefois que le précipité entraîne un peu de nickel, et alors il a une couleur plus pâle ; dans ce cas, après avoir décanté la liqueur bleue, on dissout le précipité rouge dans la quantité nécessaire d'acide phosphorique étendu, ensuite on continue

1. Il est plus exact de faire la calcination du sulfure de nickel mélangé de soufre dans un courant d'hydrogène. Même remarque pour le dosage du cuivre à l'état de sulfure, n° 40.

l'opération avec le bicarbonate d'ammoniaque et l'ammoniaque.

Quand la liqueur qui renferme le mélange de nickel et de cobalt n'a pas une teinte *rose*, il est toujours prudent de faire la reprise ci-dessus indiquée.

Dans la liqueur bleue contenant le nickel, ce métal est précipité complètement par l'hydrogène sulfuré et dosé comme d'ordinaire. On peut aussi calculer le nickel par différence.

La séparation de ces deux métaux peut être également effectuée au moyen de l'*acétate d'ammoniaque* et du *sel de phosphore*, en employant les proportions indiquées pour le cobalt. Si la liqueur primitive est *rose*, on suppose qu'il n'y a que du cobalt en grande partie; si elle est brune, on suppose un tiers de cobalt, et, si elle est verte, un quart de cobalt. Avant de chauffer au bain-marie, il faudra ajouter un peu d'ammoniaque. Il est toujours bon de faire la *reprise*, comme il a été indiqué plus haut, si le nickel est en quantité notable. Dans la liqueur bleue contenant le nickel, on précipite ce dernier par l'hydrogène sulfuré.

**62. Fer.** — *Dosage à l'état de sesquioxyde.* — Si le fer est à l'état de protoxyde, on le peroxyde au moyen de l'acide azotique, à chaud, ou par l'eau régale, puis on ajoute un excès d'ammoniaque pour précipiter le sesquioxyde de fer hydraté; comme le précipité est très volumineux, il faut employer beaucoup d'eau. Après plusieurs décantations, on filtre et on lave à l'eau bouillante. On doit détacher la matière du filtre au moment de l'incinération et brûler le papier par-dessus ; on pèse à l'état de sesquioxyde $Fe^2O^3 = 80$[1].

63. *Dosage par les liqueurs titrées, au moyen du permanganate de potasse.* — Cette méthode est fondée sur ce fait qu'une liqueur contenant du fer au minimum et acidifiée par l'acide sulfurique ou chlorhydrique *décolore* une solution de permanganate de potasse, tant que celui-ci n'est pas en excès, tandis que le fer passe au maximum; quand tout le fer est peroxydé, la liqueur devient rose.

Pour déterminer le titre du permanganate de potasse, on pèse 1 gramme de *sulfate de fer et d'ammoniaque*, qui contient $0^{gr},1428$ de fer; on le dissout à froid dans l'eau acidulée d'acide sulfurique, et, au moyen d'une burette graduée en dixièmes de centimètre cube, on y verse goutte à goutte une solution de permanganate, contenant environ 5 grammes de ce sel par litre. Quand la liqueur devient rose, on note le nombre de centimètres cubes employés et l'on calcule à combien de milligrammes de fer correspond chaque centimètre cube de permanganate.

Comme la première fois on peut dépasser le point, il est bon comme contrôle de recommencer sur une nouvelle quantité de sulfate de fer et d'ammoniaque.

Pour titrer le permanganate, on peut employer également une quantité connue de fil de fer pur (fil de

1. En présence de matières organiques empêchant la précipitation du fer par l'ammoniaque, on peut le précipiter à l'état de sulfure par le sulfure ammonique, le filtrer, puis le redissoudre dans l'acide chlorhydrique et peroxyder à chaud par l'acide azotique; le fer est ensuite précipité par l'ammoniaque.

clavecin) qu'on dissout dans l'acide sulfurique étendu (dans un courant d'acide carbonique, pour éviter l'oxydation du métal). (Voir 64.)

Pour faire un essai de fer au moyen du permanganate, il faut d'abord le réduire au *minimum*, s'il n'est pas déjà à l'état de protoxyde. Pour faire cette réduction, il suffit d'ajouter à la solution placée dans une fiole, du zinc pur, d'acidifier avec l'acide sulfurique, si la liqueur n'est pas assez acide, et de chauffer doucement jusqu'à ce que la liqueur jaune soit entièrement décolorée et qu'une goutte, prise avec une baguette en verre, ne colore plus en rouge deux à trois gouttes de sulfocyanure de potassium placé dans une capsule en porcelaine. Il est bon d'ajouter le zinc par petites portions, de manière qu'il soit presque complètement dissous quand l'opération est finie. On refroidit rapidement en plaçant la fiole dans de l'eau froide; on étend d'eau, on décante avec précaution, pour ne pas entraîner de zinc, et, après avoir lavé une ou deux fois la fiole, on ajoute encore de l'eau de manière à avoir une liqueur très étendue. Si la liqueur n'est pas assez acide, on ajoute encore de l'acide sulfurique, puis on titre au moyen du permanganate.

**64.** *Mélange de fer au maximum et au minimum.* — Pour doser le fer au *minimum*, on dissout la matière dans l'acide chlorhydrique dans une atmosphère d'acide carbonique. Pour cela, on la met dans une fiole portant un bouchon avec deux tubes dont l'un plus long est destiné à l'entrée du gaz et l'autre à sa sortie; quand l'appareil est plein d'acide carbonique, on verse de l'acide chlorhydrique et l'on chauffe doucement, sans cesser de faire passer le courant, puis on laisse refroidir. Après avoir étendu de beaucoup d'eau, on titre au moyen du permanganate

Sur un autre échantillon, on dose le fer total après réduction par le zinc. En déduisant le fer qui se trouvait au minimum du fer total, on aura le fer au *maximum*.

65. *Séparation du fer d'avec le nickel et le cobalt.* — On ajoute à la solution de ces métaux du carbonat de soude, pour neutraliser l'excès d'acide, jusqu'à ce qu'il se forme un léger précipité d'oxyde de fer qui disparaisse presque entièrement quand on chauffe. En versant un excès d'acétate de soude et en faisant bouillir, tout le fer se précipite à l'état d'acétate basique par suite de la décomposition de l'acétate, tandis que le nickel et le cobalt restent en dissolution. Cette méthode exige que le fer soit au maximum.

Après décantation et filtration, on redissout le précipité dans de l'acide chlorhydrique et on le reprécipite par l'ammoniaque, afin de le débarrasser des alcalis qu'il a pu retenir.

66. **Essai des minerais de fer.** — Les différents minerais de fer employés dans l'industrie sont les minerais oxydés (oxydes anhydres ou hydratés) et les minerais carbonatés. Ce que l'on y recherche, c'est surtout, outre le *fer*, de petites quantités de *soufre*, de *phosphore*, quelquefois de manganèse et enfin la gangue.

Voici la méthode générale pour faire cet essai :

Après avoir réduit en poudre très fine, on dessèche à 100°, puis on pèse 10 grammes, qu'on attaque dans une fiole, fermée avec un entonnoir, avec de l'acide chlorhydrique concentré; on ajoute un peu d'iodure de potassium dans le cas des minerais rouges, pour faciliter l'attaque. Quand la gangue est bien blanche, on met le tout dans une capsule en porcelaine et on évapore à sec au bain-marie.

On reprend par un peu d'acide chlorhydrique à chaud, on étend d'eau et on filtre dans une fiole de 500 centimètres cubes, en ayant soin de bien laver le résidu à l'eau bouillante. Quand le liquide est froid, on complète avec de l'eau jusqu'au trait du demi-litre et on rend la liqueur homogène en la transvasant dans un autre vase et en agitant avec une baguette.

Le résidu insoluble est pesé, si l'on veut connaître la quantité de gangue insoluble : sable, argile; on peut même ensuite l'analyser d'une manière complète en la traitant comme un silicate.

On prend 100 centimètres cubes de la liqueur pour le dosage de l'acide sulfurique au moyen du chlorure de baryum.

On traite 100 centimètres cubes avec du molybdate d'ammoniaque pour le dosage de l'acide phosphorique. (Voir n° 146).

Sur 100 centimètres cubes peroxydés par l'acide azotique, dans le cas du fer au minimum, et neutralisés ensuite par l'ammoniaque jusqu'à commencement de précipitation, on verse un excès d'acétate d'ammoniaque et l'on fait bouillir pour précipiter le fer, l'alumine, etc.; dans la liqueur filtrée, on précipite le manganèse par le sulfure ammonique et on le dose comme d'ordinaire.

. Sur 25 centimètres cubes ou 50 centimètres cubes évaporés à sec et repris par de l'acide sulfurique étendu, on dose le fer, au moyen du permanganate de potasse, après réduction par le zinc.

Si l'on veut connaître la quantité d'alumine, on la recherche dans le précipité produit par l'acétate d'ammoniaque. La chaux et la magnésie pourront être dosées dans la liqueur séparée du manganèse.

Enfin, si l'on veut connaître la quantité d'eau et autres matières volatiles (perte au feu), il suffira de calciner 1 gramme de matière dans un creuset de platine.

67. **Urane.** — *Dosage à l'état d'oxyde intermédiaire.* — La liqueur doit être peroxydée par l'acide azotique si elle renferme du protoxyde. Dans tous les cas, on précipite ensuite par l'ammoniaque, on fait bouillir, on filtre, et on lave avec de l'eau contenant du chlorure ammonique pour empêcher la liqueur de passer trouble. Le précipité jaune d'oxyde ammoniacal est transformé par la calcination au contact de l'air en oxyde intermédiaire d'un vert foncé. $Ur^3O^4 = 212$.

68. *Séparation de l'urane d'avec le fer.* On ajoute à la liqueur concentrée un excès de carbonate d'ammoniaque; on laisse digérer quelques heures, puis on filtre; l'urane entre en dissolution, et le sesquioxyde

de fer reste. A la liqueur filtrée, qui est jaune, on ajoute quelques gouttes de sulfure ammonique qui précipite le peu de fer qui a pu se dissoudre. Après filtration, on fait bouillir la liqueur pour chasser l'excès de carbonate d'ammoniaque, on acidifie par l'acide chlorhydrique, on chauffe, on filtre si la liqueur est trouble, on peroxyde avec l'acide azotique, et l'on précipite l'urane au moyen de l'ammoniaque.

**69. Manganèse.** — *Dosage à l'état d'oxyde intermédiaire.* — La liqueur est traitée par du carbonate de soude jusqu'à réaction alcaline; on chauffe quelque temps, pour laisser bien déposer le carbonate de manganèse, et l'on décante quand le liquide est parfaitement clair; autrement il passerait trouble à travers le filtre. On ajoute de l'eau, on laisse déposer encore une fois, le précipité est ensuite jeté sur le filtre et lavé à l'eau bouillante. Après incinération, on calcine dans un creuset ouvert pour transformer en oxyde intermédiaire. $Mn^3O^4 = 114,50$.

Quand il y a des sels ammoniacaux avec le manganèse, on doit, après avoir ajouté le carbonate de soude, évaporer presque à sec pour chasser l'ammoniaque; ou bien on précipite par le sulfure ammonique, en présence du chlorure ammonique et de l'ammoniaque; on laisse déposer dans une fiole bouchée, on décante, on reprend par de l'eau contenant du sulfure ammonique, et après une seconde décantation on filtre. Le sulfure est dissous dans de l'acide chlorhydrique et précipité comme ci-dessus.

**70.** *Séparation du manganèse d'avec le nickel et le cobalt.* — On neutralise par l'ammoniaque l'acide en excès, on ajoute du sulfure ammonique, puis de l'acide chlorhydrique étendu, et l'on fait passer un courant d'hydrogène sulfuré. Les sulfures de nickel et de cobalt restent insolubles, tandis que celui de manganèse se dissout. Pour plus de sûreté, on traite la liqueur filtrée par l'ammoniaque et le sulfure ammonique et l'on redissout le manganèse comme ci-dessus, pour voir s'il reste encore des sulfures insolubles.

Quand il y a en même temps du fer, celui-ci reste dissous avec le manganèse.

**71.** *Séparation du manganèse d'avec le fer.* — Avec l'acétate de soude, comme pour la séparation du fer d'avec le nickel et le cobalt. Le manganèse reste en dissolution.

**72. Essai des manganèses.** — La valeur des oxydes de manganèse du commerce dépendant de la quantité de peroxyde de manganèse qu'ils contiennent et par suite de la quantité de chlore qu'ils peuvent donner par l'action de l'acide chlorhydrique, on a souvent occasion de faire ces essais. Deux procédés sont le plus en usage : celui qui consiste à doser la quantité de *chlore* dégagé par l'acide chlorhydrique, et celui au moyen duquel on détermine la quantité d'acide carbonique dégagé avec un mélange d'*acide oxalique* et d'acide sulfurique.

**73.** *Essai chlorométrique.* — L'oxyde de manganèse étant finement pulvérisé et séché à 100° pour enlever l'humidité, on en pèse 3 gr. 98, quantité qui donnerait 1 litre de chlore, en supposant qu'on opère sur du peroxyde de manganèse pur.

On place cette quantité d'oxyde de manganèse dans un ballon de 200 centimètres cubes auquel on adapte un tube coudé à 45° environ, lequel doit pouvoir entrer jusqu'au fond d'un ballon à long col de la capacité de 500 centimètres cubes. Ce ballon est rempli jusqu'à la naissance du col avec de l'eau contenant 25 à 30 grammes de potasse ou de soude caustique. On s'assure qu'il y a assez de liquide en posant le ballon, son col incliné à 45° environ, et en soufflant dans le liquide au moyen d'un tube : l'air introduit fera monter le liquide dans le col et passera à travers cette colonne sans que la solution s'échappe.

Cela fait, on verse dans le petit ballon contenant le manganèse 25 centimètres cubes d'acide chlorhydrique concentré, et l'on bouche fortement.

On chauffe, d'abord doucement tant qu'il se dégage du chlore, et puis jusqu'à l'ébullition et la distillation d'une partie de l'acide, afin d'être sûr que tout le chlore a été entraîné dans la liqueur alcaline. A ce moment, on retire le ballon à long col, sans cesser de faire bouillir l'acide, pour éviter toute absorption; la liqueur alcaline est versée dans une carafe d'un litre, et l'on ajoute assez d'eau pour compléter exactement ce litre. Il ne reste plus qu'à transvaser la liqueur dans un grand verre et à l'agiter pour la rendre homogène avant de faire l'essai chlorométrique. Cette liqueur contient *tout le chlore* dégagé par l'oxyde de manga-

10.

nèse, et son titre en chlore donnera la quantité correspondante de peroxyde de manganèse. L'essai se fera
au moyen de la liqueur arsénieuse, comme il est indiqué au dosage du chlore libre. (Voir n° 178).

74. *Essai par l'acide oxalique.* — Ce procédé est très
exact et commode. On pèse 1 ou 2 grammes d'oxyde
de manganèse, qu'on place dans le petit appareil pour
doser l'acide carbonique (voir à ce dosage); on ajoute
un peu d'eau, le tiers environ, et l'on remplit la boule
avec de l'acide sulfurique. D'un autre côté, on pèse dans
un tube de l'acide oxalique, environ une fois et demie
le poids du manganèse employé; sur le même plateau
de la balance, on place le petit appareil et le tube à
acide oxalique, et on tare le tout exactement. Comme
les oxydes de manganèse contiennent souvent des
carbonates de chaux ou autres, il faut commencer par
éliminer l'acide carbonique; pour cela, on fait couler
de l'acide sulfurique dans la petite fiole et l'on chauffe
doucement afin de décomposer les carbonates. Quand
il n'y a plus d'effervescence on laisse refroidir, on aspire par l'extrémité du tube à chlorure de calcium afin
de chasser tout l'acide carbonique, et l'on replace sur
le plateau de la balance afin de tarer définitivement.
Pour faire l'essai principal, on verse dans la fiole
l'acide oxalique, on bouche avec soin et on laisse
écouler une nouvelle quantité d'acide sulfurique ;
bientôt le dégagement d'acide carbonique commence,
et quand il a cessé, même après une autre addition
d'acide sulfurique, on laisse refroidir, on aspire et on
pèse, en replaçant le tube à côté de l'appareil.

La perte de poids en acide carbonique multipliée par $\frac{43,5}{44}$ ou 98,87 0/0 donne la quantité de peroxyde de manganèse existant dans le minerai, puisque chaque équivalent de peroxyde de manganèse donne deux équivalents d'acide carbonique.

**75. Zinc.** — *Dosage à l'état d'oxyde.* — On précipite au moyen du carbonate de soude, comme pour le manganèse. Le carbonate de zinc étant calciné fortement au rouge, donne de l'oxyde $ZnO = 41$.

Comme l'oxyde de zinc est réductible par le charbon et que le métal est volatil, il faut bien détacher la matière du filtre et incinérer celui-ci à part ; même pour plus de sûreté, on pourra l'humecter préalablement avec de l'azotate d'ammoniaque, le faire sécher et puis l'incinérer.

Quand il y a des sels ammoniacaux, il faut ou évaporer avec le carbonate de soude, ou bien précipiter par le sulfure ammonique, en opérant comme dans le cas du sulfure de manganèse, et redissoudre ensuite dans l'acide chlorhydrique.

**76.** *Séparation du zinc d'avec le nickel, le cobalt et le manganèse.* — A la solution chlorhydrique on ajoute du carbonate de soude, jusqu'à ce qu'il se forme un petit précipité qui persiste ; on redissout ce précipité dans une ou deux gouttes d'acide chlorhydrique ; on fait passer un courant d'hydrogène sulfuré jusqu'à ce que le précipité blanc de sulfure de zinc n'augmente plus. Ensuite on verse quelques gouttes d'acétate de soude et l'on fait passer encore le courant d'hydro-

gène sulfuré ; après quelques heures de repos, tout
le zinc est précipité, on filtre et on lave le sulfure
avec de l'eau contenant de l'hydrogène sulfuré.

77. *Séparation du zinc d'avec le fer.* — Avec l'acétate
de soude, comme dans le cas du fer et du nickel ou
cobalt.

78. **Aluminium.** — *Dosage à l'état d'oxyde.* — On
verse dans la solution du chlorure ammonique, puis
assez d'ammoniaque pour que l'odeur persiste faiblement ; on chauffe quelque temps dans une capsule de platine ou de porcelaine, jusqu'à disparition
presque complète d'odeur ammoniacale : la solution
doit avoir une réaction *neutre* au papier ou bien *à
peine* alcaline.

On verse le contenu de la capsule dans un verre
assez grand, on ajoute beaucoup d'eau bouillante et
on laisse reposer ; la liqueur claire étant décantée,
on verse de nouveau de l'eau chaude et l'on recommence plusieurs fois, surtout s'il reste en dissolution
des sels fixes. Quand le précipité est lavé ainsi en
partie, on le jette sur le filtre et on finit de laver à
l'eau bouillante. Quand il est bien sec, on le calcine,
en ayant soin de chauffer d'abord doucement, en
mettant le couvercle pour éviter la projection de la
matière, et ensuite très fortement au rouge vif. On
pèse à l'état d'alumine. $Al^2O^3 = 51,5$.

Au lieu d'ammoniaque, on peut employer le carbonate d'ammoniaque ou le sulfure ammonique pour
précipiter l'alumine.

Quand on précipite l'alumine, il faut s'assurer s'il n'y a point dans la liqueur des substances organiques, comme l'acide citrique, l'acide tartrique, le sucre, etc., dont la présence empêche la précipitation ou la rend incomplète.

Nous verrons plus loin, en traitant de l'attaque des silicates au moyen de la chaux, comment on obtient l'alumine ou l'oxyde ferrique par la décomposition de l'azotate correspondant.

On obtiendra aussi l'alumine par calcination, dans tous ses composés contenant un acide volatil.

79. *Séparation de l'alumine d'avec le nickel, le cobalt.* — On fait fondre dans un creuset d'argent avec de la potasse; en reprenant par l'eau, le nickel et le cobalt restent à l'état d'oxydes, tandis que l'alumine se dissout. La solution potassique est acidifiée par de l'acide chlorhydrique et précipitée par l'ammoniaque.

80. *Séparation de l'alumine d'avec le fer.* — A la solution de ces deux métaux, on ajoute du carbonate de soude pour neutraliser l'excès d'acide, puis on étend d'eau suffisamment (au moins 50 centimètres cubes pour 1 décigramme des deux oxydes), et l'on traite à froid par l'*hyposulfite de soude*, qui réduit le fer au minimum. La liqueur, d'abord violette, devient ensuite incolore; on fait bouillir jusqu'à disparition d'odeur d'acide sulfureux; l'alumine est précipitée avec du soufre, et le fer reste en dissolution. On filtre le précipité, et par calcination on obtient de l'alu-- mine. La liqueur contenant le fer est traitée à chaud par de l'acide chlorhydrique pour décomposer l'hypo-

sulfite, filtrée pour séparer le soufre, et peroxydée au moyen de l'acide azotique.

81. *Par différence.* — Les deux oxydes étant précipités par l'ammoniaque ou obtenus par la décomposition des azotates, on les pèse, puis on les dissout dans l'acide chlorhydrique concentré; on réduit par le zinc, et après avoir étendu de beaucoup d'eau on dose le fer au moyen du permanganate de potasse. En calculant le sesquioxyde de fer correspondant, on le retranchera du poids total pour avoir l'alumine par différence.

Il est préférable d'attaquer les oxydes calcinés par l'acide sulfurique étendu de son volume d'eau et de reprendre ensuite par de l'eau additionnée de très peu d'acide chlorhydrique, puis de réduire par le zinc.

82. *Séparation de l'alumine d'avec le manganèse.*

Avec l'acétate de soude, comme pour le fer et le manganèse.

83. *Séparation de l'alumine d'avec le zinc.* — On transforme les bases en acétates, en précipitant par le carbonate de soude, filtrant et redissolvant dans de l'acide acétique. On fait passer un courant d'hydrogène sulfuré, qui précipite le zinc à l'état de sulfure ; le précipité est lavé avec de l'eau contenant de l'hydrogène sulfuré, puis traité comme d'ordinaire.

84. **Glucine.** — *Dosage à l'état d'oxyde.* — Se dose comme l'alumine par précipitation, au moyen de l'ammoniaque. On observe les mêmes précautions que pour l'alumine. On pèse à l'état d'oxyde. GlO = 12,65.

85. *Séparation de la glucine d'avec le fer.* — Le fer doit être au maximum. A la solution chlorhydrique

on ajoute un excès de carbonate d'ammoniaque, qui dissout la glucine et précipite le sesquioxyde de fer; pour le reste, on opère comme il a été dit à la séparation de l'urane d'avec le fer.

86. *Séparation de la glucine d'avec l'alumine.* — On traite la solution concentrée contenant les deux oxydes par un excès de carbonate d'ammoniaque, qui dissout la glucine et laisse l'alumine. On doit laisser digérer quelque temps; ensuite on filtre et on lave.

On fait chauffer la liqueur filtrée pour éliminer l'excès de carbonate d'ammoniaque, puis on sature par l'acide chlorhydrique et on précipite la glucine au moyen de l'ammoniaque.

87. Chrome. — *Dosage à l'état d'oxyde.* — On précipite la solution par de l'ammoniaque en excès, on fait bouillir pour précipiter le peu d'oxyde qui se dissout, et quand la liqueur surnageante est bien incolore on ajoute beaucoup d'eau et on laisse déposer. On lave plusieurs fois par décantation, puis on finit par un lavage à l'eau bouillante sur le filtre. Celui-ci étant séché, on calcine avec les mêmes précautions que pour l'alumine. On pèse à l'état d'oxyde. $Cr^2O^3 = 76,5$. Se mettre en garde contre la présence des matières organiques qui peuvent empêcher totalement ou en partie la précipitation par l'ammoniaque.

88. *Séparation du chrome d'avec tous les oxydes du troisième groupe (l'alumine excepté).* — Les oxydes sont fondus, dans un creuset de platine, avec deux parties de nitre et quatre parties de carbonate de soude; on reprend par l'eau bouillante dans une cap-

sule de porcelaine; l'eau dissout le chromate alcalin, qui colore la liqueur en jaune quand il n'y a pas de manganèse. S'il y a du manganèse, la liqueur est d'abord verte, et, en tout cas, pour éliminer ce métal, on ajoute de l'alcool et on chauffe pendant quelque temps, jusqu'à ce que la liqueur soit bien jaune. Après filtration, on lave à l'eau chaude le précipité contenant les oxydes. La liqueur contenant le chromate alcalin est transformée en sel de chrome vert, en chauffant avec de l'acide chlorhydrique et de l'alcool; ensuite l'oxyde de chrome est précipité par l'ammoniaque.

S'il y avait de *l'alumine* dans le mélange, une partie resterait à l'état insoluble et l'autre se dissoudrait avec l'acide chromique.

Pour séparer l'alumine dans la liqueur contenant le chromate, on ajoute au liquide du chlorate de potasse et un excès d'acide chlorhydrique; on évapore à consistance sirupeuse, en ajoutant du chlorate de potasse pour chasser l'acide chlorhydrique libre. En reprenant par l'eau et en traitant par l'ammoniaque ou le carbonate d'ammoniaque, on précipite l'alumine, et le chrome reste en dissolution à l'état de chromate; on le sépare à la manière ordinaire

89. **Cérium.** *Dosage à l'état d'oxyde intermédiaire.* — Ordinairement, ce métal est accompagné de *lanthane* et de *didyme;* mais comme, dans la méthode ordinaire employée pour son dosage, ces deux autres métaux se précipitent en même temps, j'indiquerai seulement la manière générale de l'obtenir dans une

analyse quantitative, en renvoyant à des *traités spéciaux* pour le mode de séparation du cérium. D'ailleurs on ne connaît pas encore de bonne séparation de ces oxydes, surtout pour le lanthane et le
didyme.

La meilleure manière de précipiter le cérium
(La,Di) consiste à verser dans la solution chlorhydrique, azotique ou sulfurique, suffisamment étendue,
une dissolution d'acide oxalique. Il se forme un précipité assez volumineux d'oxalate, qui devient grenu
au bout de peu de temps et se dépose parfaitement.
La liqueur ne doit pas être trop acide; autrement il
faudrait la neutraliser en partie par l'ammoniaque.
Le précipité, lavé et séché, se transforme en grande
partie par la calcination au contact de l'air en oxyde
intermédiaire.

Quand il y a en même temps du lanthane et du didyme, la couleur du précipité calciné est *brune;* il se
dissout dans l'acide chlorhydrique avec dégagement
de chlore.

90. *Séparation du cérium d'avec le fer.* — Cette
séparation peut se faire au moyen de l'acide oxalique;
le fer doit être au maximum.

91. *Séparation du cérium d'avec l'urane.* — La liqueur étant réduite à un très petit volume, on ajoute
une solution saturée de sulfate de potasse avec quelques cristaux du même sel; il se précipite un sulfate
double de cérium et de potasse; on laisse reposer
quelque temps, on filtre et on lave avec la solution de
sulfate de potasse. Le précipité est dissous dans l'eau

bouillante additionnée d'acide chlorhydrique, et le cérium est précipité par l'acide oxalique.

92. *Séparation du cérium d'avec l'alumine et la glucine.* — Au moyen de l'acide oxalique qui précipite le cérium seulement.

93. **Yttrium.** — *Dosage à l'état d'oxyde.* — On opère comme pour le cérium, en précipitant au moyen de l'acide oxalique dans une liqueur qui ne doit pas être trop acide.

Le précipité calciné est un mélange d'yttria et de ses congénères, erbine, etc.

94. *Séparation de l'yttrium et du fer.* — Au moyen de l'acide oxalique.

95. *Séparation de l'yttrium et de l'urane.* — On peut faire cette séparation d'une manière approximative avec l'acide oxalique.

96. *Séparation de l'yttrium d'avec l'alumine et la glucine.* — Avec l'acide oxalique.

97. *Séparation de l'yttrium et du cérium.* — La séparation se fait en précipitant avec le sulfate de potasse; l'yttria reste en dissolution. On la précipite par la potasse; le précipité, filtré et lavé, est redissous dans l'acide chlorhydrique, et l'yttria reprécipitée par l'acide oxalique. Voir, à la séparation du cérium d'avec l'urane, la manière de traiter le sulfate double de cérium et de potasse.

98. **Zirconium.** — *Dosage à l'état d'oxyde.* — On précipite par l'ammoniaque comme pour l'alumine. On pèse à l'état de zircone. $ZrO^2 = 61$.

**99.** *Séparation du zirconium d'avec le fer.* — La solution chlorhydrique saturée par l'hydrogène sulfuré est traitée par l'ammoniaque, qui précipite la zircone et le sulfure de fer; on laisse déposer à l'abri de l'air, on décante la liqueur qui surnage, et l'on ajoute un excès d'acide sulfureux en dissolution; le fer se dissout à l'état d'hyposulfite, et la zircone reste. On la filtre, puis elle est calcinée en présence d'un peu de carbonate d'ammoniaque.

La liqueur contenant le fer est peroxydée par l'acide azotique et le fer dosé comme d'ordinaire. Les résultats sont approchés.

**100.** *Séparation de la zircone d'avec l'urane.* — Cette séparation peut se faire au moyen du sulfate de potasse (comme au n° 91).

**101.** *Séparation de la zircone d'avec l'alumine et la glucine.* — On traite la solution par un excès de potasse qui ne dissout pas la zircone. Dans le cas de la glucine, opérer à la température ordinaire. Après *filtration*, la zircone est redissoute dans l'acide chlorhydrique et précipitée par l'ammoniaque.

**102.** *Séparation de la zircone d'avec le cérium et l'yttrium.* — Cette séparation peut se faire au moyen de l'acide oxalique, dont un excès redissout la zircone et précipite les oxydes de cérium et d'yttrium.

**103. Titane.** *Dosage à l'état d'acide titanique.* — Lorsque le titane est en dissolution dans l'acide chlorhydrique, à l'état d'acide titanique, on le précipite au moyen de l'ammoniaque; le précipité, lavé et calciné, est de l'acide titanique. TiO$^3$ = 41.

Quand l'acide titanique est en dissolution dans l'acide sulfurique, comme cela arrive dans beaucoup d'analyses de composés contenant du titane, il suffit d'étendre de beaucoup d'eau et de faire bouillir pendant quelque temps : l'acide titanique se précipite complètement.

Il faut avoir soin de faire bouillir longtemps et de remplacer l'eau qui s'évapore. L'acide sulfurique ne doit pas être en grand excès, autrement il faudrait en chasser une partie par l'évaporation avant d'étendre d'eau. Le précipité, lavé et calciné en présence d'un peu de carbonate d'ammoniaque, donne de l'acide titanique.

On précipitera de la même manière l'acide titanique qu'on a fondu avec le bisulfate de potasse, après avoir traité la masse fondue par beaucoup d'eau à froid.

**104.** *Dosage du titane au moyen des liqueurs titrées.* — On emploie pour cela une solution chlorhydrique d'acide titanique, ou bien la dissolution de fluorure double de potassium et de titane dans de l'acide chlorhydrique. Cette solution est traitée par le zinc, à l'abri de l'air, pendant quelque temps, jusqu'à ce que la couleur violette (solution chlorhydrique) ou verte (solution du fluorure double) n'augmente plus d'intensité. Il se forme du sesquioxyde de titane, que l'on transforme en acide titanique au moyen du permanganate de potasse ; la fin de l'opération est annoncée par la décoloration de la liqueur d'abord, et enfin par la légère teinte rose que lui communique le permanganate, comme dans les essais de fer. D'après la quantité de permanganate, préalablement titré avec du fer, on calcule la quantité de titane.

105. *Séparation de l'acide titanique et de l'oxyde de fer.* — La solution chlorhydrique est réduite par le zinc jusqu'à ce que la coloration violette n'augmente plus d'intensité; la liqueur est décantée, étendue d'eau, puis l'on y verse la solution du permanganate jusqu'à disparition presque complète de la couleur violette; à ce moment, on verse le permanganate avec précaution jusqu'à ce qu'une goutte de la liqueur, prise avec une baguette, colore en rouge une goutte de sulfocyanure de potassium placée dans une capsule de porcelaine. Tout le titane est alors oxydé, et le fer commence à l'être : on lit le nombre de divisions employées et l'on calcule la quantité d'acide titanique. En continuant à verser du permanganate jusqu'à coloration rose, on aura par une seconde lecture le nombre de centimètres cubes correspondant à la quantité de fer.

106. *Séparation de l'acide titanique d'avec les oxydes du cérium.* — A la solution chlorhydrique froide on ajoute une solution saturée de sulfate de potasse, qui précipite les oxydes du cérium; l'acide titanique reste en solution.

Si l'on a attaqué le minéral au moyen du bisulfate de potasse, on reprendra par un peu d'eau froide et ensuite par la solution de sulfate de potasse; les oxydes de cérium restent, et on les lave avec la même solution. La liqueur filtrée est chauffée à l'ébullition pour précipiter l'acide titanique. Les sulfates doubles de cérium, etc., sont traités comme il a été indiqué pour le cérium.

**107.** *Séparation de l'acide titanique d'avec l'yttria.* — Dans la dissolution sulfurique étendue, on précipite l'acide titanique par l'ébullition ; l'yttria reste en solution.

## Séparation de quelques métaux du troisième groupe d'avec certains métaux du premier et du second groupe.

Tous les métaux de ce groupe peuvent être séparés au moyen de l'hydrogène sulfuré d'avec les métaux des groupes précédents. Cependant, pour certains cas, on emploie des méthodes spéciales.

Nous décrirons les plus importantes de ces méthodes.

**108. Fer et arsenic.** — S'il s'agit d'un arséniate de fer, on dissout dans l'acide chlorhydrique, on neutralise par l'ammoniaque, et l'on fait digérer avec un excès de sulfure ammonique qui dissout l'acide arsénique et laisse du sulfure de fer. Dans ce dernier, on dose le fer comme d'ordinaire, et dans la solution de sulfure ammonique on précipite l'acide arsénique au moyen de la mixture magnésienne.

**109. Fer et cuivre.** — La séparation se fait très bien au moyen de l'iodure de potassium en présence d'un excès d'acide sulfureux (voir le dosage du cuivre).

Le liqueur, séparée de l'iodure cuivreux, est traitée
par un peu d'hydrogène sulfuré, pour précipiter quelques millièmes de cuivre restés en solution. Après
filtration, le liquide est peroxydé par l'acide azotique,
et le sesquioxyde de fer est précipité par l'ammoniaque.

On peut aussi traiter la solution azotique de ces
deux métaux par un excès d'ammoniaque, qui préci-
cipite le fer et dissout le cuivre; seulement il faut redissoudre plusieurs fois le sesquioxyde de fer dans
l'acide chlorhydrique, et précipiter par l'ammoniaque
jusqu'à ce que la liqueur filtrée ne soit plus bleue.
Ce mode de séparation est plutôt convenable quand
il y a peu de fer.

110. **Zinc et cuivre.** — Cette séparation est surtout
applicable pour le laiton. L'alliage est attaqué par
l'acide azotique, et la solution évaporée à sec au bain-
marie; s'il y a de l'étain, on reprend par quelques
gouttes d'acide azotique, puis par de l'eau, pour séparer un peu d'oxyde d'étain. La liqueur filtrée est
additionnée d'un peu d'acide sulfurique, dans le cas
du plomb, puis évaporée à sec au bain-marie; on reprend par peu d'eau pour séparer le sulfate de plomb,
et l'on filtre de nouveau. La liqueur, débarrassée de
l'étain et du plomb, est traitée par l'iodure de potassium avec les précautions ordinaires. Enfin la dernière liqueur, chauffée quelque temps on évaporée,
est précipitée par du carbonate de soude en excès; le
carbonate de zinc calciné donne l'oxyde.

## QUATRIÈME GROUPE

**111. Baryum.** *Dosage à l'état de sulfate.* — La solution légèrement acide est chauffée et précipitée par l'acide sulfurique étendu; quand la liqueur est bien claire, on la décante, on remet de l'eau sur le précipité, on ajoute quelques gouttes d'acide sulfurique, et on laisse déposer encore une fois, toujours à chaud. Après avoir repris une ou deux fois par de l'eau chaude, on jette le précipité sur le filtre et on le lave bien. Après dessiccation, on détache la matière du filtre, et celui-ci est incinéré à part dans un creuset de platine; le tout est ensuite calciné et pesé à l'état de sulfate de baryte. $BaO,SO^3 = 116,5$. Il est beaucoup plus facile de filtrer le sulfate de baryte, précipité par l'acide sulfurique, comme c'est le cas dans le dosage de la baryte, que celui précipité par un sel de baryte dans la solution d'un sulfate. Lorsque la baryte se trouve en présence de métaux du troisième groupe, il est préférable de commencer par la précipiter au moyen de l'acide sulfurique et de doser ensuite les autres métaux dans la liqueur filtrée.

**112. Strontium.** — *Dosage à l'état de sulfate.* — On précipite par l'acide sulfurique étendu, on ajoute un excès d'alcool, et on laisse déposer à froid. Après filtration de la liqueur claire, on lave avec de l'eau alcoolisée. Le reste de l'opération comme pour le sulfate de baryte. $SrO,SO^3 = 91,75$.

S'il y a inconvénient à employer de l'alcool, on

réduit la liqueur à un petit volume, on précipite par un excès d'acide sulfurique, on laisse déposer, on lave avec de l'eau. Ce mode de précipitation donne des résultats un peu faibles, par suite de la légère solubilité du sulfate de strontiane.

**113.** *Dosage à l'état de carbonate.* — Ce mode de dosage, quand on peut l'employer, est préférable au précédent quand on doit se passer d'alcool. La solution étant rendue ammoniacale, on précipite par le carbonate d'ammoniaque, en chauffant doucement; après filtration on lave avec de l'eau ammoniacale, on sèche et l'on calcine. On pèse le carbonate de strontiane. SrO, $CO^2 = 73,75$.

**114.** *Séparation de la strontiane d'avec la baryte.* — La liqueur étant neutre ou peu acide, on verse un excès d'acide hydrofluosilicique et de l'alcool (environ le tiers du volume total). Après avoir laissé déposer quelques heures, on recueille sur un filtre taré le précipité de fluosilicate de baryte. Ce précipité est lavé avec de l'eau fortement alcoolisée jusqu'à ce que la liqueur qui filtre n'ait plus de réaction acide. On sèche à 100° et on pèse le fluosilicate de baryte. $BaFl, SiFl^2 = 139,5$. Dans la liqueur filtrée, on précipite la strontiane par l'acide sulfurique.

**115. Calcium.** — *Dosage à l'état de carbonate, ou à l'état de chaux vive.* — La dissolution étant rendue ammoniacale, on y verse un excès d'oxalate d'ammoniaque, on laisse déposer pendant quelques heures; on décante la liqueur claire, on ajoute de l'eau chaude

11.

au précipité et on laisse de nouveau déposer. Après une seconde décantation, le précipité est jeté sur le filtre et on le lave à l'eau chaude. Quand le filtre est sec, on détache la matière, et le papier est incinéré à part comme d'ordinaire. Le tout étant calciné *modérément* l'oxalate est transformé en carbonate; après refroidissement, on ajoute un petit morceau de carbonate d'ammoniaque, on chauffe jusqu'à volatilisation de ce sel et l'on pèse une première fois. On répète la même opération jusqu'à ce que le poids du carbonate soit constant. $CaO,CO^3 = 50$.

Quand on a le moyen de chauffer au blanc avec une soufflerie à gaz, on met le filtre avec la matière dans un creuset de platine, on chauffe graduellement au rouge de manière à carboniser le papier, puis au blanc en découvrant en partie le creuset pour brûler le reste du carbone. On pèse à l'état de chaux. $CaO = 28$.

Au lieu de précipiter par l'oxalate d'ammoniaque, on peut précipiter par le carbonate d'ammoniaque, comme pour la strontiane.

116. *Dosage à l'état de sulfate de chaux.* — Précipiter par l'acide sulfurique étendu, ajouter de l'alcool (deux fois le volume de la liqueur), et laisser déposer quelques heures. Après filtration, on lave avec de l'alcool étendu d'eau; le filtre est séché, et le précipité de sulfate de chaux est calciné au rouge. $CaO,SO^3 = 68$.

117. *Séparation de la chaux d'avec la baryte.* — On peut séparer ces deux bases par l'*acide hydrofluosilicique*, comme il a été dit pour la séparation de la

strontiane d'avec la baryte. Quand il n'y a pas beaucoup de baryte, on peut faire la séparation avec de
l'*acide sulfurique étendu* de 300 parties d'eau, qu'on
verse dans la solution acidulée d'un peu d'acide chlorhydrique. Dans les liqueurs filtrées, on précipite la
chaux par l'oxalate d'ammoniaque comme d'ordinaire,
après avoir neutralisé par l'ammoniaque.

118. *Séparation de la chaux d'avec la strontiane.* —
On transforme les deux bases en carbonates, qu'on
dissout dans l'acide azotique étendu; les azotates sont
évaporés à sec et traités par l'alcool absolu mélangé
d'éther; l'azotate de chaux se dissout, tandis que
celui de strontiane reste insoluble. Après filtration et
lavage à l'alcool mélangé d'éther, l'azotate de strontiane est redissous dans l'eau et précipité par l'acide
sulfurique additionné d'alcool. Le liquide contenant
la chaux est chauffé au bain-marie pour chasser
l'alcool et l'éther, puis la chaux est précipitée par
l'oxalate d'ammoniaque.

### CINQUIÈME GROUPE

119. **Magnésium.** — *Dosage à l'état de pyrophosphate
de magnésie.* — La liqueur étant additionnée de chlorure ammonique et d'ammoniaque, on y verse un
excès de phosphate de soude, qui précipite du phosphate ammoniaco-magnésien; on agite, en ayant soin
de ne pas toucher les parois du verre avec la baguette,
parce que le précipité y adhère fortement, et on
laisse déposer pendant douze heures environ. La li-

queur étant décantée, on ajoute au précipité de l'eau contenant un quart d'ammoniaque, on décante encore une fois, et on lave le précipité sur le filtre avec l'eau ammoniacale. Le filtre étant incinéré à part, on ajoute ensuite la matière et on chauffe graduellement jusqu'au rouge intense. On pèse à l'état de pyrophosphate. $2MgO,PhO^5 = 111$.

120. *Dosage à l'état de magnésie.* — Quand la magnésie est combinée à un acide organique ou bien se trouve à l'état de carbonate, oxalate, azotate, il suffira de chauffer au rouge au contact de l'air pour avoir la magnésie. $MgO = 20$.

121. *Séparation de la magnésie d'avec les bases du quatrième groupe.* — D'une manière générale, on sépare la magnésie de ces bases en ajoutant à la dissolution assez de chlorure ammoniquepour que l'ammoniaque ne précipite point, puis un excès de carbonate d'ammoniaque ; on laisse ensuite digérer à une douce chaleur. Les carbonates de baryte, strontiane et chaux sont filtrés, et la magnésie est précipitée par le phosphate de soude.

122. *Séparation de la magnésie d'avec la chaux.* — Cette séparation, qu'on effectue si souvent dans les analyses de minéraux, se fait ordinairement de la manière suivante : après addition de chlorure d'ammonium et d'ammoniaque, on précipite la chaux par l'oxalate d'ammoniaque, et, dans la liqueur filtrée, la magnésie par le phosphate de soude.

123. *Séparation de la magnésie d'avec les bases du troisième groupe.* — D'une manière générale, on

sépare la magnésie de ces bases en précipitant par le sulfure ammonique après addition de chlorure ammonique et d'ammoniaque.

124. *Séparation de la magnésie d'avec l'alumine et l'oxyde ferrique.* — On rencontre très souvent dans les minéraux, surtout dans les silicates, ces trois bases réunies. Voici comment on les sépare ordinairement :

Ajouter à la liqueur du chlorure ammonique en excès et de l'*ammoniaque*, de manière que la liqueur sente faiblement; chauffer jusqu'à disparition d'odeur, filtrer et laver comme d'ordinaire; la magnésie reste en dissolution, et on la précipite par le phosphate de soude. Quand il y a beaucoup d'alumine et de fer, on peut, par précaution, redissoudre ces oxydes, déjà lavés, dans l'acide chlorhydrique, et précipiter une seconde fois de la même manière.

125. S'il y avait en même temps de la *chaux*, comme c'est souvent le cas dans les silicates, celle-ci reste en dissolution avec la magnésie. Si ces bases peuvent être transformées en *azotates*, on les séparera, comme il sera indiqué à l'analyse des silicates, après attaque au carbonate de chaux. Les azotates de magnésie et de chaux se dissolvent seuls dans l'eau.

126. **Potassium.** — *Dosage à l'état de chlorure.* — Quand la potasse peut être ramenée à cet état, il suffit d'évaporer à sec, en employant le bain-marie vers la fin, dans une capsule de platine ou de porcelaine, tarée; on chauffe au rouge sombre et on pèse. KCl = 74,5.

**127.** *Dosage à l'état de sulfate.* — On peut transformer à l'état de sulfate de potasse les carbonates, chlorures, azotates, acétates, etc., en les chauffant avec de l'acide sulfurique et en évaporant jusqu'à ce que l'excès d'acide soit volatilisé. On chauffe au rouge, en ajoutant de temps en temps un morceau de carbonate d'ammoniaque, jusqu'à ce que le poids soit constant. On a ainsi du sulfate neutre. $KO,SO^3 = 87$.

Quand on a affaire à un sel à acide organique, il suffit de le calciner de manière à le transformer en carbonate, de reprendre par l'eau, de filtrer et de doser soit à l'état de chlorure, soit à l'état de sulfate en traitant par l'acide chlorhydrique ou par l'acide sulfurique.

Si la liqueur n'est pas bien incolore et s'il reste de la matière organique en solution, il est préférable de doser à l'état de sulfate, en ajoutant après calcination un peu d'azotate d'ammoniaque et en chauffant de nouveau pour brûler le reste du carbone.

**128.** Quand on dose la potasse, la soude ou la lithine, on est obligé souvent, pendant le cours de l'analyse, d'introduire des sels ammoniacaux. On se débarrasse de ces sels en évaporant à sec dans une grande capsule de porcelaine ou de platine et en chauffant jusqu'à ce qu'il n'y ait plus de fumées. On reprend par un peu d'eau, on verse la liqueur dans une capsule de platine ou de porcelaine tarée, on évapore à sec, et, s'il reste encore des sels ammoniacaux, on les chasse complètement.

**129. Sodium.** — *Dosage à l'état de chlorure.* — On opère exactement comme avec la potasse. Comme après l'évaporation à sec le chlorure de sodium décrépite quand on le chauffe de suite plus fortement, il faut avoir soin de le maintenir pendant quelque temps à la température à laquelle il commence à décrépiter, et même couvrir la capsule avec un couvercle afin d'éviter les pertes. Ensuite, on élève graduellement la température jusqu'au rouge sombre. NaCl = 58,5.

**130.** *Dosage à l'état de sulfate.* — Opérer comme pour la potasse.

**131.** *Séparation de la soude d'avec la potasse.* — *Par le chlorure de platine.* — Les deux bases doivent être à l'état de chlorures. La méthode repose sur ce fait que le chlorure de platine précipite la potasse à l'état de chloroplatinate, tandis que la soude n'est pas précipitée.

On commence par peser le mélange des deux chlorures ; on redissout dans très peu d'eau, on ajoute un peu d'acide chlorhydrique et un excès de chlorure de platine ; on évapore presque à sec, au bain-marie, on reprend par l'alcool et on laisse déposer. La liqueur alcoolique doit être jaune si l'on a mis assez de chlorure de platine. On la décante, on filtre et on ajoute de l'alcool au résidu : après une seconde décantation, on jette sur le filtre et on lave avec de l'alcool. Le précipité est séché à 110 ou 115 degrés et pesé. KCl,PtCl$^3$ = 244.

De la quantité de chloroplatinate de potasse on

déduit la quantité de chorure de potassium ; en retranchant ce poids de celui des deux chlorures, on a
par différence le chlorure de sodium.

Si l'on veut doser directement la soude dans la
liqueur filtrée du chloroplatinate, il faut l'évaporer à
sec au bain-marie, dans une capsule de platine, et
chauffer au rouge sombre, en ajoutant de temps à
autre un peu d'acide oxalique. On reprend par l'eau,
qui laisse du platine métallique et dissout le chlorure
de sodium ; celui-ci est évaporé à sec et pesé.

132. *Par l'acide perchlorique.* — On peut opérer sur
un mélange de chlorures ou d'azotates ; il n'y a que
dans le cas des sulfates où il importe d'éliminer l'acide
sulfurique par le chlorure de baryum. De plus, on
peut faire la séparation en présence de la baryte, de
la chaux, de la magnésie.

. Après avoir pesé le mélange de chlorures ou d'azotates, on les dissout dans très peu d'eau dans une petite capsule de porcelaine tarée. On prend environ
deux fois autant de perchlorate d'ammoniaque, qu'on
chauffe à part, dans une fiole, avec de l'eau régale
faible, afin de détruire l'ammoniaque et de transformer le perchlorate en *acide perchlorique*, qui reste
mélangé avec l'eau régale. Le mélange de ces acides
est versé dans la capsule, et l'on évapore à sec ;
l'acide perchlorique chasse l'acide chlorhydrique et
l'acide azotique, de sorte qu'il reste finalement du
perchlorate de potasse et du perchlorate de soude. Si
l'on a mis assez d'acide perchlorique, ce dernier se
dégagera, lorsque la matière sera bien sèche, sous

forme de fumées blanches épaisses, mais qui n'excitent pas la toux comme celles de l'acide sulfurique.

Lorsqu'il ne se dégage plus de fumées, on laisse refroidir et on reprend par l'alcool à 36°, qui laisse le perchlorate de potasse et dissout celui de soude.

On reprend par l'alcool à 36°, on décante plusieurs fois sur un petit filtre, et, s'il y a beaucoup de soude, il convient de redissoudre dans très peu d'eau chaude le perchlorate de potasse, d'évaporer à sec et de reprendre encore deux fois par l'alcool, afin d'enlever les dernières traces de soude. On passe un peu d'eau chaude sur le petit filtre pour dissoudre le perchlorate entraîné, et la liqueur est versée dans la capsule afin d'évaporer le tout à sec et de peser après dessiccation à 250°. On aura ainsi toute la potasse à l'état de perchlorate. $KO,ClO^7 = 138,5$.

On peut, après avoir déduit de ce poids la quantité correspondante de chlorure ou d'azotate de potasse, avoir par différence la quantité de soude. Si l'on veut doser directement cette base, on opère de la manière suivante :

La dissolution alcoolique de perchlorate de soude est évaporée à sec dans une capsule de porcelaine, et le perchlorate est décomposé par l'acide sulfurique pour le transformer en sulfate, qu'on dose à la manière ordinaire.

133. **Alcalimétrie.** — Ce mode de dosage par liqueurs titrées est d'un usage constant dans les essais commerciaux pour connaître la richesse en alcali

des hydrates ou carbonates de soude et de potasse.

Pour faire ces essais, on pèse une certaine quantité du sel à examiner, on le dissout dans l'eau et on colore la liqueur avec quelques gouttes de teinture de tournesol. D'un autre côté, on a une liqueur titrée d'acide sulfurique, qu'on verse peu à peu dans le liquide alcalin, jusqu'à neutralisation complète et coloration en rouge pelure d'oignon. De la quantité d'acide sulfurique versé, on déduit la quantité d'alcali.

*Liqueur normale d'acide sulfurique.* — On prend de l'acide sulfurique pur récemment concentré par la distillation d'une partie, et l'on fait refroidir sous une cloche à acide sulfurique la partie restée dans la cornue; elle est sensiblement monohydratée, soit $SO^3,HO$. Après refroidissement complet, on pèse rapidement 100 grammes de cet acide, qu'on verse peu à peu dans de l'eau placée dans une carafe graduée d'un litre ; quand le liquide est froid, on finit de compléter le litre, on rend la liqueur homogène en l'agitant, et on la conserve dans un flacon. Cette liqueur contient 1 décigramme d'acide sulfurique par centimètre cube.

*Manière de faire l'essai.* — Pour essayer un carbonate de potasse ou de soude du commerce, on calcule, au moyen des équivalents, la quantité de ce *carbonate* que saturent 50 centimètres cubes de la liqueur normale (ou 5 grammes d'acide sulfurique). Si l'on veut connaître la quantité de *potasse* ou de *soude,* on calculera la quantité d'*oxyde* que saturent ces mêmes 50 centimètres cubes d'acide.

Comme on est obligé ordinairement de faire plusieurs essais, on pèse dix fois la quantité calculée, et on la dissout dans 500 centimètres cubes ; de cette manière, chaque prise d'essai, au moyen d'une pipette de 50 centimètres cubes, correspond à la dixième partie, et l'on évite ainsi plusieurs pesées.

On prend donc 50 centimètres cubes de la liqueur à essayer, on la place dans un verre et on y ajoute un peu de teinture de tournesol ; avec une burette de 50 centimètres cubes divisée en demi-centimètres cubes et portant par conséquent 100 divisions, on verse peu à peu la liqueur normale d'acide sulfurique jusqu'à neutralisation complète. Si l'on a affaire à un *carbonate*, il arrivera que la liqueur bleue passe d'abord au rouge vineux, parce qu'il se forme un bicarbonate, et ce n'est que plus tard que tout l'acide carbonique se dégage et qu'on obtient la teinte pelure d'oignon. Pour ne pas dépasser ce point, il est bon d'avoir comme témoin un verre dans lequel se trouve la liqueur ayant servi à un premier dosage, et aussi de verser goutte à goutte, quand on approche de la limite indiquée par une première expérience. De plus, on touche de temps en temps un papier de tournesol avec la baguette qui sert à agiter le liquide, et l'on remarque bien le moment où la teinte pelure d'oignon commence à persister sur ce papier. On refait un troisième ou un quatrième essai, afin d'avoir des nombres concordants. Si l'on a affaire à un *hydrate*, la couleur bleue passe brusquement au rouge pelure d'oignon.

Supposons que le carbonate ou l'hydrate essayé soit pur, il est évident qu'on versera les 50 centimètres cubes pour le saturer : donc le titre sera de 100/100 ; si l'on ne verse que 40 centimètres cubes ou 80 divisions, le titre sera 80/100. Ainsi, le nombre de divisions versées indique la quantité *pour cent* de carbonate ou d'oxyde, suivant qu'on a pesé une quantité correspondant à du carbonate ou à de l'oxyde par rapport aux 50 centimètres cubes d'acide sulfurique.

Quand on n'a pas d'acide sulfurique monohydraté, on prend de l'acide concentré, on en pèse 100 grammes par litre, et sur 10 centimètres cubes de cette liqueur on détermine au moyen du chlorure de baryum la quantité réelle de $SO^3,HO$. Sachant combien 50 centimètres cubes de cette liqueur contiennent en acide sulfurique, on calculera, comme ci-dessus, la quantité de sel de potasse ou de soude à peser pour chaque essai, et le nombre de divisions de la burette employées à la saturation indiquera le titre.

134. **Acidimétrie.** — L'acidimétrie est la contre-partie de l'alcalimétrie. Du moment qu'on a de l'acide sulfurique titré, il suffit d'en prendre un certain volume, 50 centimètres cubes par exemple, de le colorer avec un peu de tournesol et de voir combien il faut verser d'une dissolution de potasse pour obtenir une teinte bleue. Supposons qu'on ait employé 60 centimètres cubes de liqueur alcaline ; cette liqueur ainsi titrée peut servir à doser un acide libre quelconque, du moment qu'on prendra un volume connu de cet acide et qu'on verra combien il faut de cette liqueur alcaline pour arriver à la saturation.

Ainsi 50 centimètres cubes de la liqueur sulfurique, contenant par exemple 5 grammes d'acide sulfurique $SO^3,HO$, les 60 centimètres cubes de la liqueur alcaline correspondent à cette même quantité d'acide sulfurique ; donc, si l'on doit essayer de l'acide sulfurique, on en connaîtra la quantité d'après le nombre de centimètres cubes employés à la saturation. Si l'on essaye un autre acide, comme l'acide chlorhydrique ou azotique, il suffira de calculer, au moyen des équivalents, à combien de cet autre acide correspond la quantité d'acide sulfurique représentée par le nombre de centimètres cubes de la liqueur alcaline. Par exemple, on essaye de l'acide chlorhydrique dont on a pris 20 centimètres cubes et l'on a employé 40 centimètres cubes de la liqueur alcaline. Puisque ces 40 centimètres cubes correspondent à $3^{gr},33$ d'acide sulfurique, on posera :

$$49(SO^3,HO) \ ; \ 36,5 \ (HCl) \ :: \ 3^{gr},33 \ : \ x,$$

et $x$ donnera la quantité d'acide HCl contenu dans les 20 centimètres cubes soumis à l'essai.

135. **Lithium.** — *Dosage à l'état de sulfate.* — Le dosage se fait comme pour la potasse et la soude. On obtient facilement le sulfate neutre sans avoir besoin d'ajouter du carbonate d'ammoniaque. $LiO,SO^3 = 55$.

136. *Séparation de la lithine d'avec la soude et la potasse.* — Les chlorures étant pesés et pulvérisés, on traite par un mélange d'alcool absolu et d'éther, à volumes égaux, dans une fiole ; on laisse digérer

quelques heures, en agitant de temps en temps; le chlorure de lithium seul se dissout. On filtre et on lave avec le mélange d'alcool et d'éther. La liqueur contenant la lithine est évaporée à sec et le chlorure transformé en sulfate. Le résultat est approximatif, car il se dissout une petite quantité des autres alcalis; on peut reprendre le chlorure évaporé à sec par le mélange d'alcool et d'éther et ajouter le résidu au premier.

**137. Ammonium.** — *Dosage à l'état de chloroplatinate.* — On opère comme pour la potasse. Le chloroplatinate est recueilli sur un filtre taré, puis séché à 100°. On peut aussi le calciner et peser le platine métallique. $AzH^4Cl, PtCl^2 = 223.$

**138. *Dosage par les liqueurs titrées.*** — La combinaison contenant l'ammoniaque est placée dans une fiole assez grande munie d'un bouchon portant un tube à angle droit; ce tube est relié, au moyen d'un caoutchouc, avec un long tube qui plonge dans un petit ballon dans lequel on a mis un volume connu d'une solution titrée d'acide sulfurique. La fiole est placée sur une toile métallique, et, quand tout est disposé, on y verse une solution concentrée de potasse; on bouche aussitôt et on chauffe pour dégager l'ammoniaque, qui se dissout dans l'acide sulfurique. On doit distiller environ le tiers de la liqueur, pour être sûr que toute l'ammoniaque est chassée, puis retirer le ballon, sans cesser de faire bouillir, afin d'éviter une absorption.

Le tube qui plongeait dans la liqueur titrée est lavé, et l'eau de lavage ajoutée à ce liquide ; il ne reste plus qu'à déterminer l'*abaissement du titre* de la liqueur sulfurique pour pouvoir calculer la quantité d'ammoniaque. Voici comment se fait ce calcul :

Soit A la quantité d'acide sulfurique $SO^3$ contenue dans le volume (10 centimètres, par exemple) introduit dans le ballon ; on commence par voir, au moyen d'un essai préliminaire, quel est le *volume a* d'une solution étendue de potasse qui sature exactement 10 centimètres cubes d'acide titré, la fin de l'opération étant indiquée par le passage du rouge au bleu de quelques gouttes de teinture de tournesol qu'on place dans la liqueur. On fait la même opération avec l'acide du ballon qui a retenu l'ammoniaque ; or on trouvera qu'il faut un volume *b* de potasse pour les 10 centimètres cubes, moindre qu'auparavant. La différence entre la quantité de potasse *a* et la quantité *b* correspond à une quantité B d'acide sulfurique qu'a saturé l'ammoniaque ; donc il suffira de rechercher par les équivalents quelle est la quantité d'ammoniaque $AzH^3$ qui lui correspond.

**139.** *Séparation des alcalis (potasse, soude) d'avec la magnésie.* — Il faut toujours commencer par chasser les sels ammoniacaux ; ensuite, on employera, suivant les cas, une des méthodes suivantes :

1° Si la liqueur contient de l'acide sulfurique outre les acides chlorhydrique ou azotique, on la réduit à un petit volume, on ajoute de l'eau de baryte jusqu'à réaction fortement alcaline, puis on chauffe, on filtre et on lave à l'eau chaude. La magnésie est précipitée à l'état d'hydrate, ainsi que l'acide sulfurique à l'état de sulfate de baryte ; les alcalis avec l'excès de baryte restent en dissolution. Le précipité contenant la magnésie est traité, sur le filtre même, par de l'acide sulfurique étendu qu'on passe plusieurs fois pour dissoudre la magnésie; la liqueur filtrée étant rendue ammoniacale, on précipite la magnésie par le phosphate de soude. La liqueur contenant les alcalis à l'état de chlorures ou d'azotates est traitée par le carbonate d'ammoniaque, à une douce chaleur, pour précipiter l'excès de baryte; après filtration on évapore à sec, on chasse les sels ammoniacaux et les alcalis restent à l'état de chlorures ou d'azotates.

2° S'il n'y a pas de sulfates, on ajoute de l'acide oxalique, en léger excès, à la liqueur concentrée ; on évapore à sec et l'on calcine au rouge. S'il y a assez d'acide oxalique, ce dernier doit se volatiliser à la fin de l'évaporation à sec. Par l'action de l'acide oxalique, la magnésie est transformée en oxalate, ainsi qu'une partie des chlorures; dans le cas des azotates, *tout* est transformé en oxalate. Par la calcination, on obtient de la magnésie et un mélange de carbonates alcalins et de chlorures (ou seulement des carbonates alcalins dans le cas des azotates). En reprenant par un peu d'eau chaude, on laisse insoluble la magnésie, qui sera simplement calcinée et pesée à l'état d'oxyde. La liqueur filtrée contenant les alcalis est acidifiée par l'acide chlorhydrique, et par l'évaporation à sec on aura les chlorures alcalins.

# CHAPITRE III

## DOSAGE ET SÉPARATION DES ACIDES

**140. Acide sulfurique.** — *Dosage à l'état de sulfate de baryte.* — Dans le cas des *sulfates solubles*, acidifier par l'acide chlorhydrique et chauffer la liqueur dans un vase de Bohême; quand elle est bien chaude, verser par petites portions du chlorure de baryum, agiter avec une baguette et laisser déposer à une douce chaleur. Quand la liqueur est éclaircie, ajouter de nouveau le réactif pour voir s'il précipite encore, et dans ce cas agiter de nouveau la liqueur, puis laisser déposer. Quand tout est terminé et que la liqueur surnageante est *bien claire,* on la décante dans un autre verre, on ajoute de l'eau chaude sur le précipité, on remue avec la baguette et on laisse déposer à une douce chaleur. Pendant que le sulfate de baryte dépose, on filtre la liqueur décantée sur du papier Berzélius, et l'on s'assure encore une fois sur les premières eaux qui passent que la précipitation a été bien complète. Quand le liquide ajouté au précipité est bien éclairci, on le décante encore une fois, on remet un peu d'eau chaude sur le sulfate, et pendant qu'il dépose on filtre la seconde eau de décantation. Après la troisième décantation, on jette le précipité sur le filtre, on le lave à l'eau chaude jusqu'à ce que la liqueur filtrée n'accuse plus de baryte avec l'acide sulfurique.

Cette opération, bien conduite avec *toutes* ces précautions, peut se faire en une heure ou une heure et demie; quand on jette trop tôt le précipité sur le filtre, la liqueur passe ordinairement *trouble*, il faut filtrer de nouveau; la filtration est lente, et l'on passe facilement un jour entier et même plus avant de finir l'opération.

Le précipité est séché, détaché du filtre dans le creuset de platine, et le papier enflammé par-dessus, puis incinéré. Pour de *petites* quantités de sulfate de baryte, il est bon, à cause de l'action réductrice du papier pendant l'incinération, de reprendre par quelques gouttes d'acide chlorhydrique, d'ajouter une goutte d'acide sulfurique, d'évaporer à sec et de calciner ensuite. On pèse à l'état de $BaO,SO^3 = 116,5$.

Dans le cas des *sulfates insolubles ou peu solubles,* faire fondre avec du carbonate de soude dans un creuset de platine, reprendre par l'eau, filtrer, laver et acidifier la liqueur au moyen de l'acide chlorhydrique. On opère alors comme ci-dessus. Applicable aux sulfates de baryte, strontiane, chaux.

Dans le cas du *sulfate de plomb,* traiter à froid par une dissolution de bicarbonate de soude ou de potasse ; laisser digérer, filtrer, laver, et acidifier la liqueur au moyen de l'acide chlorhydrique avant de précipiter par le chlorure de baryum.

**141. Acide sulfureux.** — S'il s'agit de doser l'acide sulfureux dans les sulfites solubles dans l'eau, on verse leur solution dans un excès d'eau de chlore qui les transforme en sulfates ; on chauffe pour chasser l'excès de chlore et on précipite par le chlorure de baryum. D'après le poids de sulfate de baryte, on calcule la quantité d'acide sulfureux $SO^3$. Quand on a affaire à un sulfite insoluble dans l'eau on le fait bouillir avec du carbonate de soude, on filtre, et on a ainsi une solution de sulfite de soude sur laquelle on opère comme ci-dessus.

**142. Acide hyposulfureux.** — On peut opérer avec les hyposulfites solubles comme il a été indiqué pour les sulfites.

**143. Acides du sélénium,** — Ces acides sont l'acide sélénieux et l'acide sélénique ; nous avons indiqué à à l'article *Sélénium* (premier groupe des métaux) comment on le dose à l'état de sélénium en précipitant par de l'acide sulfureux.

C'est au moyen de ce même réactif qu'on peut séparer le sélénium de tous les acides de ce groupe (le tellure excepté). On peut aussi l'éliminer au moyen de l'hydrogène sulfuré (l'arsenic et le tellure précipitent en même temps).

**144. Acides du tellure.** — Ces acides sont l'acide
tellureux et l'acide tellurique. Nous avons indiqué à
l'article *Tellure* (premier groupe de métaux) comment on le précipite à l'état de tellure métallique au
moyen de l'acide sulfureux. C'est au moyen de ce
réactif qu'on peut le séparer des acides de ce groupe
(excepté le sélénium). On le précipite aussi par l'hydrogène sulfuré (avec le selénium et l'arsenic).

**145. Acide phosphorique.** — *Dosage à l'état de
pyrophosphate de magnésie.* — Toutes les fois que
l'acide phosphorique se trouve dans une liqueur qui
ne précipite point lorsqu'on y ajoute de l'ammoniaque, on peut le doser à cet état. Voici la manière
d'opérer. On commence par préparer la *mixture
magnésienne*, en prenant du sulfate de magnésie
mélangé de chlorure d'ammonium en quantité suffisante pour qu'un excès d'ammoniaque ne trouble pas
la solution. On rend fortement ammoniacale la liqueur
contenant l'acide phosphorique, et l'on y verse par
portion la mixture magnésienne, en agitant avec
une baguette de verre, mais sans toucher les parois,
parce que le précipité, étant cristallin, adhère fortement au verre. Quand la liqueur ne précipite plus, on
la laisse reposer jusqu'au lendemain. On filtre alors
la liqueur décantée, on ajoute au précipité de l'eau
contenant un huitième de son volume d'ammoniaque,
on laisse déposer encore une fois, on filtre, et l'on recommence si c'est nécessaire. Le précipité est lavé
sur le filtre avec l'eau ammoniacale, puis séché et

calciné à la manière ordinaire. On le pèse à l'état de pyrophosphate $(MgO)^2PhO^5 = 111$.

On peut aussi précipiter *directement* l'acide phosphorique au moyen du sulfate de magnésie dans des phosphates contenant de la chaux, de l'alumine et du fer en opérant de la manière suivante.

Le phosphate étant dissous dans l'acide chlorhydrique, on précipite par l'ammoniaque en excès, puis on ajoute de l'acide *citrique* jusqu'à ce que le précipité se redissolve, tout en laissant la liqueur ammoniacale ; dans cette solution, la mixture magnésienne précipite tout l'acide phosphorique, que l'on dose comme ci-dessus.

Cette méthode est particulièrement commode pour le dosage de l'acide phosphorique dans les engrais et phosphates de chaux naturels.

146. *Précipitation au moyen du molybdate d'ammoniaque.* — Quand l'acide phosphorique est combiné à des bases dont les phosphates précipitent par l'ammoniaque, on pourra employer cette méthode, surtout si l'on doit doser de *petites quantités* d'acide phosphorique en présence de beaucoup de fer ou d'alumine.

La solution molybdique se prépare de la manière suivante : dissoudre 1 partie d'acide molybdique pur dans 4 parties d'ammoniaque et verser cette liqueur dans 15 parties d'acide azotique ayant une densité de 1,20. Chauffer un jour ou deux à une douce chaleur et décanter s'il se forme un précipité.

La matière à essayer est dissoute dans de l'acide

azotique ou chlorhydrique, et l'on ajoute un excès de liqueur molybdique (40 parties d'acide molybdique pour 1 partie d'acide phosphorique). Après avoir chauffé plusieurs heures vers 40°, on décante une partie de la liqueur dans une autre fiole, on ajoute encore de la liqueur molybdique pour voir s'il se forme un nouveau précipité. Quand la liqueur ne précipite plus, on filtre la liqueur décantée, et le précipité est lavé avec un mélange de 100 parties de la liqueur molybdique 20 parties d'acide azotique à 1,20 de densité et 80 parties d'eau. Le précipité jaune de phosphate ammoniaco-molybdique est dissous dans de l'ammoniaque, filtré sur le même filtre et celui-ci lavé à l'eau ammoniacale; la liqueur filtrée est précipitée par la mixture magnésienne et l'acide phosphorique dosé à l'état de pyrophosphate de magnésie.

147. *Dosage à l'état de phosphate d'urane.* — Ce dosage est commode quand il s'agit des phosphates alcalino-terreux et surtout du *phosphate de magnésie.* Dissoudre dans peu d'acide, précipiter par l'ammoniaque et redissoudre le précipité avec l'acide acétique. On verse dans la liqueur de l'acétate d'urane, on fait bouillir et on laisse déposer. Après avoir décanté, on remet plusieurs fois de l'eau chaude sur le précipité, puis on filtre. A un moment donné, la liqueur a une tendance à passer trouble; il faut alors ajouter un peu de chlorure d'ammonium. Le précipité jaune de phosphate d'urane ammoniacal se transforme par la calcination en pyrophosphate $2Ur^2O^3, PhO^5 = 359$.

148. *Dosage à l'état de phosphate de bismuth.* —

Ce mode de dosage exige que la liqueur ne contienne pas d'autre acide que l'*acide azotique* et s'applique surtout à la séparation de l'acide phosphorique d'avec les alcalis terreux et l'alumine.

La méthode consiste à précipiter le phosphate, en solution dans l'acide azotique, au moyen de l'azotate de bismuth. La liqueur se prépare en dissolvant 68 gr. 5 d'azotate de bismuth dans 200 grammes d'acide azotique à 1,25 de densité et en ajoutant assez d'eau pour compléter 1 litre ; chaque centimètre cube correspond à 0 gr. 010 d'acide phosphorique.

La solution faiblement acide du phosphate est étendue d'eau, et chauffée ; on y verse ensuite peu à peu du réactif tant qu'il se forme un précipité ; on peut même verser à la fois la quantité d'azotate de bismuth nécessaire pour le maximum d'acide phosphorique supposé dans la liqueur. A chaud, le précipité est grenu et se rassemble parfaitement ; on le lave par décantation, puis on le filtre, et on finit de laver à l'eau chaude. Le précipité, séché et calciné (le filtre étant incinéré séparément), a pour formule $BiO^3, PhO^5 = 305$.

Pour doser les bases dans la liqueur filtrée, on élimine le bismuth au moyen de l'hydrogène sulfuré.

Quand on veut effectuer ce dosage en présence du fer, on doit préalablement le réduire au minimum au moyen de l'hydrogène sulfuré, autrement le précipité de phosphate de bismuth entraînerait du fer ; avant de verser l'azotate de bismuth, on fait passer un courant d'acide carbonique pour éliminer tout l'hydrogène sulfuré resté en dissolution.

**149.** S'il s'agit de séparer l'acide phosphorique d'avec les *alcalis* et la *magnésie*, on emploiera l'acétate d'urane, et, dans la liqueur débarrassée du phosphate d'urane, on précipite l'excès d'urane par l'ammoniaque. On peut aussi effectuer la séparation au moyen de l'azotate de bismuth.

Pour séparer l'acide phosphorique d'avec les *alcalis terreux* (baryte, strontiane, chaux), on précipitera ces bases par l'acide sulfurique, avec de l'alcool dans le cas de la chaux; dans la liqueur filtrée, débarrassée de l'alcool par évaporation et rendue ammoniacale, précipiter l'acide phosphorique par la mixture magnésienne. La séparation peut aussi se faire avec l'azotate de bismuth.

Pour le phosphate de chaux on opère préférablement de la manière suivante :

La liqueur est traitée par de l'ammoniaque en excès, et le précipité est redissous dans l'acide acétique; on ajoute de l'oxalate d'ammoniaque pour précipiter la chaux, et, après filtration, on précipite l'acide phosphorique après avoir ajouté un excès d'ammoniaque.

On sépare l'acide phosphorique d'avec les métaux du troisième groupe qui précipitent à l'état de *sulfures*, en dissolvant le phosphate dans de l'acide chlorhydrique, ajoutant de l'acide tartrique ou citrique, un excès d'ammoniaque et du sulfure ammonique; on laisse digérer pendant quelque temps et l'on filtre; l'acide phosphorique passe dans la liqueur et peut être précipité par la mixture magnésienne.

On sépare l'acide phosphorique d'avec l'alumine

par la liqueur molybdique, par l'azotate de bismuth, ou bien par la mixture magnésienne en présence de l'acide citrique. Enfin, on séparera l'acide phosphorique d'avec les métaux du premier et second groupe au moyen de l'hydrogène sulfuré.

150. Séparation de l'acide phosphorique d'avec l'acide sulfurique. — On précipite d'abord l'acide sulfurique au moyen du chlorure de baryum, dans une liqueur acide ; après filtration et élimination de l'excès de baryte, on dose l'acide phosphorique.

151. Dans le dosage de l'acide phosphorique par tous les moyens précédents, cet acide doit être contenu dans la liqueur à l'état d'acide phosphorique ordinaire tribasique ; s'il s'y trouve à l'état d'acide pyrophosphorique ou d'acide métaphosphorique, on devra le transformer en acide phosphorique ordinaire par un des moyens suivants.

On peut faire fondre la matière, préalablement desséchée, avec 5 ou 6 parties de carbonate de soude ou mieux avec le mélange de carbonate de soude et de potasse. Ce mode de transformation est surtout applicable aux combinaisons des autres modifications de l'acide phosphorique avec les alcalis et avec les oxydes métalliques, qui sont décomposés complètement par le carbonate de soude. Avec les combinaisons qui contiennent des alcalis terreux, ce procédé ne réussit point (la magnésie excepté).

Le second mode de transformation consiste à chauffer pendant une heure au moins, dans une

capsule de platine, avec de l'acide sulfurique concentré, à une douce chaleur. Quand on ne peut
employer de l'acide sulfurique, on fera usage de l'acide
azotique ou de l'acide chlorhydrique, mais il faudra
chauffer à l'ébullition pendant quelques heures, et
même alors la transformation n'est pas toujours complète.

**152. Analyse des engrais.** — La valeur des différents engrais dépend surtout de la quantité d'azote et
de phosphore qu'ils contiennent. L'azote s'y trouve
ordinairement soit avec les matières organiques, soit
à l'état d'ammoniaque; le phosphore y est à l'état
d'acide phosphorique principalement comme phosphate de chaux.

Voici la marche générale pour faire ces essais :

*Dosage de l'eau.* — On chauffe de 5 à 10 grammes,
au bain-marie, jusqu'à ce que le poids soit constant :
on aura ainsi la quantité d'eau (humidité).

*Dosage des matières organiques, sels ammoniacaux
et eau combinée.* — On incinère 1 ou 2 grammes de
la matière desséchée; l'opération se fait dans une
capsule de platine sans chauffer trop fort. Le résidu
donne le poids des matières non volatiles (silice,
phosphates terreux, sels alcalins, etc.), et on a par
différence les matières volatiles.

*Dosage de l'acide phosphorique.* — Le résidu de
l'opération précédente est attaqué par l'acide chlorhydrique; on filtre pour séparer la silice, et la liqueur
est précipitée par l'ammoniaque, puis additionnée

d'acide citrique, afin de redissoudre le précipité. Dans cette liqueur, qui doit être ammoniacale, on verse la mixture magnésienne, afin de précipiter l'acide phosphorique total à l'état de phosphate ammoniaco-magnésien. On peut également dissoudre dans l'acide chlorhydrique la matière première, filtrer et précipiter l'acide phosphorique, comme il vient d'être dit, après addition d'ammoniaque et d'acide citrique.

S'il existe des phosphates *solubles dans l'eau*, on traite par l'eau environ 1 gramme de la matière première, on filtre après une digestion suffisante, et on dose dans cette liqueur l'acide phosphorique comme ci-dessus.

*Dosage de l'azote.* — On prend 0 gr. 5 ou 1 gramme de matière, et l'on y dose l'azote au moyen de la chaux sodée (voir un dosage de l'azote). Si l'engrais contient des sels ammoniacaux, on doit faire le mélange avec la chaux sodée dans le tube même; autrement, on perdrait de l'ammoniaque.

Si l'on voulait doser la quantité d'ammoniaque séparément, il suffira de chauffer un certain poids de matière avec de l'eau et de la *magnésie calcinée* dans l'appareil indiqué n° 138.

153. **Acide chromique.** — *Dosage à l'état de sesquioxyde de chrome.* — La solution du chromate est acidifiée par l'acide chlorhydrique et traitée à chaud par de l'alcool qu'on ajoute peu à peu, jusqu'à ce que la liqueur devienne verte; on précipite ensuite par l'ammoniaque et on fait chauffer jusqu'à disparition

d'odeur. Laver plusieurs fois par décantation, puis sur le filtre, à l'eau bouillante. On pèse à l'état de $Cr^2O^3 = 76,5$. La quantité correspondante d'acide chromique est $2\,CrO^3 = 100,5$.

Ce dosage s'applique aux solutions de chromates comme les chromates alcalins qui ne précipitent point par l'ammoniaque.

Quand on a un chromate insoluble dans l'eau, on le fait fondre avec du carbonate de soude, on reprend par l'eau et l'on traite la liqueur filtrée comme ci-dessus.

**154.** *Séparation de l'acide chromique d'avec l'acide sulfurique.* — On fait chauffer avec de l'acide chlorhydrique concentré jusqu'à ce qu'il ne se dégage plus de chlore; on chasse l'excès d'acide par évaporation, on étend d'eau, et l'on précipite l'acide sulfurique au moyen du chlorure de baryum. Comme le précipité de sulfate de baryte retient du chrome, on le fait fondre avec 4 parties de carbonate de soude, on reprend par l'eau, on filtre, on acidifie avec de l'acide chlorhydrique et on précipite de nouveau par le chlorure de baryum. Sur une autre portion, on dose l'acide chromique à l'état d'oxyde de chrome.

**155. Acide arsénieux et acide arsénique.** — Voir pour le dosage de ces acides à l'article *arsenic* parmi les métaux du *premier groupe*. Pour séparer ces acides de tous les autres de ce groupe (ceux du sélénium et du tellure exceptés), il suffit d'ajouter à la liqueur de l'acide sulfureux ou du sulfite de soude, en chauffant

doucement, puis de faire passer un courant d'hydrogène sulfuré, qui précipite AsS³.

156. *Séparation de l'acide arsénieux d'avec l'acide
arsénique.* — Comme l'acide arsénieux se dose facilement au moyen du *permanganate de potasse*, il suffira,
après avoir dosé l'arsenic total, de titrer sur une
autre portion au moyen du permanganate. La réaction repose sur ce fait qu'une solution *d'acide arsénieux*, fortement acidifiée par l'acide sulfurique, est
transformée en *acide arsénique* lorsqu'on y verse du
permanganate de potasse; la fin de l'opération se reconnaît, comme d'ordinaire, par la coloration rose de
la liqueur. La réaction a lieu suivant la formule :

$$2AsO^3 + Mn^2O^7 = Mn^2O^3 + 2AsO^5.$$

Au mélange des deux acides dissous dans de l'acide
sulfurique dilué et étendu de beaucoup d'eau, on ajoute
du permanganate de potasse jusqu'à coloration; si le
permanganate a été titré au moyen du fer, on calcule
la quantité d'acide arsénieux, en sachant que la quantité de fer donnée par le nombre de centimètres cubes
versés est à la quantité correspondante d'acide arsénieux comme 28 : 19,8.

157. **Acide borique.** — En général, on dose cet acide
par différence.

Si l'acide borique est en solution aqueuse ou alcoolique, on y ajoute un poids connu de carbonate de
soude sec (deux fois la quantité présumée d'acide borique); on évapore à sec, on chauffe de manière à

fondre le tout, et l'on pèse. Comme l'acide borique a chassé une partie de l'acide carbonique, il suffira de doser l'acide carbonique restant pour avoir par différence celui qui correspond à l'acide borique.

Pour séparer l'acide borique d'avec les alcalis, on ajoute de l'acide chlorhydrique en excès, on évapore à sec au bain-marie jusqu'à disparition d'odeur acide, et l'on dose le chlore dans le résidu. Connaissant la quantité de chlore combiné à l'alcali on en conclura la quantité de ce dernier et l'on aura l'acide borique par différence.

On sépare l'acide borique de presque toutes les autres bases, par fusion avec du carbonate de potasse et en reprenant par l'eau : l'acide borique reste en solution.

Par l'hydrogène sulfuré et le sulfure ammonique, on le sépare de tous les métaux du premier et du second groupe, ainsi que de ceux du troisième qui précipitent à l'état de sulfures.

158. **Acide carbonique.** — *Dosage à l'état d'acide carbonique par pesee directe.* — On prend un ballon de 200 centimètrès cubes auquel on adapte un bouchon percé de trois trous; à l'un de ces trous, on met un tube à angle droit, au second un tube à entonnoir muni d'un robinet qui va presque au fond du ballon, au troisième un autre tube à angle droit. Le carbonate à essayer est pesé et placé dans le ballon avec un peu d'eau. On verse dans l'entonnoir, le robinet étant fermé, de l'acide sulfurique étendu, et l'on place

l'appareil sur un support à chauffer. L'un des tubes à
angle droit est mis en communication, au moyen d'un
caoutchouc, avec un premier tube en U contenant un
peu de pierre ponce humectée d'acide sulfurique. Ce
tube communique avec un autre rempli de chlorure
de calcium; à la suite de ces deux tubes, on place un
tube à boule de Liebig contenant une dissolution concentrée de potasse, et en dernier un tube en U
rempli de potasse caustique. Les deux tubes à potasse
sont tarés avec soin. Le second tube à angle droit,
étant bouché avec un caoutchouc portant un tube
plein, on ouvre un peu le robinet pour laisser écouler
de l'acide ; quand l'effervescence a cessé, on ajoute
encore de l'acide, par petites portions, jusqu'à décomposition complète du carbonate. A ce moment, on
enlève le tube plein qui bouche le caoutchouc et l'on
met le tube à angle droit auquel il était adapté en
communication avec un flacon laveur contenant une
dissolution de potasse ; la seconde tubulure de ce
flacon porte un tube qui plonge dans ce liquide. On
fait communiquer le dernier tube à potasse taré avec
un aspirateur, et l'on chauffe le ballon sans faire
bouillir. L'augmentation de poids des deux tubes à
potasse donne la quantité d'acide carbonique $CO_2$.

Certains carbonates naturels ne faisant efferves
cence qu'à chaud, on devra chauffer dès le commencement. Quand l'acide sulfurique forme avec la base
du carbonate un sulfate insoluble, on remplacera cet
acide par de l'acide chlorhydrique etendu ou par
l'acide azotique.

**159.** *Dosage par perte de poids.* — Quand on a affaire à un carbonate anhydre décomposable par l'action de la chaleur, il suffira de le chauffer au rouge dans un creuset de platine ou de porcelaine pour avoir l'acide carbonique par différence. Si le carbonate est hydraté, on devra doser l'eau séparément et retrancher son poids de la perte obtenue en calcinant dans le creuset.

Le meilleur moyen de doser l'acide carbonique par différence consiste à le chasser de sa combinaison, par un acide, dans un appareil préalablement taré, et de voir ensuite la perte de poids. On a proposé pour cet usage de nombreux appareils; le plus simple consiste en une petite fiole en verre soufflé, fermée par un bouchon portant deux tubes, l'un contenant du chlorure de calcium, pour dessécher le gaz à sa sortie, l'autre portant une boule remplie d'acide et fermé en haut par un caoutchouc et un tube plein. Le bas du tube est effilé et ne doit pas plonger dans l'eau de la fiole tant que l'appareil n'a pas été taré. Au moment de l'opération, on enfonce le tube à boule, on ouvre le tube en caoutchouc, et l'acide vient décomposer le carbonate. Après avoir chauffé légèrement, on aspire par le tube à chlorure de calcium, on laisse refroidir et l'on pèse.

**160.** *Dosage de l'acide carbonique en dissolution dans l'eau.* — On prépare une solution de chlorure de baryum fortement ammoniacale, on la chauffe, on la filtre rapidement afin de l'avoir bien limpide. On verse de cette solution dans un ballon contenant le liquide à analyser, on place un petit entonnoir à l'orifice du ballon et l'on chauffe pendant quelque temps sans faire bouillir. Quand le précipité de carbonate est bien rassemblé, on filtre rapidement le liquide, on met dans le ballon de l'eau légèrement ammoniacale, on décante encore une fois, puis le précipité est jeté sur le filtre et lavé convenablement. S'il n'est composé que de carbonate de baryte, on pourra le peser directement, puis calculer l'acide carbonique; autrement, on le place dans l'appareil précédemment décrit, et l'acide est dosé par perte.

**161.** **Acide oxalique.** — *Dosage à l'état de carbonate de chaux.* — L'oxalate soluble en solution neutre ou acétique est précipité par de l'acétate de chaux; le précipité, filtré, lavé et calciné légèrement, donne du carbonate de chaux, d'après lequel on calcule l'acide oxalique. $2(CaO,CO^2) : C^2O^3$.

**162.** *Dosage au moyen du permanganate de potasse.* — Le permanganate étant déjà titré avec de l'acide oxalique, on dissout dans l'eau seule ou l'eau acidulée d'acide sulfurique l'oxalate à analyser; on chauffe vers 60°, et l'on verse peu à peu le permanganate jusqu'à coloration rose.

**163.** *Séparation de l'acide oxalique.* — Pour séparer les bases dans un oxalate, il suffit de calciner pour décomposer ce sel; il restera comme résidu soit un métal, soit un oxyde, soit un carbonate.

**164.** *Séparation de l'acide oxalique d'avec l'acide sulfurique.* — Dans la liqueur acide, on élimine l'acide sulfurique au moyen du chlorure de baryum ; l'acide oxalique reste en dissolution avec l'excès de baryte.

**165. Acide fluorhydrique.** — *Dosage par différence.* — La plupart des fluorures étant décomposables à chaud par l'acide sulfurique concentré, on les transforme ainsi en sulfates, que l'on pèse après calcination si le sel est fixe. Si le sulfate est décomposable par la chaleur, on pèsera l'oxyde qui reste.

166. *Dosage à l'état de fluorure de calcium* CaFl = 39. Quand on a un fluorure soluble dans l'eau, et surtout un fluorure alcalin, on y verse un excès de carbonate de soude, puis du chlorure de calcium jusqu'à précipitation complète ; on a un mélange de fluorure de calcium et de carbonate de chaux. Chauffer pendant la précipitation. Ce précipité, lavé et calciné, est traité par l'acide acétique à une douce chaleur ; on évapore à sec au bain-marie, et on reprend par l'eau, qui laisse le fluorure de calcium, lequel est pesé. Si par l'action du carbonate de soude il se forme un précipité, on doit chauffer, puis filtrer avant d'ajouter le chlorure de calcium. Opérer dans une capsule de platine.

167. *Séparation de l'acide fluorhydrique d'avec l'acide phosphorique.* — Si la substance est attaquable par l'acide sulfurique, on chauffera dans une capsule de platine jusqu'à expulsion complète de l'acide fluorhydrique, en ayant soin de ne pas volatiliser de l'acide sulfurique ; autrement, on pourrait perdre de l'acide phosphorique. Dans la liqueur restante, on dose l'acide phosphorique et les oxydes.

Quand la matière n'est pas attaquable par les acides, on la fond avec 6 parties de carbonate de soude et 2 parties de silice ; en reprenant par l'eau, l'acide phosphorique et le fluor se dissolvent à l'état de phosphate alcalin et de fluorure alcalin. On filtre pour séparer le résidu et on traite la liqueur par du carbonate d'ammoniaque, qui précipite la silice ; ce précipité est lavé avec une solution étendue de carbonate d'ammoniaque. La liqueur, contenant le fluor et l'acide phosphorique, est traitée à chaud par un excès de carbonate de soude pour chasser l'ammoniaque. On ajoute à la solution du chlorure de calcium ; il se précipite un mélange de phosphate de chaux, de fluorure de calcium et de carbonate de chaux. Le précipité est filtré, lavé et calciné ; on le traite par l'acide acétique pour décomposer le carbonate de chaux et on évapore à sec au bain-marie ; en reprenant par l'eau chaude, on dissout l'acétate de chaux, et il reste du phosphate de chaux et du fluorure de calcium, qu'on pèse. On traite ensuite ces deux corps par de l'acide sulfurique dans une capsule de platine, à une douce chaleur, de manière à chasser le fluor. On sépare le sulfate de chaux avec de l'acide sulfurique étendu, on le lave avec de l'alcool étendu et on le pèse. Dans la liqueur filtrée, on ajoute de l'eau, et on la débarrasse de l'alcool par évaporation ; on précipite ensuite l'acide phosphorique au moyen de la mixture magnésienne. On a le fluor par différence.

Quand la combinaison contient de l'alumine, cette

dernière reste insoluble avec la silice et de la soude, quand on reprend par l'eau après l'attaque au moyen du mélange de carbonate de soude et de silice.

**168. Acide hydrofluosilicique.** — *Dosage à l'état de fluosilicate de potasse.* — Ce dosage s'applique surtout à l'acide libre. On précipite par le chlorure de potassium, on ajoute un volume égal d'alcool, et on recueille sur un filtre taré ; on lave avec de l'alcool étendu de son volume d'eau et on sèche à 100°. On pèse le fluosilicate de potasse $KFl,SiFl^2 = 110$

**169. Acide silicique.** *Dosage à l'état d'acide silicique* (silice). $SiO^2 = 30$. — SILICATES ATTAQUABLES PAR LES ACIDES. —· On attaque par l'acide chlorhydrique ou azotique le silicate préalablement réduit en poudre fine et placé dans une capsule de porcelaine. Si le silicate fait *gelée,* il est bon d'ajouter un peu d'eau et de remuer souvent avec la baguette pendant qu'on chauffe, afin d'empêcher que la silice en gelée empâte la matière en poudre et la préserve en partie de l'action de l'acide. On évapore à sec, *au bain-marie,* jusqu'à ce qu'on ne sente plus l'odeur de l'acide ; on reprend par l'eau acidulée, et l'on chauffe pour redissoudre tous les oxydes et laisser la silice ; ensuite on ajoute assez d'eau, on laisse déposer à une douce chaleur, jusqu'à ce que la liqueur surnageante soit bien claire.

Il ne faut par filtrer trop tôt, autrement la filtration serait très longue. La liqueur étant décantée dans un verre, on met de l'eau bouillante sur le résidu de silice, et l'on chauffe de nouveau comme précédemment, pendant qu'on opère la filtration du liquide décanté. Après une seconde et même une troisième décantation, on jette la silice sur le filtre et on la lave à l'eau chaude. On dessèche le filtre, et, la matière étant placée dans le creuset de platine ou de porcelaine, on brûle le filtre par-dessus, et l'on incinère avec précaution, car la silice ainsi séparée est excessivement légère. Après calcination, il faut mettre le creuset sous le dessicateur à acide sulfurique, afin qu'il se refroidisse dans une atmosphère sèche. On pèse, et par précaution on calcine une seconde fois.

Il est bon de s'assurer que la silice est pure en l'essayant avec une solution concentrée de carbonate de soude (voir première partie n° 15).

170. SILICATES INATTAQUABLES PAR LES ACIDES. *Attaque aux carbonates alcalins.* — On fond le silicate, dans un creuset de platine, avec 4 parties de carbonate de soude sec, ou bien avec le mélange de carbonate de soude et de potasse (page 66). Mettre, pendant la fusion, le couvercle du creuset et chauffer graduellement, afin que la masse ne bouillonne pas trop. On reprend plusieurs fois par l'eau dans le creuset même, s'il est assez grand; on chauffe pour délayer la masse fondue, puis on verse le tout dans une capsule de porcelaine; celle-ci est couverte avec un disque en verre, et l'on ajoute avec précaution de l'acide chlorhydrique un peu étendu, qu'on a eu soin de passer d'abord dans le creuset de platine, pour dissoudre ce que l'eau n'a pu entraîner. Si le creuset est

13.

trop petit, ou bien si l'eau ne délaye pas bien la masse fondue, on peut le mettre dans la capsule de porcelaine et chauffer avec de l'eau d'abord, puis on ajoute de l'acide chlorhydrique. Quand l'effervescence a cessé et qu'il y a un léger excès d'acide, on retire le creuset, et on évapore à sec au bain-marie. Le reste de l'opération se termine comme dans le cas des silicates attaquables.

171. *Attaque au carbonate de chaux.* — Ce mode d'attaque exige une température très élevée qu'on ne peut obtenir qu'avec la lampe Schlœsing ou bien avec la lampe Deville à essence de térébenthine[1].

Un nouveau four, de petit volume, de Forquignon et Leclerc est ce qu'il y a de plus commode pour faire les attaques à la chaux. Ce four fonctionne avec le gaz et un soufflet ordinaire d'émailleur; il donne une température excessivement élevée.

Le carbonate de chaux employé doit être très pur et donner par calcination la quantité théorique d'acide carbonique.

On prend un creuset de platine évasé, ayant environ 3 centimètres de hauteur; on le tare, puis on y pèse 1 gramme ou 1 gramme 1/2 du silicate finement porphyrisé; on chauffe au rouge à deux reprises, pour déterminer la perte d'eau (perte au feu). Quand le poids ne varie plus, on ajoute de 30 à 80 0/0 de carbonate de chaux (suivant la nature du silicate), et l'on

---

1. Le grand avantage de cette méthode, c'est que l'on peut *tout* doser dans le silicate, même la chaux, puisqu'on pèse exactement la quantité introduite, tandis que par l'attaque aux alcalins on est obligé de faire un dosage à part pour les alcalis.

chauffe à peine, sans faire rougir le fond du creuset, afin de bien dessécher le carbonate. C'est alors qu'on pèse définitivement le mélange de matière et de carbonate de chaux. On mélange intimement avec une baguette de verre, et l'on a soin, à la fin, d'isoler le plus possible la poudre des parois du creuset. On pèse encore une fois, et le poids n'a pas dû varier si le mélange a été fait avec soin. Après cela, on chauffe très fortement, jusqu'à ce qu'on obtienne un verre bien homogène; on pèse de nouveau, et la perte de poids doit être égale à la quantité d'acide carbonique contenu dans le carbonate de chaux ajouté. Cependant il arrive quelquefois qu'on a une perte plus grande, due à des matières volatiles qui ne se dégagent qu'au blanc, ou même une perte moindre quand, le fer étant au minimum, une partie se peroxyde pendant la fusion.

Il pourra arriver que la matière ne fonde pas si le carbonate de chaux n'est pas en quantité suffisante, ou bien, si l'on en a mis trop; dans ce cas, on recommence l'attaque en variant les proportions. De même, le verre pourra n'être pas bien attaqué par l'acide, faute d'une quantité suffisante de chaux. En général, pour les silicates analogues aux grenats, pyroxènes, amphiboles, il suffit de 30 à 40 0/0 de carbonate de chaux; pour les feldspaths il en faut de 40 à 50 0/0; pour les silicates d'alumine, il en faut de 60 à 70 0/0. On détermine par un essai préalable les meilleures proportions à employer.

On pulvérise le verre, on pèse la portion pulvérisée

dans une capsule de platine à fond plat ayant environ **7** centimètres de diamètre, et l'on traite par l'acide azotique un peu étendu; en chauffant doucement et en remuant avec une baguette, tout se dissout ordinairement, et par évaporation on obtient une gelée *parfaite*. On chauffe au bain-marie jusqu'à siccité parfaite, ensuite sur une toile métallique, jusqu'à ce qu'une baguette humectée d'ammoniaque ne donne plus de fumées quand on la place au-dessus de la masse desséchée. A ce moment, les azotates d'*alumine* et de *fer* que peut contenir le silicate sont décomposés et rendus insolubles dans l'eau; s'il y a du *manganèse*, il reste également insoluble à l'état de peroxyde. On ajoute à la masse un peu d'azotate d'ammoniaque en solution concentrée, on chauffe doucement, et, s'il se dégage de l'ammoniaque, cela prouve qu'on a trop chauffé et qu'une partie des azotatés de magnésie et de chaux a été décomposée; dans ce cas, on chauffe jusqu'à disparition d'odeur, afin de ramener ces bases à l'état d'azotates solubles dans l'eau. Si l'azotate d'ammoniaque ne donne aucune odeur, alors on ajoute une goutte ou deux d'ammoniaque, dont l'odeur doit persister à une douce chaleur, si les azotates d'alumine et de fer ont été entièrement décomposés; autrement il faudrait encore évaporer à sec, puis chauffer comme ci-dessus. On reprend par l'eau, on laisse déposer la partie *insoluble* (*a*), contenant silice, alumine, oxyde de fer et oxyde de manganèse; on filtre la liqueur décantée, et l'on reprend par l'eau plusieurs fois. Avant de finir les la-

vages, il est bon de traiter encore une fois par l'azotate
d'ammoniaque, afin de redissoudre le peu de chaux
qui aura pu se précipiter par l'action de l'acide carbonique de l'air. Les liqueurs filtrées (b) contiennent
toute la chaux, la magnésie et les alcalis. Comme on
le voit, l'analyse est partagée en deux parties qu'on
traite concurremment, ce qui abrège beaucoup le
temps.

*Partie (a).* — On la fait digérer à une douce chaleur
avec de l'acide azotique concentré, qui dissout l'alumine et l'oxyde de fer; il reste de la silice et de l'oxyde
de manganèse, qui la colore en noir. Ce résidu est
lavé par décantation et les liqueurs sont filtrées. On
traite la partie insoluble par un peu d'acide sulfurique
étendu, et l'on ajoute un peu d'acide oxalique pur; en
chauffant doucement, le manganèse se dissout et la
silice reste blanche. On la lave par décantation, on
filtre les liqueurs, et l'on place le filtre dans la capsule, où il est desséché, puis incinéré. La silice est
pesée avec les précautions ordinaires. La liqueur contenant le manganèse est évaporée à sec dans une
capsule de platine; le sulfate de manganèse est chauffé
au rouge, puis pesé. La solution contenant l'alumine
et le fer est évaporée à sec dans une capsule de platine; les oxydes sont calcinés et pesés. On les redissout dans l'acide chlorhydrique concentré, et l'on
détermine au moyen du permanganate de potasse la
quantité de fer; l'alumine est obtenue par différence.
Au lieu de dissoudre dans de l'acide chlorhydrique les
oxydes calcinés, il est préférable de les attaquer par

l'acide sulfurique un peu étendu, puis de reprendre par l'eau acidulée.

*Partie (b)*. — Précipiter la chaux par l'oxalate d'ammoniaque pur, laisser déposer à froid, filtrer, laver et calciner fortement (dosage à l'état de chaux vive). Les liqueurs filtrées sont évaporées à sec; on chasse les sels ammoniacaux, on ajoute un peu d'eau, et les azotates sont transformés en oxalates au moyen de l'acide oxalique pur qui doit se trouver en léger excès; les oxalates étant calcinés au rouge sont transformés en carbonates; on reprend par l'eau, qui dissout les carbonates alcalins et laisse la magnésie. Cette dernière est filtrée, calcinée et pesée. Enfin, la liqueur contenant les alcalis est acidifiée par l'acide chlorhydrique, évaporée à sec, et l'on pèse les chlorures. Les alcalis, potasse, soude, lithine, sont séparés comme d'ordinaire[1].

172. *Attaque au carbonate de chaux mélangé de chlorure d'ammonium*. — Cette méthode est particulièrement utile quand on veut doser seulement les *alcalis* contenus dans un silicate : par exemple, quand on a fait une analyse en attaquant au carbonate de soude et qu'il reste encore à doser les alcalis.

On prend un demi-gramme de matière, un demi-gramme de chlorure d'ammonium (sel ammoniac) et quatre grammes de carbonate de chaux; la matière seule doit être pesée exactement; le reste à peu près. Le tout est mélangé intimement et placé dans un

---

1. Cette méthode d'analyse des silicates paraîtra bien longue d'après la description, mais en réalité c'est la plus expéditive de toutes. Un chimiste exercé peut faire en *deux jours* une analyse contenant tous les corps ci-dessus énoncés, tandis que par les méthodes ordinaires il en faut près du double.

creuset de platine, qui pourra être plein aux trois
quarts; ce creuset, muni de son couvercle, est placé
dans un autre creuset plus grand incliné à 45° et chauffé
graduellement, vers le haut d'abord et ensuite en dessous, pendant une demi-heure, à la lampe Bunsen. La
masse qui reste dans le creuset est seulement agglo-
mérée et a diminué beaucoup de volume; on la traite
par l'eau chaude dans une capsule de porcelaine, et,
quand elle s'est bien délitée, on filtre la liqueur claire,
on reprend plusieurs fois par l'eau. Le liquide filtré
qui contient les alcalis à l'état de chlorures avec un peu
de chaux est traité par du carbonate d'ammoniaque, qui
précipite la chaux, réduit par l'évaporation, additionné
vers la fin de quelques gouttes d'ammoniaque, puis
filtré. La liqueur filtrée ne doit pas se troubler avec
une goutte d'oxalate d'ammoniaque; elle est évaporée
à sec, on chasse les sels ammoniacaux, et les alcalis
sont pesés à l'état de chlorures.

173. *Dosage du fer au minimum dans les silicates
inattaquables par les acides.* --- On mélange le silicate
dans un petit creuset de platine avec un excès de borax
anhydre pulvérisé, en ayant soin de mettre par-dessus
une petite couche de borax seul; le tout est placé
dans un second creuset de platine muni de son couvercle, et l'on chauffe au rouge pendant quelque temps.
Le verre obtenu est pesé, on le pulvérise ensuite, et
on en prend une partie, qu'on place dans une fiole
contenant de l'eau bouillie dans laquelle on fait passer
un courant d'acide carbonique. Quand tout l'air est
chassé, on verse de l'acide chlorhydrique et l'on chauffe,

pendant que le courant passe, jusqu'à dissolution du verre; on laisse refroidir, et on titre le fer au minimum au moyen du permanganate de potasse. Sur un autre échantillon, on dose le fer total, et, en retranchant de ce dernier celui obtenu dans l'opération précédente, on connaîtra la quantité qui se trouve à l'état de sesquioxyde dans le silicate analysé.

Quand le silicate est attaquable par l'acide chlorhydrique, on le dissout dans une atmosphère d'acide carbonique, comme il a été indiqué précédemment.

**174.** *Dosage du fluor dans les silicates.* — On attaque le silicate avec 4 parties de carbonate de soude; on reprend par l'eau, on fait bouillir quelque temps, puis on filtre; le lavage du précipité se fait d'abord avec de l'eau chaude, ensuite avec une solution de carbonate d'ammoniaque. Le fluor reste en dissolution à l'état de fluorure alcalin, avec l'excès de carbonate de soude et avec du silicate et de l'aluminate de soude. Pour séparer de cette liqueur la silice et l'alumine, on y verse du carbonate d'ammoniaque, et l'on chauffe en ayant soin d'ajouter à plusieurs reprises, pendant l'évaporation, du carbonate d'ammoniaque. Après filtration et lavage au moyen du carbonate d'ammoniaque, on évapore la liqueur, on ajoute du carbonate de soude en excès, et l'on chauffe pour chasser l'ammoniaque; en versant du chlorure de calcium dans le liquide chaud, jusqu'à précipitation complète, on aura un mélange de fluorure de calcium et de carbonate de chaux, qu'on traitera comme il a été indiqué pour le dosage du fluor à l'état de fluorure de calcium. La partie insoluble dans l'eau et dans le carbonate d'ammoniaque est traitée par l'acide chlorhydrique, puis on évapore à sec pour séparer la silice et continuer l'analyse.

175. *Dosage de l'acide titanique dans les silicates.* — Quelques silicates renferment de l'acide titanique, surtout en très petite quantité. Cet acide reste en partie avec l'acide silicique, qu'on a séparé par l'évaporation à sec, et en partie dans la solution acide (surtout quand on a employé l'acide chlorhydrique). Pour séparer l'acide titanique de la silice, on traite, dans une capsule de platine, avec de l'acide fluorhydrique contenant un peu d'acide sulfurique, et l'on évapore pour voir s'il reste un résidu. Ce dernier est attaqué au bisulfate de potasse; la masse fondue est reprise par l'eau froide et la solution précipitée par l'ébullition.

Le précipité contenant l'alumine et le fer, séparés de la dissolution acide, est fondu avec du bisulfate de potasse, on reprend par l'eau à froid, on réduit le fer par l'acide sulfureux, et l'on précipite l'acide titanique par l'ébullition.

176. **Acide chlorhydrique.** — *Dosage à l'état de chlorure d'argent.* — La liqueur, étant acidifiée avec l'acide azotique, est chauffée dans un verre de Bohême, puis on ajoute de l'azotate d'argent, par portions, en agitant avec une baguette. Quand la précipitation est finie, on continue à chauffer et à agiter, jusqu'à ce que la liqueur surnageante soit bien limpide; autrement la liqueur passerait trouble. On décante deux fois, puis on lave à l'eau chaude sur le filtre. Il est bon d'opérer

la filtration à l'abri de la lumière, pour éviter l'altération du chlorure. Quand le filtre est séché, on détache le chlorure dans un verre de montre, on incinère le papier dans un creuset de porcelaine, puis on y ajoute quelques gouttes d'acide azotique et, après avoir chauffé un peu, une goutte d'acide chlorhydrique. On ramène ainsi à l'état de chlorure la portion réduite par le charbon du filtre. Quand les acides sont chassés, on ajoute la matière mise de côté dans le verre de montre et l'on chauffe sans avoir besoin de fondre le chlorure. On pèse à l'état de AgCl = 143,5.

Quand on a affaire à un chlorure insoluble dans l'acide azotique, comme le chlorure d'argent, de plomb ou de mercure au minimum, on opère de la manière suivante :

*Chlorure de plomb*. — On le traite par le bicarbonate de soude, comme dans le cas du sulfate de plomb ; la liqueur filtrée est acidifiée par l'acide azotique puis traitée par l'azotate d'argent.

*Chlorure d'argent*. — On le traite avec le zinc et l'acide sulfurique étendu ; l'argent est réduit, et l'acide chlorhydrique reste dans la liqueur.

*Chlorure mercureux*. — Faire digérer avec la potasse, filtrer, acidifier par l'acide azotique, puis ajouter l'azotate d'argent.

177. *Dosage au moyen des liqueurs titrées*. — On a une solution d'argent, titrée au moyen de l'iodure d'amidon, et contenant soit 1 gramme de métal par litre, soit 10 grammes, suivant la quantité de chlore à doser. On ajoute au chlorure, par petites portions, à

chaud, la solution d'azotate d'argent tant qu'il y a un précipité, et l'on fait en sorte de ne laisser qu'un *très petit excès* d'argent dans la liqueur. Après filtration, on dose, au moyen de l'iodure d'amidon, l'excès d'argent (voir à l'article *Argent* la manière de doser au moyen de l'iodure).

**178. Dosage du chlore libre.** — On mêle la dissolution du chlore avec une solution faible de potasse, ou bien on fait arriver le gaz dans cette même solution. Si l'on mesure le volume total de cette solution alcaline et qu'on en verse une portion dans une quantité connue d'*acide arsénieux*, ce dernier sera tranformé par le chlore en *acide arsénique*, et l'on connaîtra la quantité de chlore d'après la quantité de liqueur alcaline qu'on a employée. Nous allons voir comment on reconnaît la fin de l'opération et comment on opère.

*Liqueur arsénieuse.* — On prend 4 gr. 439 d'acide arsénieux pur et sec, qu'on dissout dans de l'acide chlorhydrique étendu ; on ajoute ensuite assez d'eau pour compléter un litre. Cette quantité d'acide arsénieux est celle qui est transformée en acide arsénique par 1 litre de chlore.

*Manière d'opérer.* — On mesure avec une pipette 10 centimètres cubes par exemple de liqueur arsénieuse, correspondant par conséquent à 10 centimètres cubes de chlore, et on la fait écouler dans un verre à fond plat de 250 à 500 centimètres cubes. On y ajoute quelques gouttes d'une solution sulfurique d'*indigo*, et l'on y verse, au moyen d'une burette graduée en

1/2 centimètres cubes, la liqueur alcaline, jusqu'à ce que l'indigo soit décoloré, ce qui n'a lieu qu'après la transformation complète de l'acide arsénieux en acide arsénique.

Il est bon d'acidifier avec de l'acide sulfurique la liqueur contenue dans le verre, avant de verser la liqueur alcaline, afin que la solution soit toujours acide. Comme le premier essai peut n'être qu'approximatif, on recommence avec une nouvelle quantité de liqueur arsénieuse, en versant goutte à goutte quand on approche de la fin de l'opération. Il est évident que le nombre de centimètres cubes versés pour obtenir la décoloration contient un *volume de chlore* égal au *volume* de la liqueur arsénieuse employée; si l'on a pris 10 centimètres cubes de cette dernière et qu'on a versé par exemple 17 centimètres cubes de la liqueur alcaline, ces 17 centimètres cubes contiendront 10 centimètres cubes de chlore; or, comme on connaît le volume total de la liqueur alcaline, il sera facile d'en déduire la quantité totale de chlore. Au lieu d'employer l'indigo, on peut opérer très exactement de la manière suivante :

On commence par voir combien 10 centimètres cubes de la liqueur arsénieuse exigent d'une liqueur de permanganate de potasse pour être transformée en acide arsénique (voir le dosage de l'acide arsénieux); cela étant connu, on prend 10 centimètres cubes de la liqueur arsénieuse et 10 centimètres cubes de la liqueur alcaline contenant le chlore ; on acidifie par l'acide sulfurique et l'on étend d'eau suffisamment :

en y versant le permanganate de potasse jusqu'à coloration rose, on titrera ainsi la quantité d'acide arsénieux qui n'a pas été oxydé. En retranchant le nombre
de centimètres cubes de permanganate employé du
nombre total pour 10 centimètres cubes, la différence
donnera le volume correspondant à l'acide arsénieux
transformé, et par conséquent on connaîtra cette quantité d'acide arsénieux. Comme on connaît, d'après le
titre de la liqueur arsénieuse, la quantité de chlore
correspondante, on saura que les 10 centimètres cubes
de liqueur alcaline contiennent une quantité de chlore
égale à celle qui correspond à l'acide arsénieux transformé dans cette opération.

Le dosage du chlore libre est appliqué surtout dans
les essais du chlorure de chaux et dans ceux des manganèses ; nous avons décrit ces derniers à la suite du
manganèse.

179. *Essai du chlorure de chaux.* — Le chlorure de
chaux du commerce est principalement un mélange
d'*hypochlorite de chaux*, de chlorure et d'hydrate.
Dans les essais de ce genre, on a intérêt à connaître la
quantité de chlore dégagée par les acides.

Pour cette recherche, on pèse 10 grammes de chlorure de chaux, qu'on broie dans un mortier avec un
peu d'eau ; on décante dans un flacon d'un litre, et on
continue à triturer avec de l'eau et à décanter jusqu'à
ce que tout soit entré en suspension ; on complète le
litre et on agite bien au moment de s'en servir, sans
laisser déposer. Avec cette liqueur, on fait l'essai chlorométrique, comme il a été indiqué pour le dosage du

chlore libre. Pour les essais commerciaux, on doit indiquer combien 1000 grammes de chlorure de chaux donnent de litres de chlore à 0° et à 760 de pression.

180. **Acide bromhydrique.** — *Dosage à l'état de bromure d'argent.* AgBr = 115,5. — On opère comme dans le cas du chlore. Le dosage se fait de la même manière avec la liqueur d'argent et l'iodure d'amidon.

181. *Séparation du chlore d'avec le brome.* — On précipite par une quantité connue d'argent, et l'on dose l'excès au moyen de l'iodure d'amidon ; on connaît ainsi la quantité d'argent combiné au chlore et au brome. D'un autre côté, on pèse le mélange de chlorure et bromure obtenu dans cette opération : on aura ainsi les éléments nécessaires pour calculer le chlore et le brome. En effet, si l'on calcule *en chlorure* la quantité d'argent combinée et qu'on retranche ce poids de chlorure du poids du mélange de *chlorure et bromure d'argent,* la différence obtenue sera à la quantité de brome comme la différence entre l'équivalent du brome et celui du chlore est à l'équivalent du brome. On posera donc la proportion 44,5 : 80 :: d : x (d représente la différence de poids obtenue par le calcul). Ce mode de dosage indirect est surtout bon si la quantité de brome n'est pas trop petite.

182. **Acide iodhydrique.** — *Dosage à l'état d'iodure d'argent.* AgIo = 235. — On opère comme avec le chlore ou le brome.

*Par liqueur titrée.* — On ajoute à la liqueur à essayer quelques gouttes d'iodure d'amidon, et l'on verse peu à peu la liqueur d'argent jusqu'à ce que la couleur bleue disparaisse; à ce moment, on lit le nombre de centimètres cubes employés, et l'on calcule la quantité correspondante d'iode. Cette méthode est fondée sur le principe suivant : l'iodure d'amidon ne se décolore qu'après la transformation complète de l'iodure essayé en iodure d'argent.

183. *Séparation du chlore et de l'iode.* — On peut opérer comme il a été dit pour le chlore et le brome (dosage indirect).

Si la quantité de chlorure alcalin n'est pas trop considérable, on peut doser l'iode par liqueur titrée, comme il a été indiqué ci-dessus; l'iodure d'argent est précipité avant le chlorure. Un moyen direct de séparation consiste à ajouter au mélange des deux sels de l'*azotate de palladium*, qui précipite l'iode à l'état d'iodure de palladium d'un noir brun; on laisse reposer quelques heures, on jette sur un filtre taré, on lave à l'eau chaude et on sèche à 100°. PdI = 180. Dans la liqueur filtrée, on précipite l'excès de palladium par l'hydrogène sulfuré et on détruit l'excès de ce gaz par le sulfate ferrique; il ne reste plus qu'à précipiter le chlore au moyen de l'azotate d'argent.

184. *Séparation du chlore d'avec le brome et l'iode.* — On dose d'abord l'iode au moyen de l'azotate de palladium. Sur une autre portion, on précipite par un léger excès d'azotate d'argent en quantité connue, et l'on pèse le précipité; dans la liqueur filtrée, on dose l'excès d'argent au moyen de l'iodure d'amidon. En retranchant le poids de l'argent combiné au chlore,

brome, iode, au poids des chlorure, bromure et iodure d'argent, on aura la quantité totale de chlore, brome et iode. Or, en retranchant de cette quantité celle de l'iode, obtenue au moyen du sel de palladium, on aura la somme du brome et du chlore; d'un autre côté, l'argent correspondant à l'iode, étant retranché de l'argent total, donnera celui combiné au chlore et au brome, et par conséquent on aura les éléments nécessaires pour calculer ces deux corps.

La séparation de l'iode au moyen de l'azotate de palladium est surtout exacte s'il n'y a pas un grand excès de brome par rapport à l'iode.

**185. Acide cyanhydrique.** — *Dosage à l'état de cyanure d'argent.* AgCy = 134. — On précipite par l'azotate d'argent, on acidifie par l'acide azotique, puis on recueille sur un filtre taré; on sèche à 100° et on pèse. Ce mode de dosage s'applique aux cyanures solubles dans l'eau, celui de mercure excepté.

Pour les cyanures insolubles dans l'eau, on ajoute de l'azotate d'argent, puis, après quelque temps, un excès d'acide azotique; on chauffe doucement, et, quand le cyanure d'argent est bien blanc, on étend d'eau et l'on filtre.

Pour séparer le cyanogène d'avec les métaux, on chauffe avec l'acide sulfurique étendu du tiers de son poid d'eau et l'on reprend par l'eau additionnée d'acide chlorhydrique. Cette opération est souvent nécessaire, puisque le cyanogène empêche dans certains cas la précipitation de quelques métaux.

186. **Acide sulfhydrique.** — *Dosage à l'état de sulfate de baryte.* — Pour faire ce dosage avec les sulfures, on peut opérer soit par voie humide soit par voie sèche :

1° **Voie sèche.** — Le sulfure est mélangé avec 3 parties de carbonate de soude sec et 4 parties de nitre, puis chauffé graduellement, jusqu'à fusion, dans un creuset de porcelaine; on reprend par l'eau d'abord, puis par une solution de carbonate de soude, on filtre et l'on acidifie avec l'acide chlorhydrique ajouté par petites portions. La liqueur est évaporée avec un excès d'acide chlorhydrique pour détruire l'acide azotique, puis étendue d'eau et traitée par le chlorure de baryum. Quand un sulfure perd du soufre par l'action de la chaleur, il est préférable de le fondre avec 4 parties de carbonate de soude, 8 parties de nitre et 24 parties de chlorure de sodium sec.

2° **Voie humide.** — On place le sulfure dans un ballon assez grand portant un petit entonnoir par lequel on verse goutte à goutte de l'acide azotique fumant : la réaction est assez vive, et, quand on a ajouté assez d'acide, on chauffe doucement. Ensuite on ajoute de l'acide chlorhydrique, et l'on chauffe encore jusqu'à ce que tout le soufre soit oxydé, ou bien, s'il en reste encore, jusqu'à ce qu'il reste avec sa couleur jaune habituelle. La liqueur est étendue d'eau, filtrée, et précipitée par le chlorure de baryum. S'il est resté du soufre, on le pèse à part sur un filtre taré, puis on calcine pour voir s'il est bien pur.

On peut également attaquer le sulfure par l'eau

régale directement, ou bien par le chlorate de potasse et l'acide chlorhydrique.

**187. Acide acétique.** — Cet acide se dose ordinairement *par différence :* on calcine l'acétate, ou bien on le traite à chaud par de l'acide sulfurique pour le transformer en sulfate.

**188. Acide azotique.** — *Dosage par différence.* — Si l'azotate est facilement décomposable par la chaleur et laisse l'oxyde, il suffira de calciner dans un creuset. Autrement, on transforme en sulfate en chauffant avec de l'acide sulfurique.

**189. *Par liqueurs titrées.*** — On prend une fiole fermée par un bouchon portant deux tubes; par un de ces tubes on fait arriver un courant d'acide carbonique. On place l'azotate dans la fiole, et l'on y verse un léger excès, en quantité connue, d'une dissolution de sulfate ferreux dans l'acide chlorhydrique ayant une densité de 1,10. On chauffe, d'abord doucement et puis jusqu'à l'ébullition, qu'on maintient jusqu'à ce que la couleur du liquide soit bien jaune, comme le perchlorure de fer. Une partie du fer passe à l'état de perchlorure, et l'on dose, au moyen du permanganate de potasse, la quantité restante de sel ferreux. La différence entre la quantité totale et celle restante, corpond à une certaine proportion d'acide azotique dans le rapport de $6FeO : AzO^5$. Avant de titrer par le permanganate, il est bon de neutraliser par la potasse une grande partie de l'acide chlorhydrique.

**190. Acide chlorique.** — *Dosage à l'état de chlorure d'argent.* —Quand on a affaire à un chlorate alcalin ou alcalino-terreux, il suffit de le calciner pour le transformer en chlorure; on précipite ensuite par l'azotate d'argent. AgCl correspond à ClO⁵.

**191.** *Dosage par les liqueurs titrées.*—Chauffer le chlorate avec une quantité connue d'une dissolution chlorhydrique de sulfate ferreux employé en excès. L'opération doit se faire dans une fiole, en faisant passer un courant d'acide carbonique (n° 64). Il se forme du chlorure ferrique, et il reste une certaine quantité de sel ferreux, qu'on titre au moyen du permanganate de potasse. La quantité de protoxyde de fer peroxydée correspond à une certaine quantité d'acide chlorique dans le rapport de $12FeO : ClO^5$.

# CHAPITRE IV

### ANALYSE DES GAZ

*Cuve à mercure.* — On se sert de préférence de la cuve à mercure de Bunsen. Cette cuve est faite en bois, avec deux glaces pour parois latérales; sa longueur est d'environ 0 m. 35 et sa largeur 0 m. 08. Dans certains cas, il est aussi utile d'avoir la cuve en fonte de Doyère, qui est très profonde tout en contenant peu de mercure.

*Eprouvettes à gaz.* — On se sert d'éprouvettes depuis 15 centimètres cubes jusqu'à 50 centimètres cubes, graduées en demi-centimètres cubes. Elles ne doivent pas être trop longues, afin qu'on puisse faire facilement le transvasement des gaz dans la cuve à mercure.

*Eudiomètres.* — Les meilleurs eudiomètres sont ceux de Bunsen à fil de platine. Ils doivent être divisés en demi-centimètres cubes d'un côté et en millimètres de l'autre côté. Ces eudiomètres ont un diamètre

intérieur de 15 millimètres et une longueur de 40 à
60 centimètres, avec une capacité correspondante de
80 à 130 centimètres cubes. Les plus employés sont
ceux qui ont de 50 à 60 centimètres de longueur;
avec ces dimensions, la détonation n'est jamais trop
violente, à cause de la diminution de pression causée
par la hauteur de la colonne de mercure au-dessus
du niveau de la cuve.

*Manière de mesurer les gaz.* — On commence par
remplir de mercure l'éprouvette, en la tenant verticalement, et en y versant le mercure au moyen d'un
long tube, surmonté d'un entonnoir à robinet, qu'on
fait plonger jusqu'au fond de l'éprouvette; de cette
manière, le mercure remplit l'éprouvette sans qu'il
reste de bulles d'air contre les parois. Quand les
tubes sont petits, on peut les remplir par immersion,
puis on frappe de manière à faire remonter les bulles
d'air, ou bien on frotte les parois avec une baguette.
Une fois le tube entièrement plein, on le bouche avec
le pouce et on le renverse sur la cuve à mercure.
On y introduit les gaz au moyen d'un tube abducteur communiquant soit avec l'appareil qui les dégage, soit avec un petit gazomètre à mercure ou à
eau contenant le gaz à analyser qu'on déplace par
une colonne de mercure ou d'eau. Quand le gaz se
trouve déjà dans une autre éprouvette, on le trans-
vase sous le mercure, en introduisant un petit entonnoir à l'orifice de l'éprouvette pleine de mercure
et tenue presque verticalement.

Quand le gaz est dans le tube gradué, on le laisse

14.

en repos pendant quelques instants, en maintenant le tube au moyen d'une pince fixée à un support; ensuite on procède à la lecture. Si l'on peut ramener au niveau du mercure de la cuve le niveau de la colonne intérieure, on le fait en tenant l'éprouvette avec une pince et en lisant le nombre de centimètres cubes occupés par le gaz. Si l'on ne peut faire coïncider les deux niveaux, on tiendra alors compte de la colonne de mercure $h$ au-dessus du niveau de la cuve, en laissant l'éprouvette reposer au fond de cette dernière et en mesurant cette colonne au moyen d'une règle graduée en millimètres. Quand on se sert d'un eudiomètre, la hauteur de la colonne est donnée par la différence entre le nombre de millimètres au niveau de la cuve et celui de l'extrémité de la colonne, puisque l'eudiomètre est gradué d'un côté à partir du haut.

Outre cette correction, on doit encore tenir compte de la pression barométrique H, de la température $t$, de la tension de la vapeur d'eau $f$ à cette température (si le gaz est humide). Le volume du gaz à 0° et à la pression de 760 millimètres sera donné par la formule :

$$V = \frac{v\,(H - h - f)}{(1 + 0,00366\,t)\,0,760}.$$

*Absorption des gaz.* — Cette opération se fait ordinairement au moyen d'un morceau ou d'une balle du réactif solide qu'on introduit dans le gaz au moyen d'un fil de platine; si le réactif est liquide, on humecte une balle de papier mâché ou de coke, qu'on introduit dans le mélange gazeux. Pour faire ces balles on coule la matière fondue dans un moule à balles à l'ouverture duquel on a mis un fil de platine; ou bien on fait avec le réactif en poudre et de l'eau une pâte épaisse, qu'on moule après y avoir introduit le fil de platine; on peut s'en servir après dessiccation.

*Combustion dans l'eudiomètre.* — Après avoir introduit dans l'eudiomètre le gaz à analyser, on y ajoute la quantité nécessaire d'oxygène ou d'hydrogène, suivant les cas, et l'on mesure exactement le volume total. Avant de faire passer l'étincelle, on fait osciller la colonne de mercure pour bien mélanger les gaz, ou bien on ferme avec le pouce l'extrémité de l'eudiomètre et l'on agite un peu. On prend un disque en caoutchouc dont on humecte la surface avec du bichlorure de mercure, on l'enfonce dans la cuve et on y presse fortement l'extrémité de l'eudiomètre, pendant qu'on maintient avec une pince; de cette manière, les bords du tube adhèrent fortement au caoutchouc, et il ne peut rentrer des bulles d'air après l'explosion. En général, l'eudiomètre ne doit pas être rempli plus qu'aux trois quarts. On met les deux fils d'une petite bobine en communication avec les deux fils de l'eudiomètre, on place devant une grande toile métallique, ou bien on recouvre le tube avec un linge, et c'est alors qu'on fait jaillir l'étincelle, en abaissant la tige d'une pile à bichromate de potasse. Dès que la détonation a eu lieu, on retire les fils, on soulève légèrement l'endiomètre pour faire rentrer le mercure, et on laisse refroidir pendant quelque temps. On mesure le gaz restant, et son volume retranché de celui qu'on avait avant la combustion donne la contraction. Si le gaz à analyser est un hydrocarbure ou de l'oxyde de carbone, il s'est formé un certain volume d'acide carbonique, qu'on mesure en l'absorbant dans l'eudiomètre même avec une balle de potasse.

Quelquefois il arrive que l'explosion n'a pas lieu, par suite de l'excès de l'un des gaz; dans ce cas, on introduit dans l'eudiomètre du gaz de la pile et l'on fait passer de nouveau l'étincelle.

Pour préparer le gaz de la pile, on prend un flacon à large col de 100 centimètres cubes environ, on y adapte un bouchon percé de trois trous; l'un des trous porte un tube abducteur capillaire, et chacun des deux autres un petit tube dans lequel passe un fil de platine auquel est attachée une lame du même métal. Les deux fils sont mis en communication avec deux à trois éléments de Bunsen, et, comme l'on a mis dans le flacon de l'eau acidulée d'acide sulfurique, il se dégage à la fois de l'hydrogène et de l'oxygène, dans les rapports voulus pour faire de l'eau. Si donc on recueille de ce gaz après avoir laissé échapper l'air de l'appareil, il brûlera dans l'eudiomètre *sans laisser de résidu*, et, par sa combustion, entraînera celle des autres gaz combustibles.

Les gaz que l'on rencontre le plus souvent dans les

analyses sont les suivants : azote, oxygène, acide carbonique, oxyde de carbone, hydrogène, hydrogène sulfuré, hydrogène protocarboné, hydrogène bicarboné, acide sulfureux, acide chlorhydrique.

On les divise d'abord en deux groupes suivant leur manière de se comporter avec la potasse :

1° *Gaz absorbables par la potasse :* acide carbonique, hydrogène sulfuré, acide sulfureux, acide chlorhydrique ;

2° *Gaz non absorbables par la potasse :* azote, oxygène, oxyde de carbone, hydrogène, hydrogène protocarboné, hydrogène bicarboné.

On les divise également en gaz combustibles et gaz non combustibles.

Parmi ceux du premier groupe, il n'y a que l'*hydrogène sulfuré* qui soit combustible.

Parmi ceux du second groupe les suivants sont combustibles : *oxyde de carbone, hydrogène, hydrogène protocarboné, hydrogène bicarboné.*

Voici quelles sont les réactions au moyen desquelles on arrive à distinguer et à doser ces différents gaz.

*Azote.* — Jusqu'à présent, on ne connaît aucun réactif capable d'absorber l'azote. On l'obtient toujours comme résidu à la fin d'une analyse quand on a absorbé les autres gaz. Il reste soit seul, soit mélangé d'un autre gaz, comme l'oxygène ou l'hydrogène, introduit en volume connu pour faire une combustion dans l'eudiomètre, ainsi que nous le verrons plus loin.

*Oxygène.* — Ce gaz peut se doser soit par absorption, soit en le faisant détoner avec de l'hydrogène.

On l'absorbe directement en introduisant dans le mélange gazeux soit du phosphore, soit de l'acide pyrogallique en dissolution dans la potasse.

Pour l'absorber avec le *phosphore*, on introduit un morceau de ce réactif attaché à un fil de platine, et on le laisse dans le gaz tant qu'il se produit des fumées d'acide phosphoreux; on retire le phosphore, on introduit un morceau de potasse pour enlever l'acide phosphoreux resté dans le mélange gazeux, puis, après avoir enlevé la potasse, on mesure le volume restant. Dans cette opération, l'éprouvette à gaz doit être exposée à une vive lumière, à une température de 15 à 20° environ, ou mieux au soleil. Si le gaz est très riche en oxygène ou contient des hydrogènes carbonés, l'absorption est très lente ou même nulle; dans ce cas, on emploie l'acide pyrogallique.

Avec l'*acide pyrogallique* en dissolution dans la potasse, l'absorption de l'oxygène est bien plus rapide. On introduit dans le gaz une balle de papier mâché imprégné de ce réactif, ou bien une balle de coke préalablement chauffée, puis trempée dans la dissolution alcaline concentrée. Quand le volume ne diminue plus, on retire la balle et on en introduit une autre, pour voir si l'opération est terminée.

Le dosage par détonation au moyen de l'*eudiomètre* est fondé sur ce fait que deux volumes d'hydrogène en brûlant avec un volume d'oxygène forment de l'eau, et que le *tiers* du volume disparu (contraction) représente la quantité d'oxygène.

On introduit le mélange gazeux dans un eudiomètre gradué; on y ajoute de 2 à 3 volumes (ne pas dépasser 8 volumes) d'hydrogène, suivant la richesse en oxygène du mélange, puis, après avoir mesuré exactement le volume total, on fait passer l'étincelle. Après détonation, on mesure le gaz restant, et le tiers du volume disparu représentera l'oxygène.

S'il existe dans le mélange gazeux des gaz combustibles, on dose alors l'oxygène avec l'acide pyrogallique.

Quand la détonation n'a pas lieu, par suite de la présence de beaucoup d'azote, ou parce qu'on a mis trop d'hydrogène, on ajoutera du gaz de la pile, et l'on fera passer de nouveau l'étincelle.

Dans le cas particulier de l'analyse de l'air, il suffit d'ajouter son volume d'hydrogène.

*Acide carbonique.* — Ce gaz se dose très simplement en l'absorbant au moyen d'un morceau de potasse un peu humide.

Dans un mélange d'*azote*, d'*oxygène* et d'*acide carbonique*, on absorbe d'abord l'acide carbonique et puis on dose l'oxygène.

*Oxyde de carbone.* — On dose ce gaz soit par absorption, soit au moyen de l'eudiomètre.

Pour le doser par *absorption*, on introduit dans le mélange gazeux une balle de papier mâché imprégné d'une dissolution concentrée de protochlorure de cuivre dans l'acide chlorhydrique. On retire la balle humectée de protochlorure de cuivre, on introduit un morceau de potasse pour enlever les vapeurs d'acide chlorhydrique, puis on mesure le volume restant. Dans un mélange d'*oxyde de carbone* avec les gaz précédents, on doit d'abord éliminer l'oxygène et l'acide carbonique.

Le dosage au moyen de l'*eudiomètre* se fait en introduisant un volume connu d'oxygène (il en faut 1/2 volume pour l'oxyde de carbone pur) et en faisant passer l'étincelle ; on ajoute au besoin du gaz de la pile. Le double du volume disparu représente la quantité d'oxyde de carbone, et, comme ce dernier en brûlant donne son volume d'acide carbonique, on pourra absorber ce dernier au moyen de la potasse.

*Hydrogène.* — On dose ordinairement ce gaz au moyen de l'eudiomètre. On introduit environ son volume d'oxygène (ne pas dépasser 3 volumes), et on fait passer l'étincelle : les deux tiers du volume disparu représentent l'hydrogène. Quand il y a en même temps de l'azote dans un rapport moindre que 6 : 1, on ajoute une certaine quantité d'air pour empêcher la formation de l'acide azotique ; s'il y a très peu d'hydrogène, on ajoutera du gaz de la pile.

En présence de *tous les gaz précédents*, on doit d'abord absorber l'oxygène, l'acide carbonique et l'oxyde de carbone.

*Hydrogène sulfuré.* — On absorbe ce gaz par la potasse, ou bien au moyen d'une balle de peroxyde de manganèse imprégnée d'acide phosphorique sirupeux. Ce dernier moyen doit être employé s'il y a en même temps de l'acide carbonique. On dessèche dans ce cas le gaz avec de l'acide phosphorique fondu placé au crochet d'un fil de platine.

*Hydrogène protocarboné* (gaz des marais $C^2H^4$). — On fait détoner ce gaz avec un excès d'oxygène (il faut 2 volumes d'oxygène pour 1 de gaz des marais), en ayant soin d'étendre avec 10 volumes d'air environ, à cause de la violence de la détonation. La contraction est de 2 volumes, dont la moitié représente le gaz des marais; il se forme une quantité d'acide carbonique égale au volume du gaz, et l'on absorbe ensuite l'acide carbonique au moyen de la potasse.

*Hydrogène bicarboné* (gaz oléfiant $C^4H^4$). — On détermine ce gaz soit par absorption, soit avec l'eudiomètre.

Par absorption, on emploie une balle de coke humectée d'acide sulfurique fumant; on renouvelle la balle jusqu'à ce que, retirée après quelque temps de séjour dans le gaz, elle répande encore des fumées au contact de l'air. On introduit ensuite une balle de potasse pour absorber l'acide sulfureux formé, ainsi que les vapeurs d'acide sulfurique.

En présence de *tous les gaz précédents*, on doit éliminer successivement l'hydrogène sulfuré, l'acide carbonique, l'hydrogène bicarboné et enfin l'oxygène.

Pour l'analyse eudiométrique, on ajoute un excès d'oxygène (le gaz oléfiant exige 3 volumes d'oxygène), puis on étend de 20 fois son volume d'air, à cause de la violence de la détonation. La contraction est de 2 volumes, dont la moitié représente la quantité de

gaz oléfiant; la quantité d'acide carbonique formé est
de 2 volumes; on absorbe ce dernier gaz par la
potasse.

*Acide sulfureux.* — On l'absorbe soit par la potasse,
s'il n'y a pas d'autre gaz absorbable par ce réactif,
soit par la balle d'oxyde de manganèse humectée
d'acide phosphorique, s'il y a aussi de l'acide carbonique.

*Acide chlorhydrique.* — S'il est le seul absorbable
par la potasse, on emploie ce réactif; autrement, on
l'absorbe au moyen du sulfate de soude cristallisé, ce
qui peut se faire en présence de l'acide sulfureux, de
l'hydrogène sulfuré et de l'acide carbonique. Ensuite
on absorbe successivement les trois autres gaz.

Quand pour faire une combustion on a un mélange
d'hydrogène et de gaz des marais, on peut au moyen
du calcul connaître les quantités respectives de ces
gaz, puisque par l'expérience on a la quantité A d'acide
carbonique formé, ainsi que la contraction C. Voici
les formules, dans lesquelles $x$ représente l'hydrogène et $y$ le gaz des marais :

$$x = \frac{2C - 4A}{3}, \qquad y = A.$$

S'il y a en même temps de l'azote, on aura son
volume par la formule :

$$z = V - \frac{2C - A}{3}.$$

Dans cette dernière formule, $z$ représente l'azote et V le volume des trois gaz.

On a de même des formules pour calculer indirectement les quantités de trois gaz combustibles.

## DENSITÉS DE VAPEURS

*Méthode de Dumas.* — On prend un ballon de verre de la capacité de 250 à 500 centimètres cubes, qu'on nettoie parfaitement à l'eau et à l'alcool, puis on le dessèche en le chauffant ou bien en y faisant le vide. Ensuite on étire à la lampe son col, tout près de la boule; on courbe la partie effilée sous un angle de 140° environ, et on la coupe à son extrémité. On laisse refroidir complètement le ballon et on le pèse, en ayant soin de noter la température de la balance ainsi que la hauteur du baromètre.

On chauffe un peu le ballon, puis on plonge son col dans le liquide sur lequel on doit opérer (on prend environ 6 à 8 grammes de matière); par refroidissement, le liquide entre dans le ballon. Si la substance est solide et fusible, on la fond préalablement, et l'on chauffe au besoin la partie effilée, pour que la matière ne s'y fige point.

La matière étant dans le ballon, on le plonge, au moyen d'un support à anneaux, dans un bain qui puisse être porté à une température de 40 à 50° au delà du point d'ébullition de la substance : un thermomètre fixé à côté du ballon indique la température. Suivant les circonstances, on emploie comme bain l'eau, une solution de chlorure de calcium, de l'huile, ou l'alliage fusible de Darcet. On chauffe graduellement, et, quand on est arrivé à la température d'ébullition de la matière, la vapeur s'échappe par la pointe effilée; quand ce dégagement cesse, on règle la température de manière qu'elle s'élève lentement jusqu'au degré voulu. A ce moment, on fait en sorte que la température soit constante pendant quelque temps, et c'est alors qu'on ferme à la lampe l'extrémité effilée, en ayant soin de la chauffer d'abord un peu s'il s'y est condensé un peu de liquide. On note de suite la température du bain et la pression baromé-trique.

Le ballon est nettoyé, puis on le laisse refroidir complètement et on le pèse. Si la vapeur est plus dense que l'air, il pèsera plus, sinon moins.

On plonge dans le mercure la partie effilée, on la casse avec une pince, et, si tout l'air a été chassé, le mercure remplira entièrement le ballon; autrement, il restera une bulle d'air. On verse le mercure du ballon dans une éprouvette graduée, et l'on aura ainsi sa capacité. S'il était resté de l'air, on remplira en-tièrement le ballon avec de l'eau, et la différence entre ce dernier volume et le premier donnera la quantité d'air.

On a maintenant les données suivantes, qui servi-ront au calcul de la densité de vapeur :

$t$, température de la balance.

$H$, hauteur du baromètre avant l'expérience.

$T$, température du bain à la fin de l'opération.

H', hauteur barométrique à la fin de l'expérience.

E, augmentation de poids du ballon plein de vapeur.

V, volume du ballon d'après le mercure introduit.

$v$, volume de l'air resté.

Comme on a déterminé la capacité V du ballon, il sera facile d'avoir le poids de l'air qu'il contenait quand on l'a pesé à une température $t$ et à une pression H. Ce poids $p$ est donné par la formule :

$$p = \frac{0^{gr},001293 \times V \times H}{(1 + 0,00366\,t)\,760}.$$

On aura le poids P de la vapeur en ajoutant à l'augmentation E du poids du ballon plein de vapeur le poids $p$ de l'air que contenait le ballon. Si tout l'air du ballon n'a pas été chassé par la vapeur, on calculera le poids $p'$ du volume $v$ resté dans le ballon à la température et pression où il a été mesuré suivant la même formule que précédemment. Ce poids $p'$ devra être retranché du poids P de la vapeur.

Pour ramener à 0° et à 760 le volume de la vapeur, il faut tenir compte de la dilatation du verre pour savoir quel était le volume du ballon quand on l'a fermé. k étant le coefficient de la dilatation cubique du verre d'après Regnault, et T étant la température du thermomètre à air correspondant à celle du thermomètre à mercure, on aura pour le volume V' du ballon au moment de la fermeture :

$$V' = V(1 + kT),$$

et pour celui du volume d'air resté, à la même température :

$$v' = v(1 + 0,00366\, T)\ \frac{\text{II}'}{\text{II}}.$$

En retranchant $v'$ de $V'$, on aura le volume de la vapeur à cette température. Son volume à 0° et 760 millimètres sera :

$$\frac{(V' - v')\text{II}'}{(1 + 0,00366\, T)\, 760}.$$

En multipliant ce volume par 0 gr. 001298, poids d'un centimètre cube d'air, on aura le poids d'un volume égal d'air. Donc, pour avoir la densité de la vapeur, il suffira de diviser le poids P de la vapeur par le poids du volume d'air égal à celui de la vapeur.

*Appareil de Meyer.* — Cet appareil est un des plus simples et des plus commodes.

Le principe sur lequel repose cette méthode est le suivant : on place dans l'appareil, déjà chauffé à une certaine température, le corps dont on veut avoir la densité de vapeur, et l'on mesure le volume d'air déplacé par un volume égal de vapeur. L'appareil consiste en un cylindre en verre de la capacité de 100 centimètres cubes environ, long de 20 à 25 centimètres, auquel on a soudé un tube étroit ayant environ 70 centimètres ; au tiers supérieur de ce tube on a soudé un tube à dégagement capillaire. Le cylindre et une partie du tube sont chauffés soit dans la vapeur d'eau ou de tout autre liquide, au moyen d'un manchon en verre dans lequel circule cette vapeur, soit dans la vapeur de soufre au moyen d'un appareil en fer spécial, soit dans un bain de plomb.

On commence par placer au fond du cylindre un peu d'amiante, pour amortir le choc du tube plein de la matière qu'on doit y jeter, puis on bouche le long tube avec un petit bouchon en caoutchouc; le tube de dégagement plonge dans une terrine pleine d'eau. Quand l'appareil est chauffé à la température voulue et qu'il ne se dégage plus de bulles par suite de la dilatation de l'air, on place sur le tube abducteur une éprouvette graduée de 50 ou 100 centimètres cubes, et on introduit rapidement dans le tube une ampoule tarée contenant la matière sur laquelle on doit opérer; cette quantité varie entre 100 et 150 milligrammes au plus. Au bout de quelques instants, la matière se réduit en vapeur et déplace un même volume d'air qui se rend dans l'éprouvette. Quand tout dégagement a cessé, on mesure cet air en faisant toutes les corrections de température et de pression. Le volume est donné par la formule :

$$\frac{V\,(H - f)}{(1 + 0,00366\,t)\,760}.$$

En multipliant ce volume par 0 gr. 00129, poids d'un centimètre cube d'air, on aura son poids, et en divisant le poids de la vapeur (qui est celui de la matière employée) par le poids de ce volume d'air on aura la densité de vapeur cherchée.

Il est bon de répéter l'expérience, parce que, si tout l'air n'avait pas été déplacé par la vapeur, on aurait une densité trop forte.

# CHAPITRE V

La plupart des matières organiques sont composées de *carbone, hydrogène* et *oxygène;* quelques-unes ne contiennent que du *carbone* et de l'*hydrogène;* d'autres contiennent en plus de l'*azote,* et plus rarement du *soufre* ou du *phosphore.* Enfin, dans les substances artificielles, on pourra trouver du chlore, du brome, de l'iode, ainsi que des métaux.

*Recherche de l'azote.* — La matière est chauffée dans un tube avec de la chaux sodée, qui transforme l'azote en ammoniaque, reconnaissable à son odeur. Les matières organiques renfermant des composés oxydés de l'azote ne donnent pas cette réaction. On reconnaît la présence de l'azote par la déflagration qu'elles produisent lorsqu'on les chauffe dans un tube, et par le dégagement de vapeurs rutilantes.

*Recherche du soufre.* — La matière est chauffée dans un tube avec un mélange de chlorate de potasse et de carbonate de soude, ou bien de nitre et de carbonate de soude. Le soufre est transformé en acide sulfurique, qu'on reconnaît au moyen du chlorure de baryum, dans la solution de la masse calcinée acidifiée par l'acide chlorhydrique. Les substances liquides sont traitées par l'acide azotique fumant, qui transforme le soufre en acide sulfurique. ·

*Recherche du phosphore.* — En traitant la matière, comme pour la recherche du soufre, par fusion avec le carbonate de soude et le chlorate de potasse, il se forme de l'acide phosphorique. On le reconnaît, au moyen du sulfate de magnésie additionné de chlorure ammonique (mixture magnésienne), dans la solution de la matière calcinée, acidifiée par l'acide chlorhydrique et sursaturée par l'ammoniaque.

*Recherche du chlore, brome, iode.* — On calcine la matière, dans un tube, avec de la chaux pure; on dissout la masse dans de l'acide azotique étendu, et dans cette liqueur on recherche le chlore, le brome, l'iode, par les moyens usuels (précipitation par l'azotate d'argent, etc.).

*Recherche des matières minérales.* — Excepté le cas de corps volatils, comme l'arsenic, toute matière organique contenant une matière minérale laissera un résidu quand on la calcinera ou qu'on l'incinérera sur une lame de platine ou dans un creuset de porcelaine. Il ne restera plus qu'à rechercher la nature du résidu par les moyens ordinaires.

Le *carbone*, l'*hydrogène* et l'*azote* peuvent se doser directement, tandis que l'*oxygène* se dose toujours par différence.

Le mode d'analyse employé est tel qu'on dose toujours le *carbone* et l'*hydrogène,* à la fois, dans la même opération, tandis que l'*azote* se dose séparément.

**Dosage du carbone et de l'hydrogène.** — Il est fondé sur le principe suivant :

Tout composé contenant du carbone et de l'hydrogène avec ou sans oxygène est transformé en *acide carbonique* et en *eau* quand on le chauffe dans un tube avec de l'*oxyde de cuivre,* du *chromate de plomb,* ou un autre corps capable d'oxyder facilement ces éléments. C'est l'oxyde de cuivre qu'on emploie ordinairement.

L'acide carbonique et l'eau sont absorbés, le premier par une lessive de potasse, et le second par du chlorure de calcium ; les appareils conténant ces réactifs absorbants étant pesés avant et après l'opération, l'augmentation de poids donne les éléments nécessaires pour le calcul du carbone et de l'hydrogène.

*Manière d'opérer.* — On prend de l'oxyde noir de cuivre pur (préférablement celui obtenu en grillant de la tournure de cuivre, parce qu'il attire moins l'humidité), on le calcine au rouge dans un creuset en terre, et on le laisse refroidir jusqu'à ce qu'il soit tiède. Comme tube à combustion, on prend un long tube en verre vert, peu fusible, ayant de 12 à 15 millimètres à l'intérieur, et on le ramollit à la lampe d'émailleur, à son milieu, de sorte qu'en l'étirant on aie à la fois deux tubes de 60 centimètres de longueur ;

pendant qu'on étire, on incline chaque tube pour que
l'effilure du bout fasse un angle d'environ 45° avec le
corps du tube. La partie ouverte du tube doit être
légèrement arrondie à la lampe, pour ne pas déchirer
le bouchon en liège qu'on devra y introduire. Au
moyen d'une main en laiton ou d'un entonnoir, on
verse à une ou deux reprises un peu d'oxyde de
cuivre encore chaud dans le tube, on le bouche et
l'on secoue pour enlever les dernières traces d'humidité ; cet oxyde est mis à part.

On met alors dans le tube environ trois doigts
d'oxyde de cuivre ; par-dessus, on verse le mélange
de matière solide à analyser et d'oxyde de cuivre,
jusqu'à la moitié du tube environ. Ce mélange se fait
soit dans un mortier bien sec, soit dans la main en
laiton, où l'on mêle avec une spatule. On remet de
l'oxyde de cuivre dans le mortier ou sur la main en
laiton, pour enlever les dernières traces de matière
qui pourrait y rester, et on finit de remplir le tube
avec de l'oxyde de cuivre jusqu'à deux à trois doigts
du bout. On frappe ensuite le tube à plat sur la table,
de manière à ménager dans toute sa longueur une
rigole contre la paroi supérieure, et en même temps
pour vider la partie effilée ; de cette manière, le tube
à combustion ne risque pas de se boucher pendant
le cours de l'opération. On place un tampon d'amiante
à l'extrémité de la colonne d'oxyde de cuivre, afin
d'empêcher l'entraînement d'un peu d'oxyde dans le
tube à chlorure de calcium dont il va être question.

On prend un tube en U, assez léger, auquel on adapte deux tubes à angle droit, au moyen de bons bouchons en liège ou en caoutchouc; ce tube est rempli de chlorure de calcium desséché, et, à l'extrémité de chaque branche, on met un tampon de coton. Par-dessus le coton de l'une des branches il est bon de placer un tube très court, fermé par un bout, qui sert à retenir une grande partie de l'eau dégagée pendant la combustion. De cette manière, l'on n'a pas besoin de renouveler si souvent le chlorure de calcium, puisqu'il suffit de vider de temps à autre le petit tube. Au tube coudé qui se trouve du côté du petit réservoir, on adapte un bon bouchon en liège qui doit faire communiquer le tube en U avec le tube à combustion.

Pour absorber l'acide carbonique, on se sert d'un tube à boules de Liebig, contenant une solution concentrée de potasse (une partie de potasse dans deux parties d'eau). Il faut mettre assez de liquide pour que, en soufflant par une des extrémités, la grosse boule opposée ne se remplisse qu'aux trois quarts. Comme il pourrait s'échapper un peu d'acide carbonique si l'opération marchait trop vite, on prend soit un tube en U, soit un tube très court portant une boule vers le tiers de sa longueur et effilé près de la boule; l'autre extrémité est fermée par un bouchon portant un petit tube qu'on relie au moyen d'un caoutchouc avec le tube à boules. Ces appareils sont remplis de potasse en morceaux.

Il est bien entendu que tous ces tubes sont tarés

avec soin avant de commencer la combustion; on les suspend au moyen de fils de platine.

Le tube à combustion est enveloppé de feuilles de clinquant ou mieux placé dans une double rigole en fer qui lui sert de fourreau, afin d'empêcher que le tube ne se déforme trop par l'action de la chaleur. On le place sur une grille en tôle qu'on chauffe avec des charbons, ou bien sur une grille à combustion à gaz. On commence par adapter l'appareil à chlorure de calcium, en ayant soin de bien fermer le bouchon; à la suite du tube à chlorure de calcium, on place le tube à boule contenant la potasse, et en dernier le tube appendice rempli de potasse en morceaux; tous ces appareils sont reliés entre eux avec de bons tubes en caoutchouc qu'on a soin de lier avec des cordonnets de soie.

Avant de commencer la combustion, il faut s'assurer que l'appareil ferme bien. Pour cela, on prend un charbon incandescent qu'on approche de la boule du tube de Liebig qui communique avec le tube à chlorure de calcium et par conséquent avec l'intérieur du tube à combustion : l'air étant dilaté dans cette boule, une partie sort de l'appareil en traversant le liquide du tube à potasse. Quand on a fait sortir quelques bulles, on laisse refroidir, et, si l'appareil ferme parfaitement, le niveau du liquide contenu dans la boule qu'on a chauffée doit rester plus élevé que celui de l'autre boule. Si cela n'a pas lieu, il faudra vérifier la fermeture des bouchons.

Pour faire la combustion, on commence par chauffer

la partie antérieure du tube, contenant de l'oxyde de cuivre seul, sur une longueur de 6 à 8 centimètres, en ayant soin de placer un écran pour garantir le bouchon, qui doit se trouver hors de la grille d'environ 3 centimètres. On place un autre écran à la limite de la partie chauffée, et, quand cette partie est au rouge, on recule peu à peu l'écran de quelques centimètres, et l'on chauffe plus loin, jusqu'à ce qu'on arrive à la partie qui contient le mélange d'oxyde de cuivre et de matière. A partir de ce point, on doit avancer avec précaution, pour ne pas décomposer trop brusquement la matière ; pour cela, on doit se guider sur le barbotement des bulles dans le tube à boule ; chaque bulle doit battre la seconde si la chaleur est bien conduite. Quand on est arrivé à l'extrémité effilée du tube et qu'il ne se dégage plus de gaz, quoique toute la colonne d'oxyde de cuivre soit bien rouge, on enlève quelques charbons à cette extrémité ou bien l'on éteint le gaz à cet endroit. Bientôt on verra le niveau de la potasse baisser dans la boule qu'elle remplissait et monter rapidement dans celle qui communique avec le tube à chlorure de calcium. Après cela, on casse l'extrémité effilée, avec une pince plate, et le niveau doit se rétablir dans les deux boules. Si tous ces changements de niveau n'ont pas lieu, c'est que le tube est obstrué à l'intérieur par l'action d'une chaleur trop forte.

Comme il reste encore un peu d'acide carbonique dans l'intérieur du tube, on devra aspirer à l'extrémité du second appareil à potasse, en y adaptant un caoutchouc qui communique avec un aspirateur. Pour éviter la rentrée de l'humidité et de l'acide carbonique de l'air, on adapte à la partie effilée du tube à combustion un tube en U, assez grand, dont l'une des branches contient de la potasse, et l'autre du chlorure de calcium. Une combustion dure en général environ trois quarts d'heure.

Les substances peu riches en carbone et surtout volatiles peuvent seules être brûlées d'une manière complète par ce moyen; mais, si elles sont riches en carbone, on pourra avoir plusieurs centièmes de carbone en moins. Il est donc prudent, dans tous les cas, de finir la combustion en faisant passer un courant d'oxygène pur et sec, au lieu d'un courant d'air. L'oxygène est contenu dans un gazomètre, ou bien on le dégage à mesure au moyen du chlorate de potasse préalablement fondu ; quand l'oxygène a passé quelque temps, il doit rallumer une allumette incandescente à sa sortie du dernier appareil.

Le tube à combustion doit être légèrement incliné du côté du tube en U, afin que l'eau qui se condense dans la partie coudée ne retombe point dans le tube. L'extrémité portant le bouchon ne doit jamais être assez chaude pour qu'on ne puisse la toucher avec les doigts. Si vers la fin on y voyait un peu d'eau, il suffira d'en approcher un charbon pour la faire passer dans le tube à chlorure de calcium.

Quand tout est terminé, on détache chaque appareil et on le pèse. Le tube à chlorure de calcium doit être pesé sans le bouchon qui le joignait au tube à combustion et les autres appareils sans les tubes en caoutchouc.

L'augmentation de poids du tube à chlorure de calcium donne l'*eau*; il suffira de multiplier cette quantité par **11,11** pour avoir l'*hydrogène*.

L'excédant de poids des tubes à potasse donne l'*acide carbonique*; en multipliant ce poids par **27,27**, on aura le *carbone*.

Ordinairement, on obtient de 1 à 2 millièmes d'*hydrogène* en *plus*, parce qu'il est difficile d'éviter l'introduction d'un peu d'humidité; quelquefois cette augmentation peut provenir d'un entraînement de matière volatile non brûlée. Quant au *carbone*, on l'obtient presque toujours en moins (1 ou 2 millièmes).

Si la matière à analyser est *liquide* et peu volatile, on la place dans un petit tube, dans lequel elle est pesée, et ce tube est placé dans le tube à combustion à l'endroit ordinaire, et entouré d'oxyde de cuivre.

Si la matière est liquide et très volatile comme l'éther, on la place dans une ampoule en verre mince qu'on ferme à la lampe avant de la peser. Au moment de l'introduire dans le tube, on fait un trait avec une lime à la partie effilée et on la casse.

S'il s'agit d'un corps gazeux, on le fera arriver par l'extrémité effilée du tube à combustion, ce dernier étant au rouge dans toute sa longueur. En général, pour les corps liquides très volatils, il faut employer des tubes plus longs, jusqu'à 70 ou 80 centimètres.

Quand la matière à analyser contient de l'*azote* et

qu'on veut y doser le carbone et l'hydrogène, on aura soin de prendre un tube plus long de 15 centimètres environ et d'y placer en avant une colonne de tournure de cuivre ayant 10 centimètres, pour éviter le dégagement de vapeurs nitreuses.

Si la substance renferme du *soufre*, il faut faire la combustion avec du *chromate de plomb* (préalablement calciné dans une capsule de porcelaine) dans un tube ayant 70 à 80 centimètres de long. On doit ne porter qu'au rouge faible la partie antérieure du tube, sur une longueur de 15 à 20 centimètres : l'oxyde de plomb retient tout l'acide sulfureux qui se dégage et l'empêche de passer avec l'acide carbonique dans le tube à boule contenant la potasse. Si la matière renferme du *chlore*, du *brome* ou de l'*iode*, on doit faire la combustion avec le chromate de plomb : le plomb retient tout le chlore. Avec l'oxyde de cuivre, il se volatiliserait du chlorure, bromure, etc., de cuivre, qui se rendrait dans le tube à chlorure de calcium.

**Dosage de l'azote.** — Deux procédés sont en usage : dans l'un, on dose l'azote à l'*état gazeux* en mesurant son volume ; dans l'autre, on le transforme en *ammoniaque*, que l'on dose par les liqueurs titrées.

*Dosage à l'état gazeux.* — On prend un tube à combustion ayant de 70 à 80 centimètres de longueur, que l'on ferme à l'un des bouts. On y introduit d'abord une couche de bicarbonate de soude sec, sur une longueur de 10 à 12 centimètres ; ensuite on ajoute 4 à 5 centimètres d'oxyde de cuivre et puis le mélange de matière et d'oxyde de cuivre, comme d'ordinaire ; enfin on finit de remplir le tube avec une colonne de 15 centimètres de tournure de cuivre. Au moyen d'un bouchon en liège, on adapte au tube à combustion un tube abducteur, que l'on fait plonger dans une cuve à mercure, après avoir placé l'appareil sur la grille à combustion.

On commence par chauffer le bicarbonate de soude sur la moitié de sa longueur, à l'extrémité du tube, afin de balayer tout l'air intérieur par un courant d'acide carbonique; quand il s'est dégagé assez de gaz, on en recueille un peu dans une éprouvette con-tenant une dissolution de potasse, et, s'il ne reste plus d'air, tout doit être absorbé. On prend alors une éprouvette de 250 centimètres cubes graduée en cen-·timètres, qu'on remplit aux deux tiers de mercure et puis avec une lessive de potasse; on la ferme avec un disque en verre dépoli et on la renverse sur le mercure au-dessus du tube abducteur.

Tout étant prêt pour la combustion, on chauffe comme il a été indiqué pour le dosage du carbone et de l'hydrogène : l'acide carbonique et l'azote se rendent dans la cloche, où la potasse retient l'acide car-bonique. Quand le volume gazeux n'augmente plus, on chauffe le reste du bicarbonate de soude, afin d'entraîner l'azote resté dans le tube. Il ne reste plus qu'à mesurer exactement le volume d'azote, en tenant compte de la température, de la pression et de la tension de la vapeur d'eau ; le volume du gaz à 0° sert à calculer son poids. Pour avoir rapidement le volume du gaz, on transporte l'éprouvette, au moyen d'une capsule pleine de mercure, dans un vase contenant de l'eau; on laisse tomber le mercure et l'on enfonce l'éprouvette jusqu'à ce que le niveau intérieur soit le même que le niveau extérieur; on fait ensuite les corrections nécessaires. La quantité de matière à employer est de 0 gr. 500, ou plus si la matière contient peu d'azote. On peut enlever l'air intérieur en faisant arriver un courant d'acide carbonique pur par l'extrémité du tube, qu'on effile comme d'ordinaire et qu'on fait communiquer, au moyen d'un tube en caoutchouc, avec la source d'acide carbonique. En plaçant dans le tube en caoutchouc un tube en verre plein, de diamètre suffisant pour ne pas empêcher le passage du gaz, il suffira de serrer le caoutchouc avec un cordon pour fermer complètement pendant la combustion; on ouvrira de nouveau à la fin de l'opération, pour faire passer encore l'acide carbonique. On enlève également l'air intérieur, au moyen d'une pompe pneumatique, en disposant l'appareil d'une manière particulière.

*Dosage à l'état d'ammoniaque.* — Pour transformer en ammoniaque l'azote des matières organiques, on les chauffe avec de la chaux sodée. Ce dosage ne peut s'appliquer aux composés d'acide azotique ou hypoazotique et autres analogues.

On prend un tube à combustion ayant 40 centimètres de longueur et effilé à son extrémité, comme pour les analyses organiques ordinaires; on adapte à ce tube un appareil à boules de Will, au moyen d'un bouchon en liège; ce tube doit contenir un volume connu (10 ou 20 centimètres cubes) d'acide sulfurique titré destiné à absorber l'ammoniaque.

On commence par chauffer de la chaux sodée dans une capsule en fer ou un creuset, afin de la dessécher. On remplit à moitié le tube à combustion avec la chaux sodée pulvérisée, on verse cette quantité dans un mortier et on la mélange avec la matière à analyser. Au fond du tube, on met deux ou trois doigts de chaux sodée pure, puis on ajoute le mélange avec la matière, et on finit de remplir avec de la chaux sodée jusqu'à 5 centimètres de l'ouverture. Pour empêcher la projection de la chaux dans le tube à boules, on met à l'extrémité de la colonne un tampon d'amiante préalablement calcinée. On adapte le tube à boules et l'on place le tube à combustion sur la grille. Après s'être assuré que l'appareil ferme bien, en faisant échapper un peu de l'air intérieur, pour voir s'il reste une différence de niveau dans les deux boules, on procède à la combustion à la manière ordinaire. Avec les composés très azotés, il est bon d'ajouter au mélange de la matière le poids de celle-ci en sucre candi, dont la décomposition donne assez de gaz pour empêcher une absorption brusque du liquide de l'appareil à boules.

Quand il ne se dégage plus de gaz, on casse la pointe effilée et l'on aspire par le tube à boules, afin de condenser l'ammoniaque restée dans le tube.

Pour les sels ammoniacaux, le mélange doit se faire

dans le tube même, pour éviter la perte d'ammoniaque; cependant il est préférable de doser l'ammoniaque comme il a été indiqué n° 138.

On verse l'acide sulfurique de l'appareil à boules
dans un verre, on le lave avec de l'eau et on détermine à la manière ordinaire l'abaissement du titre,
pour pouvoir calculer la quantité d'azotate (voir n° 138).

**Dosage du soufre.** — On introduit dans un tube à
combustion une couche d'un mélange de carbonate de
soude sec et de chlorate de potasse (1 partie de chlorate et 8 parties de carbonate), puis, par-dessus, le mélange de la matière avec ces deux sels; on finit de
remplir le tube avec le même mélange. On a soin de
ménager un espace vide contre la paroi supérieure
en frappant le tube à plat. On chauffe d'abord la partie
antérieure du tube, et on avance peu à peu vers le
mélange de la matière. Si la substance est très riche
en carbone, il est bon de mettre à l'extrémité du tube
un peu de chlorate de potasse, qui par sa décomposition achève l'oxydation du soufre et du carbone.
Quand l'opération est finie, on dissout le contenu du
tube dans l'eau, on acidifie par l'acide chlorhydrique
et on évapore à sec pour éliminer un peu de silice. On
reprend par l'eau acidulée, on filtre, et on précipite
l'acide sulfurique au moyen du chlorure de baryum.
Le poids du sulfate de baryte sert à calculer le soufre.

Quand la matière est liquide, on la pèse dans une
ampoule de verre qu'on glisse dans le tube à combustion.

**Dosage du phosphore.** — On opère comme pour le

cas du soufre : le phosphore est transformé en acide phosphorique. On dissout dans l'eau le résidu de la calcination, on acidifie par l'acide chlorhydrique, on ajoute un excès d'ammoniaque, puis la mixture magnésienne, qui précipite du phosphate ammoniaco-magnésien (voir au dosage de l'acide phosphorique). Du poids obtenu on déduit la quantité de phosphore.

**Dosage du chlore, du brome ou de l'iode.** — La matière est mélangée avec de la *chaux* pure ou de la *chaux sodée* et chauffée dans un tube à combustion de 30 à 40 centimètres de longueur, en procédant pour le mélange comme il a été dit dans le cas du soufre. On dissout la matière calcinée dans l'eau, on acidifie par l'acide azotique et on précipite par l'azotate d'argent. Dans le cas de l'iode, on doit ajouter à la liqueur azotique un peu d'acide sulfureux avant de précipiter par l'azotate d'argent. Le poids du sel d'argent sert à calculer la quantité de chlore, brome ou iode.

# CHAPITRE VI

Soit pour premier exemple le dosage de l'acide sulfurique à l'état de sulfate de baryte $BaO,SO^3$; on a pesé 1 gr. 200 d'un sulfate et on a obtenu un poids de sulfate de baryte = 1 gr. 800. On veut savoir combien d'acide sulfurique $SO^3$ correspond à cette quantité. Comme la formule du sulfate de baryte est $BaO,SO^3$, on n'aura qu'à poser la proportion :

$$BaO,SO^3 : SO^3 :: 1^{gr},800 : x.$$

Or, en cherchant dans la table des équivalents les nombres correspondants à ces formules, on trouve :

$$
\begin{aligned}
Ba &= 68,5 \\
O &= 8 \\
S &= 16 \\
O^3 &= \underline{24} \left. \right\} 40 \\
&\ \ 116,5
\end{aligned}
$$

On posera donc dans la première proportion, au lieu de $BaO,SO^3$ et $SO^3$, leur valeur en *poids*, et l'on aura :

$$116,5 : 40 :: 1^{gr},800 : x,$$

d'où
$$x = 0,618.$$

Connaissant la quantité d'acide sulfurique $x$ contenue dans 1 gr. 200 de matière, il sera facile de calculer la quantité pour cent au moyen de la proportion :

$$1^{gr},200 : 0,618 :: 100 : x, \qquad \text{d'où } x = 51,5.$$

Soit pour second exemple l'analyse du chromate de potasse. On a dosé le chrome à l'état de sesquioxyde $Cr^2O^3$, dont on a obtenu un poids $= 0,511$ sur 1 gr. 300 de matière. On veut connaître la quantité d'acide chromique $CrO^3$ qui correspond au poids de sesqui-oxyde de chrome obtenu dans l'analyse. La formule de ce composé étant $Cr^2O^3$, on posera :

$$Cr^2O^3 : 2CrO^3 :: 0,511 : x.$$

En cherchant dans la table des équivalents les nombres correspondants à ces formules, on trouve :

$$
\begin{array}{ll}
\begin{array}{ll}
Cr^3 = & 52,4 \\
O^3 = & \underline{24} \\
& 76,4
\end{array}
&
\begin{array}{ll}
2Cr = & 52,4 \\
2O^3 = & \underline{48} \\
& 100,4
\end{array}
\end{array}
$$

On posera donc pour la première proportion :

$$76,4 : 100,4 :: 0,511 : x, \qquad \text{d'où } x = 0,671.$$

Pour avoir la quantité pour cent, il suffira de poser :

$$1^{gr},300 : 0,671 :: 100 : x, \qquad \text{d'où } x = 51,6.$$

Comme troisième exemple, supposons qu'on ait dosé à l'état de chlorure la potasse contenue dans ce même chromate de potasse de l'exemple précédent, et qu'on ait obtenu 0 gr. 990 de chlorure. On veut connaître la quantité de potasse correspondante; sa formule est KO et celle du chlorure KCl. On posera donc :

$$KCl : KO :: 0{,}990 : x,$$

Et comme on trouvera dans la table des équivalents :

| | | | | |
|---|---|---|---|---|
| K = | 39 | | K = | 39 |
| Cl = | 35.5 | | O = | 8 |
| | 74,5 | | | 47 |

on posera :

$$74{,}5 : 47 :: 0{,}990 : x, \quad x = 0{,}625,$$

Et pour avoir la quantité pour cent :

$$1^{er}{,}300 : 0{,}625 :: 100 : x, \quad x = 47{,}6$$

On aura donc obtenu pour l'analyse complète du chromate de potasse :

| | |
|---|---|
| Acide chromique....... | 51,6 |
| Potasse............... | 47.6 |
| | 99,2 |

Si nous voulons maintenant, des nombres obtenus par cette analyse, remonter à la formule du sel qu'on a analysé, il suffira de calculer les quantités d'oxygène de l'acide chromique et de la potasse, et de chercher leur rapport.

La formule de l'acide chromique étant $CrO^3$, on sait qu'il contient 3 équivalents d'oxygène; on sait de même que la potasse KO renferme 1 équivalent d'oxygène; d'après cela, on calculera l'oxygène contenu dans l'acide chromique et dans la potasse du sel analysé :

$$Cr = 26,2$$
$$O^3 = \underline{24}$$
$$50,2$$
$$50,2 : 24 :: 51,6 : x = 24,6$$

$$K = 39$$
$$O = \underline{8}$$
$$47$$
$$47 : 8 :: 47,6 : x = 8,1$$

On aura donc pour les quantités d'oxygène du sel analysé :

|  | | Oxygène. | Rapport. |
|---|---|---|---|
| Acide chromique.... | 51,6 | 24,6 | 3 |
| Potasse............. | 47,6 | 8,1 | 1 |
|  | | 99,2 | |

Les rapports 3 : 1 étant ceux du chromate neutre de potasse, la formule sera $KO,CrO^3$.

Voici maintenant un exemple qui montre comment on établit la formule d'un composé dans lequel il existe des corps isomorphes. On trouve pour l'analyse d'un *grenat* les nombres suivants, en face desquels on a mis la quantité d'oxygène :

|  | | Oxygène. | |
|---|---|---|---|
| Silice.............. | 38,61 | 20,06 | |
| Alumine.......... | 16,65 | 7,27 | } 9,52 |
| Oxyde ferrique..... | 7,33 | 2,25 | |
| Chaux............. | 28,89 | 8,11 | |
| Oxyde ferreux..... | 6,35 | 1,44 | } 10,04. |
| Oxyde manganeux. | 2,17 | 0,49 | |

On a additionné à part l'oxygène des sesquioxydes et celui des protoxydes; en les comparant entre eux, on voit qu'ils sont sensiblement dans des rapports égaux, tandis que l'oxygène de la silice est le double de celui des sesquioxydes ou des protoxydes. On a donc pour ces rapports : 2 : 1 : 1, et la formule de ce grenat sera :

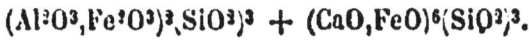

$$(Al^2O^3, Fe^2O^3)^3, SiO^3)^3 + (CaO, FeO)^6(SiO^2)^3.$$

Si le corps dont on cherche la formule n'est pas un composé oxydé, mais un sulfure, un chlorure, on obtiendra sa formule en *divisant* la quantité trouvée pour chaque corps par son équivalent respectif.

Exemple : sulfure de fer (pyrite).

L'analyse a donné :

| | |
|---|---|
| Soufre............ | 53,42 |
| Fer............... | 46,20 |
| | 99,62 |

En divisant par l'équivalent, on a :

$$\frac{53,42}{16} = 3,33, \qquad \frac{46,20}{28} = 1,65.$$

Ces nombres sont dans le rapport 2 : 1; par conséquent, la formule sera FeS².

Pour les composés organiques en général, même pour ceux qui contiennent de l'*oxygène*, on divise également chaque nombre trouvé par l'équivalent. Exemple : éther.

L'analyse a donné :

| | |
|---|---|
| Carbone.............. | 64,1 |
| Hydrogène............ | 13,8 |
| Oxygène ............. | 22,1 |
| | 100,0 |

$$\frac{64,1}{6} = 10,6, \qquad \frac{13,8}{1} = 13,8, \qquad \frac{22,1}{8} \ 2,7,$$

Ces nombres sont dans les rapports de 4 : 5 : 1, la formule sera C⁴H⁵O ou bien un multiple de cette formule, et cela en se fondant sur des considérations d'un autre ordre, comme la densité de vapeur, etc.

En général, pour déterminer l'équivalent des matières organiques, on emploie un des moyens suivants :

Si la substance est un acide, on la combine avec un oxyde comme l'oxyde d'argent, de plomb ou de baryum, de manière à former un sel neutre; si c'est une base, on la combine à un acide, comme l'acide sulfurique, chlorhydrique. Pour déterminer l'équivalent, on dose ensuite la quantité d'oxyde ou l'acide combiné à la matière organique. Pour d'autres substances, il suffit de prendre la densité de vapeur. Cette détermination présente en outre l'avantage de pouvoir contrôler les résultats de l'analyse, en voyant si la densité trouvée correspond à la densité calculée d'après la formule.

Enfin, dans bien des cas, on n'arrive à connaître l'équivalent que par des transformations qu'on fait subir à la matière organique, au moyen de certains agents chimiques et en étudiant les différents modes de décomposition ou de substitution.

*Analyses indirectes.* — Quand, au lieu de faire une séparation directe de plusieurs corps, on les transforme de telle sorte que l'on peut obtenir par le calcul les divers éléments qu'ils renferment, c'est là ce qu'on appelle une analyse indirecte. Par exemple, dans un mélange de chlorure et de bromure, on veut connaitre la quantité de chlore et de brome. On préci-

pite par l'azotate d'argent et l'on pèse le mélange P de
chlorure et de bromure d'argent; si l'on y fait passer
un courant de chlore le brome sera chassé et l'on aura
seulement du chlorure d'argent, $p$, que l'on pèsera.
La différence P-$p$ entre ces deux poids n'étant que la
différence entre le poids du bromure d'argent existant
dans le mélange et celui du chlorure d'argent dans
lequel il a été transformé, on raisonnera de la manière
suivante. La différence entre AgBr et AgCl est à AgBr
comme la perte de poids obtenue est au bromure
d'argent contenu dans le mélange :

$$
\begin{array}{ll}
Ag = 108 & Ag = 108 \\
Br = \ 80 & Cl = \ \ 35,5 \\
\overline{\ \ \ \ 188} & \overline{\ \ \ 143,5}
\end{array}
$$

$$AgBr - AgCl = 44,5.$$

On posera donc :

$$44,5 : 188 :: P - p : x.$$

Dans ce genre d'analyses, il faut que la différence
entre les équivalents soit assez grande; autrement, on
n'aurait pas de bons résultats.

# EXERCICES D'ANALYSE

Nous donnons ici un choix des alliages, des *sels* et des *minéraux* qu'il faut employer pour s'exercer au dosage et à la séparation des métaux et des acides. Ce choix n'est pas indifférent, car, si l'on prend comme matière première un sel qui n'est pas toujours suffisamment pur, ou un minéral dont la composition ne soit pas constante, on n'aura pas un bon moyen de contrôle. Quand il s'agira de minéraux, on trouvera toujours leur composition centésimale dans mon *Traité élémentaire de minéralogie*.

Ces exercices sont de la plus haute importance, car ce n'est que par ce moyen qu'on arrive à connaître le degré de confiance qu'on peut avoir dans ses propres résultats et dans la méthode qu'on emploie. Il est même très utile de répéter le dosage au moyen d'un autre procédé, quand il arrive que nous en citons plusieurs.

Nous indiquerons surtout les dosages et les séparations les plus utiles à exécuter.

**Or.** — On prend une pièce monétaire qu'on dissout dans l'eau régale et l'on y précipite l'or à l'état métallique. Sur une autre portion, on dose l'or par le procédé donné à la séparation de l'or et du cuivre (n° 54). Le millésime de la pièce étant connu, on connaîtra son titre en consultant un annuaire.

**Étain.** — On prend de l'étain métallique pur qu'on attaque par l'acide azotique, afin d'y doser ce métal à l'état d'oxyde stannique. Une autre portion grenaillée est dissoute dans l'acide chlorhydrique, et l'on y précipite l'étain par l'hydrogène sulfuré ; le sulfure est ensuite transformé en bioxyde et dosé à cet état.

**Antimoine.** — On pèse de la *stibine* pure (sulfure d'antimoine), qu'on dissout dans l'acide chlorhydrique ; on ajoute ensuite de l'acide tartrique, et l'on étend d'eau ; la solution est précipitée par l'hydrogène sulfuré, et dans le sulfure obtenu on dose le soufre comme d'ordinaire, pour avoir la quantité d'antimoine.

*Séparation de l'antimoine et de l'étain.* — On pèse des quantités connues de ces deux métaux purs, on attaque par l'acide azotique et l'on fait la séparation comme il a été indiqué (n° 14).

**Arsenic.** — On prend de l'acide arsénieux pur, qu'on sèche à 100° pour enlever l'humidité, puis on en pèse une certaine quantité qu'on dissout à chaud dans l'eau acidulée d'acide chlorhydrique. Dans cette solution, on précipite l'arsenic au moyen de l'hydrogène sulfuré et l'on pèse à l'état de sulfure. Une

autre portion est chauffée longtemps avec de l'eau
régale pour la transformer en acide arsénique, qu'on
précipite ensuite à l'état d'arséniate ammoniaco-
magnésien.

*Arsenic et antimoine.* — On pèse des quantités
connues d'acide arsénieux et d'antimoine, qu'on dissout dans l'eau régale; on ajoute de l'acide tartrique,
du chlorure ammonique et un excès d'ammoniaque;
l'acide arsénique est précipité par la mixture magnésienne, et dans la liqueur filtrée on précipite l'antimoine à l'état de sulfure (n° 19).

**Tungstène.** — On prend de la schéelite qu'on réduit
en poudre fine, et on la traite par de l'acide azotique
concentré; on évapore à sec et on reprend par de
l'alcool qui dissout l'azotate de chaux. L'acide tungstique reste comme résidu; il est lavé à l'alcool puis
pesé.

**Argent.** — On pèse de l'argent pur qu'on dissout
dans l'acide azotique et on précipite à l'état de chlorure. Sur d'autres portions de métal ou d'alliage
monétaire à titre connu, on applique les méthodes
par les liqueurs titrées, ainsi que la coupellation.

**Plomb.** — On pèse deux portions d'azotate de
plomb : dans l'une, on dose le plomb à l'état de sulfate, en dissolvant dans l'eau et précipitant par l'acide
sulfurique; l'autre portion, préalablement pulvérisée,
est chauffée dans un creuset de porcelaine, afin d'avoir
l'oxyde, qu'on pèse à cet état.

*Plomb et argent.* — On prend une galène argentifère et l'on procède par la voie sèche, afin d'avoir un culot de plomb qu'on coupelle pour avoir l'argent.

**Mercure.** — On pèse du bichlorure de mercure qu'on dissout dans l'eau acidulée d'acide chlorhydrique; le mercure est précipité par l'hydrogène sulfuré à l'état de sulfure.

**Bismuth.** — On pèse du bismuth pur, qu'on dissout dans l'acide azotique, et on précipite par le carbonate d'ammoniaque pour doser ensuite à l'état d'oxyde.

*Bismuth et plomb.* — On pèse des quantités connues de bismuth et d'azotate de plomb, on dissout dans l'acide azotique étendu et on sépare le plomb par l'acide sulfurique; dans la liqueur filtrée, on dose le bismuth.

**Cuivre.** — On prend du sulfate de cuivre pur et on y dose ce métal à l'état de sulfure en précipitant par l'hydrogène sulfuré. Une autre portion servira au dosage à l'état de proto-iodure.

*Cuivre et argent.* — On prend une pièce monétaire qu'on dissout dans l'acide azotique. Après la précipitation de l'argent au moyen de l'acide chlorhydrique, on précipite le cuivre à l'état de sulfure.

**Cadmium.** — On pèse du cadmium métallique qu'on dissout dans l'acide azotique; le métal est précipité à l'état de sulfure.

*Argent et or.* — On pèse des quantités connues de ces deux métaux, on les fond dans un creuset de porcelaine avec un peu de borax, on pèse le culot obtenu, et on opère la séparation comme il est indiqué n° 49.

*Plomb et étain.* — On pèse des quantités connues de ces deux métaux, on attaque par l'acide azotique qui sépare l'étain à l'état d'oxyde, dans la liqueur filtrée, on dose le plomb à l'état de sulfate.

*Plomb et antimoine.* — Peser des quantités connues de ces deux métaux, attaquer par l'acide azotique et faire la séparation comme il est indiqué n° 50.

*Cuivre et or.* — On prend un alliage monétaire de titre connu et l'on opère comme il est indiqué n° 54.

*Cuivre et étain.* — On pèse des quantités connues de ces deux métaux et on traite par l'acide azotique, qui sépare l'étain à l'état d'oxyde; dans la liqueur filtrée, on dose le cuivre.

*Cuivre et antimoine.* — On prend des quantités connues de ces deux métaux, on attaque par l'acide azotique et l'on sépare le cuivre de l'antimoine au moyen du sulfure de sodium (n° 56).

*Cuivre et arsenic.* — Traiter comme précédemment des poids connus d'acide arsénieux et de cuivre métallique (n° 57).

*Cuivre, antimoine et arsenic.* — On pèse du cuivre, de l'antimoine et de l'acide arsénieux; on attaque par l'acide azotique, et l'on sépare le cuivre au moyen du sulfure de sodium (n° 56); dans la liqueur filtrée, on précipite les sulfures d'antimoine et d'arsenic par l'acide chlorhydrique étendu, et, après les avoir dissous dans l'eau régale, on sépare l'arsenic de l'antimoine comme il a été indiqué n° 19.

**Cobalt.** — On pèse du sulfate de cobalt pur qu'on dissout dans l'eau et on y précipite le métal à l'état de phosphate ammoniaco-cobalteux; par la calcination, on aura le pyrophosphate.

**Nickel.** — On pèse du sulfate de nickel pur qu'on dissout dans l'eau et qu'on précipite au moyen de la potasse; l'oxyde est ensuite réduit par l'hydrogène.

*Cobalt et nickel.* — Sur un poids connu des deux sulfates, on fait la séparation comme il a été indiqué n° 61.

**Fer.** — On pèse du sulfate de fer et d'ammoniaque, on le dissout dans l'eau et on peroxyde au moyen de l'acide azotique; le fer est précipité par l'ammoniaque et dosé à l'état de sesquioxyde. Sur une autre portion, dissoute à *froid* dans l'eau acidulée d'acide sulfurique, on dose le fer au moyen du permanganate de potasse.

Pour doser le fer au minimum en présence du fer au maximum, on prend de la magnétite (oxyde ferroso-ferrique), qu'on dissout dans l'acide chlorhydrique dans une atmosphère d'acide carbonique; on étend d'eau et l'on dose le fer au minimum au moyen du permanganate. Sur une autre portion, on dose le fer total, après avoir réduit au moyen du zinc. En déduisant de cette dernière quantité celle trouvée en premier lieu, on aura le fer, qui se trouve à l'état de sesquioxyde.

*Fer et nickel.* — On pèse du sulfate de fer ammoniacal et du sulfate de nickel, on dissout dans l'eau,

on peroxyde le fer par l'acide azotique, et, après neutralisation de la liqueur par le carbonate de soude, on
sépare le fer au moyen de l'acétate de soude à chaud.
Dans la liqueur filtrée, on dose le nickel en le précipitant soit à l'état d'oxyde, soit à l'état de sulfure.

**Manganèse.** — On prend de l'acerdèse pure (sesquioxyde hydraté) qu'on dissout dans l'acide chlorhydrique; dans cette solution, on précipite le manganèse
au moyen du carbonate de soude ou mieux d'ammoniaque.

Pour doser le manganèse au moyen d'un essai
chlorométrique ou par l'acide oxalique (voir n° 73, 74),
on prendra de la pyrolusite pure et cristalline.

*Manganèse et fer.* — Prendre de l'acerdèse et du
sulfate de fer ammoniacal, dissoudre dans l'acide
chlorhydrique, peroxyder par l'acide azotique et séparer le fer au moyen de l'acétate de soude; le manganèse est ensuite précipité à l'état de carbonate.

**Zinc.** — On pèse du sulfate de zinc pur, on dissout
dans l'eau et on précipite par le carbonate de soude;
le carbonate calciné donne l'oxyde.

*Zinc et manganèse.* — On prend de l'acerdèse et du
sulfate de zinc qu'on dissout dans l'acide chlorhydrique; on précipite le zinc à l'état de sulfure, comme
il a été indiqué n° 76.

*Zinc et fer.* — On pèse du sulfate de zinc et du sulfate
de fer; on peroxyde ce dernier par l'acide azotique, et
l'on sépare par l'acétate de soude à l'ébullition; dans

la liqueur filtrée, on précipite le zinc par le carbonate de soude.

**Aluminium.** — On pèse de l'alun potassique, on le dissout dans l'eau et on précipite l'alumine au moyen de l'ammoniaque.

*Aluminium et fer.* — Peser de l'alun potassique et du sulfate de fer ammoniacal; peroxyder le fer par l'acide azotique et précipiter par l'ammoniaque. L'alumine et l'oxyde de fer sont pesés ensemble, puis dissous dans l'acide chlorhydrique. Dans cette solution, on précipite l'alumine au moyen de l'hyposulfite de soude, et après filtration on dose le fer à l'état de sesquioxyde.

On peut aussi, dans la solution chlorhydrique des deux oxydes, réduire par le zinc et titrer au moyen du permanganate; on aura l'alumine par différence.

**Chrome.** — On prend de l'alun de chrome qu'on dissout dans l'eau et on précipite l'oxyde de chrome par l'ammoniaque.

On pèse également du bichromate de potasse qu'on dissout dans l'eau et on ajoute de l'acide chlorhydrique; on réduit l'acide chromique en ajoutant de l'alcool à chaud; le chrome est ensuite précipité par l'ammoniaque à l'état d'oxyde.

On prend de l'oxyde de chrome calciné et on le fait fondre avec du carbonate de soude additionné de nitre, dans un creuset de platine; en reprenant par l'eau, on dissout le tout à l'état de chromate alcalin,

et dans cette solution on dose le chrome comme
précédemment.

**Titane.** — On prend du rutile bien pur, on le
pulvérise finement, et on le fait fondre dans un creuset de platine, à une douce chaleur, avec 6 parties
de bisulfate de potasse. La masse fondue est pulvérisée et mise en digestion avec un excès d'eau *froide*,
qui doit tout dissoudre, si l'attaque est bien faite.
En faisant bouillir longtemps, l'acide titanique se précipite, et on le pèse après une forte calcination. S'il
y a un peu de fer dans la liqueur filtrée, on le précipite
par l'ammoniaque. Comme contrôle, on peut doser le
titane au moyen du permanganate (voir n° 104).

*Fer et arsenic.* — Ce dosage peut se faire en prenant de l'*arsénio-sidérite* (arséniate de fer contenant
de la chaux) qu'on dissout dans l'acide chlorhydrique. La liqueur est neutralisée par l'ammoniaque,
puis on ajoute du chlorure ammonique avec un excès
de sulfure ammonique, et on laisse digérer à une
douce chaleur; le sulfure de fer reste insoluble, et
l'arsenic est dissous. Le sulfure de fer est dissous
dans l'acide chlorhydrique, peroxydé par l'acide azotique et précipité au moyen de l'ammoniaque à l'état
d'oxyde. La liqueur contenant l'arsenic est traitée par
l'acide chlorhydrique étendu, pour précipiter le sulfure d'arsenic. On dissout ce dernier dans l'acide
chlorhydrique additionné de chlorate de potasse, et
on dose à l'état d'arséniate ammoniaco-magnésien.
Dans la liqueur séparée du sulfure d'arsenic, on préci-

pite la chaux par l'oxalate d'ammoniaque après avoir neutralisé par l'ammoniaque.

*Fer et cuivre.* — On prend de la *chalcopyrite* pure (sulfure de fer et de cuivre), on la dissout dans l'acide azotique, on filtre pour séparer le soufre non dissous, et on sépare le cuivre du fer soit par l'hydrogène sulfuré, soit au moyen de l'iodure de potassium.

Dans la liqueur débarrassée de cuivre on dose le fer à l'état de sesquioxyde.

*Zinc et cuivre.* — On pèse du cuivre pur et du zinc pur, on dissout dans l'acide azotique et on précipite le cuivre à l'état de protoiodure; dans la liqueur débarrassée de tout le cuivre on dose le zinc (voir n° 110).

**Baryum.** — On dose à l'état de sulfate, en prenant de l'azotate de baryte qu'on précipite par l'acide sulfurique.

Pour doser la baryte dans un sulfate insoluble, on prend de la barytine cristallisée, on la fait fondre avec 4 parties de carbonate de soude dans un creuset de platine et on reprend la masse fondue par de l'eau bouillante ; il reste du carbonate de baryte insoluble qu'on lave bien et qu'on redissout dans de l'acide chlorhydrique. Cette liqueur précipitée par l'acide sulfurique doit donner un poids de sulfate de baryte égal à celui employé pour l'analyse. Dans la liqueur alcaline contenant l'acide sulfurique, on dose ce dernier, en acidifiant par l'acide chlorhydrique et en précipitant au moyen du chlorure de baryum : on obtiendra du sulfate de baryte, dont le poids doit être aussi égal à celui de la matière première.

**Calcium.** — On pèse du spath d'Islande, on le place dans un ballon et on le dissout dans de l'acide chlorhydrique étendu ; la solution est transvasée dans un verre de Bohême, étendue d'eau et précipitée avec de l'oxalate d'ammoniaque, après avoir ajouté un léger excès d'ammoniaque. L'oxalate de chaux calciné modérément donne du carbonate, dont le poids est égal à celui de la matière employée; on peut aussi doser à l'état de chaux vive et calculer le carbonate correspondant.

**Magnésium.** — On pèse du sulfate de magnésie, on le dissout dans l'eau, on ajoute du chlorure ammonique et de l'ammoniaque, puis on précipite au moyen du phosphate de soude.

*Calcium et magnésium.* — On prend du spath d'Islande et de la magnésie calcinée qu'on dissout dans l'acide chlorhydrique étendu , en opérant dans un ballon; le liquide est transvasé dans un verre, additionné de chlorure ammonique et d'ammoniaque, puis précipité par l'oxalate d'ammoniaque. Dans la liqueur séparée de la chaux, on verse du phosphate de soude pour précipiter la magnésie.

*Calcium, magnésium et fer.* — On pèse du spath d'Islande, de la magnésie calcinée et du fer pur (fil de clavecin); on dissout le tout dans de l'acide azotique étendu (dans un ballon), on ajoute du chlorure ammonique en excès et on précipite le fer au moyen de l'ammoniaque; dans la liqueur filtrée, on sépare la chaux de la magnésie.

**Potassium.** — Prendre du bicarbonate de potasse, le dissoudre dans l'eau (dans un ballon) et transformer en chlorure avec de l'acide chlorhydrique; évaporer à sec dans une capsule tarée et peser le chlorure.

Un autre échantillon est transformé en sulfate au moyen de l'acide sulfurique et dosé avec les précautions ordinaires.

**Potassium et sodium.** — On pèse du bicarbonate de potasse et du carbonate de soude sec récemment calciné, on transforme en chlorure et on fait la séparation soit au moyen de l'acide perchlorique, soit au moyen du chlorure de platine.

*Potassium, sodium, magnésium.* — On prend du bicarbonate de potasse, du carbonate de soude sec pur et de la magnésie calcinée; on dissout dans l'acide chlorhydrique concentré et on opère la séparation comme il a été indiqué (n° 139).

**Ammonium.** — On pèse du chlorure ammonique et on opère comme il a été indiqué (n° 138).

**Acide sulfurique.** — On pèse du sulfate de potasse qu'on dissout dans l'eau, on acidifie avec de l'acide chlorhydrique et on précipite au moyen du chlorure de baryum.

Pour doser l'acide sulfurique dans un sulfate insoluble, on prendra de la barytine et on la traitera comme il est indiqué pour le baryum.

**Acide phosphorique.** — On prend du phosphate d'ammoniaque, on dissout dans l'eau et on précipite par la mixture magnésienne à l'état de phosphate ammoniaco-magnésien.

*Acide phosphorique et chaux.* — On pèse du phosphate de chaux des os, on calcine fortement pour avoir la perte au feu et on dissout le résidu dans l'acide chlorhydrique; on précipite par l'ammoniaque et on redissout dans de l'acide acétique : dans cette liqueur, on verse de l'oxalate d'ammoniaque qui précipite la chaux à l'état d'oxalate. Dans la liqueur filtrée rendue ammoniacale, on dose l'acide phosphorique au moyen de la mixture magnésienne.

**Acide carbonique.** — On prend du spath d'Islande et on détermine l'acide carbonique, par perte, au moyen de l'appareil décrit (n° 159).

**Acide fluorhydrique.** — On pèse du fluorure de calcium (fluorine), on attaque avec l'acide sulfurique, dans un creuset de platine, pour transformer en sulfate; du poids du sulfate de chaux on déduit celui du calcium, et l'on a le fluor par différence.

**Acide silicique.** — Comme silicate attaquable par les acides, on prend de l'élæolite et l'on y dose la silice, l'alumine, la soude. Comme silicate inattaquable par les acides, on prend de l'adulaire du Saint-Gothard et l'on y dose la silice, l'alumine, la potasse et un peu de soude en employant la méthode indiquée (n° 171).

Sur un autre échantillon, on fera une attaque au

carbonate de soude et on dosera séparément les alcalis par la méthode (nº 172).

**Acide chlorhydrique.** — On pèse du sel marin pur, on le dissout dans l'eau et on précipite le chlore avec l'azotate d'argent.

**Soufre dans les sulfures.** — On pèse de la chalcopyrite, on l'attaque dans un ballon par de l'eau régale et on précipite l'acide sulfurique au moyen du chlorure de baryum ; du poids du sulfate de baryte on déduit celui du soufre, et, s'il reste du soufre non dissous, on le pèse à part.

# APPENDICE

## TRAITÉ D'ANALYSE AU CHALUMEAU

## CHAPITRE PREMIER

### INSTRUMENTS ET OBJETS DIVERS POUR LES ESSAIS AU CHALUMEAU

Voici quels sont les instruments et autres objets nécessaires à ces divers essais :

Lampe à gaz ou autre combustible, chalumeau, pince à bouts de platine, fil et lame de platine, cuiller de platine, charbon, tubes fermés (matras) et tubes ouverts aux deux bouts, capsules de porcelaine, tubes à essais, verres de montre ; mortier d'agate, tas en acier avec pilon, marteau, fraise à charbon, lime, barreau aimanté, pince en fer. Verre bleu ; un spectroscope.

**Lampe.** — Quand on a le gaz à sa disposition, un bec Bunsen est ce qu'il y a de mieux pour les essais au chalumeau. Les trous d'air doivent être fermés aux trois quarts afin que la flamme offre moins de résistance à l'action du chalumeau. S'il s'agit de voir les colorations sans souffler, ou bien de faire les réactions de la flamme, ainsi qu'on le verra plus loin, on laisse alors les trous d'air entièrement ouverts.

Quand on n'a pas de gaz il faut employer deux sortes de lampes : une lampe à alcool seul, pour chauffer les tubes et les capsules; une lampe à alcool térébenthiné pour souffler au chalumeau. Cette dernière a une flamme éclairante et fuligineuse, et produit sous l'action du chalumeau un dard ayant une grande puissance calorifique comme le gaz. Pour préparer l'alcool térébenthiné, on ajoute de l'essence de térébenthine à de l'alcool, tant qu'il s'en dissout, et quand le liquide commence à être trouble on y verse un peu d'éther pour le rendre limpide.

Au lieu d'alcool térébenthiné on peut employer une bougie, une chandelle, ou bien une lampe à huile. Il existe aussi des éolipyles perfectionnés qui donnent une flamme analogue à celle d'un bec Bunsen.

**Chalumeau.** — L'instrument qu'on emploie ordinairement (fig. 1) est formé de trois pièces principales : le tube *b* en laiton muni de son embouchure en corne *a*, le réservoir d'air *c* et le tube *d* portant à son extrémité un bout de platine à ouverture capillaire. Ce bout *e* est fixé soit à frottement, ou, mieux, soudé à l'extrémité intérieure du tube *d*.

Pour se servir du chalumeau, on le prend entre les trois doigts de la main droite, par la partie médiane du tube *b*, et on introduit à peine la pointe *e* dans la flamme d'une lampe placée devant soi, l'avant-bras ou le coude étant appuyé sur la table pour avoir plus de stabilité. Si l'on doit chauffer sur un fil de platine pour faire les perles, ou bien voir les colorations de la

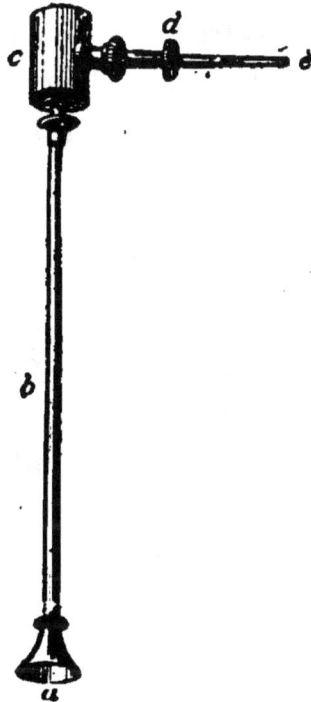

Fig. 1.

flamme, la partie *d e* du tube doit être à peu près *horizontale;* si l'on doit chauffer dans une cavité de charbon, alors on doit l'*incliner* à 45° environ afin de faire plonger le dard dans la cavité.

La condition essentielle pour bien souffler, et pendant un temps assez long, sans se fatiguer, c'est de *bien gonfler* les joues et de s'habituer à respirer d'une manière intermittente par le nez. Au bout de peu de

temps on en prend l'habitude, et alors il est facile de
souffler pendant 10 à 20 minutes sans s'arrêter.

Avant de voir comment se comporte la flamme sous
l'action du chalumeau, voyons quelle est la *constitu-
tion de la flamme libre,* non éclairante, d'un bec
Bunsen brûlant avec les trous d'air ouverts. On remarque de suite qu'il y a dans cette flamme deux parties
bien distinctes : un cône intérieur bleuâtre, et une
enveloppe extérieure non éclairante. Le cône intérieur
est formé de gaz n'ayant éprouvé qu'une combustion
incomplète, mélangés à de l'air, tandis que la partie
qui enveloppe ce cône est formée de gaz en combustion
et mélangés à l'air. Si l'on examine maintenant quelle
est l'action chimique des différentes parties de la
flamme, on trouve qu'elle possède tantôt des propriétés oxydantes, et tantôt des propriétés réductrices.
Aux parties oxydantes on donne le nom de flamme ou
zone d'*oxydation* et aux parties réductrices le nom de
flamme ou zone de *réduction.* Un moyen très simple
de constater cette action consiste à faire sur le fil de
platine une perle de borax, à laquelle on ajoute un sel
de manganèse, en quantité suffisante pour obtenir une
coloration violette bien marquée, quand on chauffe à
l'extrémité supérieure de la flamme le plus en contact
avec l'air (fig. 2). Cette partie supérieure *o* est une
zone d'oxydation bien marquée qu'on appelle la *zone
d'oxydation supérieure.* Or le manganèse a la propriété
de colorer les fondants en violet dans une atmosphère
oxydante où il se forme du sesquioxyde de manganèse,

tandis que cette coloration disparaît dans une atmosphère réductrice, par suite de la formation du protoxyde de manganèse ; cette propriété servira donc pour
examiner les différentes portions de la flamme. En
effet, si nous portions cette perle à l'extrémité du cône
intérieur, en *r*, on verra qu'elle devient incolore en

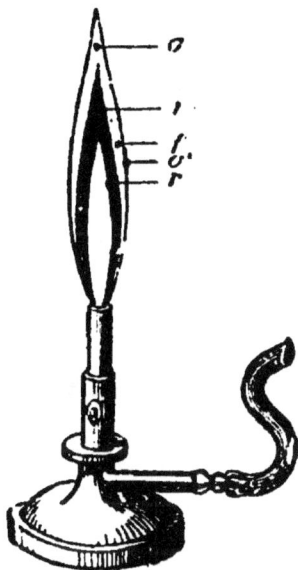

Fig. 2.

quelques instants, tandis que, reportée en *o*, elle reprend sa couleur violette. Cette réduction est plus rapide si l'on ferme en partie les trous d'air de manière
à avoir une petite pointe éclairante en *r*. La partie *r*
où la réduction est si énergique s'appelle la *zone de
réduction supérieure*. En continuant à explorer la
flamme on trouvera une autre zone d'*oxydation inférieure* en *o'* et enfin une autre zone de *réduction
inférieure* en *r'*. La partie de la flamme où la tempé-

rature atteint son maximum se trouve en *f* : c'est ce qu'on appelle le *champ de fusion*.

Examinons maintenant ce qui se passe quand on souffle dans la flamme au moyen du chalumeau ; dans ce cas la flamme prend la forme d'un dard comme l'indique la figure 3. Ici, également, c'est à l'extré-

Fig. 3.

mité du cône bleu, en *r*, que se trouve la flamme de réduction et, au delà, surtout vers *o*, la flamme d'oxydation. Si l'on veut avoir une bonne flamme de réduction, il faut enfoncer *à peine* le bout du chalumeau, tandis que pour bien oxyder il est bon de l'enfoncer davantage.

La meilleure manière d'apprendre à bien connaître la flamme de réduction *r* qui est la plus difficile puisqu'elle ne se trouve qu'en un seul point, c'est de colorer et décolorer successivement la perle de borax contenant de l'oxyde de manganèse ; c'est là un exercice journalier à recommander à ceux qui commencent à se servir du chalumeau. Un autre exercice très bon pour apprendre à manier la flamme de réduction dans les essais sur le charbon, c'est d'y fondre un grain d'étain, de l'oxyder d'abord pour le couvrir d'une croûte d'oxyde, puis de le réduire sous l'action de la flamme de manière à le maintenir en fusion brillant et exempt d'oxyde. Quand on n'a pas de gaz, on se sert, ainsi que nous l'avons dit, d'alcool térébenthiné ou de bougie, et dans ce cas les deux flammes présentent les mêmes phénomènes sous l'action du chalumeau

**Fil de platine.** — On l'emploie pour faire les perles de borax et de sel de phosphore, ainsi que pour voir les colorations de la flamme. Il est bon de prendre pour ces essais un fil très mince (pesant environ 1 gr. par mètre).

**Pince à bouts de platine.** — C'est une pince en acier ou en fil de fer (fig. 4), munie à son extrémité de lames étroites en platine. On s'en sert pour prendre un fragment de la substance et essayer sa fusibilité, ou bien pour voir comment elle colore la flamme sous l'action du chalumeau.

**Lame de platine.** — On s'en sert pour fondre les substances avec du carbonate de soude seul ou bien mélangé de nitre, quand on doit rechercher le manganèse et le chrome. On la chauffe en dirigeant par-dessous le dard du chalumeau afin d'éviter la projection de la matière.

**Cuiller de platine.** — Elle a d'ordinaire un diamètre de 10 à 15 millimètres et on la tient avec un manche muni d'une vis à serrer (fig. 5). On s'en sert pour faire les attaques au carbonate de soude ou au bisulfate de potasse; on la chauffe soit directement, dans

Fig. 4.          Fig. 5.          Fig. 6.

la flamme, soit en dirigeant en dessous le dard du chalumeau.

**Charbon.** — Il sert de support pour opérer les diverses réductions de métaux, ou pour obtenir différentes réactions en chauffant la matière soit seule, soit mélangée de carbonate de soude ou autre réactif. On choisit pour cet usage des charbons de bois bien homogènes, sans fissures, et l'on y creuse une cavité au moyen d'une fraise (fig. 6).

**Tubes de verre.** — On se sert de deux sortes de tubes, les uns fermés par un bout (matras), les autres ouverts aux deux bouts. Le tube doit avoir 3 à 5 millimètres de diamètre et une longueur d'environ 7 à 8 centimètres. Pour faire les matras, on prend un tube d'une longueur double, soit 15 centimètres; on le prend de la main gauche, et on dirige au milieu le dard du chalumeau ; quand le verre est bien ramolli, on quitte le chalumeau et on introduit rapidement le tube dans la flamme, en le tenant également avec la main droite, puis on l'étire doucement, sans se presser; de cette manière on prépare à la fois deux tubes fermés à un bout. S'il reste au tube une effilure trop longue, on la fait disparaître en chauffant le bout dans la flamme, et en enlevant avec un tube de verre la partie fondue. Avec un peu d'habitude on prépare plusieurs de ces tubes en peu de temps. Il faut avoir soin de ne pas laisser une épaisseur de verre trop grande à l'extrémité, autrement le tube casserait quand on viendrait à le chauffer. Pour faire un tube ouvert il n'y a qu'à couper avec la lime une longueur de verre de 8 centimètres environ et à courber ce tube à angle obtus; c'est dans cette partie courbe qu'on place la substance à essayer.

On emploie le matras pour chauffer les substances soit seules soit avec divers réactifs, et observer s'il se forme des sublimés ou des gaz de diverse nature. Le tube ouvert sert aux mêmes usages, seulement la matière est soumise à l'action d'un courant d'air oxydant.

**Capsules de porcelaine; tubes à essais.** — Les capsules doivent avoir de 30 à 50 millimètres de diamètre.
Les tubes à essais ont de 15 à 20 millimètres de diamètre sur une longueur de 15 à 20 centimètres. On se
sert des capsules et des tubes pour chauffer la matière
avec l'eau ou les acides, afin d'en opérer la dissolution, et pouvoir y faire agir ensuite les divers réactifs.

**Verres de montre.** — Ils sont très utiles, soit pour y
placer la poudre de la matière à essayer, soit pour
y mettre quelques gouttes d'eau ou d'un acide, pour
y tremper le fil de platine , quand on examine les
colorations de la flamme.

**Tas en acier avec pilon.** — On se sert du tas en acier
pour écraser les substances dures avant de les pulvériser dans le mortier d'agate. Pour les concasser on
peut les envelopper de papier et les frapper avec un
marteau, mais il vaut mieux pour cela employer le

Fig. 7.

pilon d'acier de la figure 7. Ce pilon est un cylindre
qui a 1 centimètre de diamètre et 5 centimètres de longueur. Ce cylindre est bien dressé à sa base, et l'on

adapte à sa partie inférieure un tube en caoutchouc à parois épaisses ayant 2 centimètres de longueur. On fait dépasser ce tube suffisamment pour y loger la substance à écraser, et on le place sur le tas en acier; en frappant avec un marteau à la partie supérieure, on réduit la substance en poudre grossière, sans qu'il s'en perde une quantité notable. On finit ensuite de pulvériser dans le mortier d'agate.

**Mortier d'agate.** — Un mortier ayant un diamètre de 5 à 6 centimètres est bien convenable pour réduire en poudre les substances à examiner. Afin que le pilon soit plus facile à manier, on l'enchâsse à moitié dans un gros bouchon.

**Marteau.** — On emploie un marteau ayant un biseau d'un côté pour pouvoir détacher des éclats du minéral qu'on doit essayer.

**Verre bleu.** — On se sert d'un verre fortement coloré par l'oxyde de cobalt. Si sa teinte est trop faible, on peut en superposer deux. Il sert à la recherche de la potasse.

**Spectroscope.** — L'appareil le plus commode pour les essais pratiques du chalumeau est le petit spectroscope de poche, à fente mobile, représenté par la figure 8.

En *a* se trouve l'oculaire qu'on met au point

comme dans les lunettes ordinaires, en *b* se trouve la
fente qu'on peut resserrer plus ou moins au moyen de
la virole *c*. Pour bien régler cette fente il faut diriger
la lunette vers le ciel, mettre le spectre au point au
moyen de l'oculaire, et serrer assez la vis de la fente
mobile, jusqu'à ce qu'on voie très nettement les
raies d'absorption de Fraunhofer (bandes ou lignes

Fig. 8.

noires très étroites, qui sont reparties au milieu
des couleurs du spectre).

Quand le spectroscope est ainsi réglé, on le dirige
vers la flamme non éclairante d'un bec Bunsen brûlant avec les trous d'air entièrement ouverts. Il faut
avoir soin de viser un peu plus haut que le sommet
du cône bleu, afin de ne pas voir les lignes vertes du
spectre dû au carbone. On ne doit apercevoir que la
ligne *jaune* de la soude qui apparaît avec plus ou
moins d'intensité dans la partie jaune du spectre. Cette
ligne est presque inévitable, surtout si l'on fait un peu
de poussière en agitant un objet quelconque, ou même
l'air. La ligne jaune de la soude sert de point de
repère, surtout en l'absence d'un micromètre, car on
peut voir à quelle distance à peu près, à droite ou à
gauche, se trouvent les autres raies qu'on observe.

Quand on n'a pas de gaz à sa disposition, il faut

employer la flamme d'un éolipyle, car une lampe à
alcool ordinaire est insuffisante.

## RÉACTIFS DU CHALUMEAU

Les principaux réactifs qu'on emploie pour la voie
sèche sont : le *borax*, le *sel de phosphore*, le *carbonate de soude* (soude), le *cyanure de potassium*, le
*chlorure stanneux*, le *sodium*, le *nitre*, le *bisulfate
de potasse*, le *bisulfate d'ammoniaque*, le *fluorure de
calcium*, l'*azotate de cobalt*, l'*oxyde de cuivre*, le
*chlorure de calcium*, le *fluorure d'ammonium*, *le
chlorure d'ammonium*, la *cendre d'os* (phosphate de
chaux des os), le *plomb pauvre*.

Pour la voie humide on emploie : l'*acide sulfurique*, l'*acide chlorhydrique*, l'*acide azotique*, l'*acide
phosphorique*, l'*ammoniaque*, la *potasse*, le *sulfure
ammonique*, une *dissolution alcoolique d'iode*, le
*nitro-prussiate de soude*, l'*azotate d'argent*, le *sulfate
ferreux*, le *sulfate ferroso-ferrique*, l'*eau de chaux*,
l'*alcool*.

Papiers réactifs de *tournesol* et de *curcuma*.

Lame d'argent, feuilles d'étain, lame de zinc, fil
de magnésium.

**Borax.** — Le borax ou *biborate de soude*, est le fondant par excellence de tous les oxydes métalliques;
on l'emploie pour faire des perles, sur le fil de
platine, afin de reconnaître certains métaux aux
colorations particulières qu'ils communiquent à ces

perles. Sur le charbon il sert de fondant pour divers oxydes, la silice et autres substances, qu'il sépare ainsi des métaux qu'on réduit.

Le borax boursoufle beaucoup avant de fondre, parce qu'il perd d'abord son eau de cristallisation. Quand on l'emploie sur le charbon, il est bon de l'avoir préalablement fondu.

**Sel de phosphore** (*phosphate ammoniaco-sodique*). — Ce sel s'emploie pour faire les perles sur le fil de platine. Il dissout tous les oxydes métalliques, à l'exception de la silice; comme le borax, il bouillonne beaucoup avant de fondre.

**Carbonate de soude** (*soude*). — Ce sel doit être anhydre, pur et exempt d'acide sulfurique. On l'emploie principalement sur le charbon pour s'emparer des métalloïdes, des acides, et mettre les oxydes en liberté; ces derniers peuvent alors être réduits au contact du charbon. La soude sert aussi à désagréger les corps sur la lame ou la cuiller de platine.

**Cyanure de potassium.** — Ce sel est le réductif le plus énergique qu'on connaisse; ainsi l'oxyde d'étain qui est si difficile à réduire sur le charbon, avec le carbonate de soude, donne très facilement des grains métalliques avec le cyanure de potassium. On l'emploie souvent mélangé à son poids de carbonate de soude, surtout pour les essais dans le matras.

**Chlorure stanneux.** — On s'en sert avec avantage comme corps réducteur pour obtenir rapidement, avec les perles de borax ou de sel de phosphore, la coloration qu'on doit avoir à la flamme de réduction. Il sert également à certaines réductions par voie humide.

**Sodium.** — S'emploie comme puissant réducteur dans les essais au tube fermé, pour reconnaître la présence de l'acide phosphorique et du soufre. On le conserve ordinairement dans de l'huile de naphte.

**Nitre.** — Ce sel est un oxydant énergique qu'on emploie sur la lame de platine pour la recherche du manganèse, du chrome et du vanadium.

**Bisulfate de potasse.** — S'emploie dans le tube fermé, pour séparer de leurs combinaisons les corps volatils tels que l'acide azotique, le brome, l'iode; ou bien pour désagréger, dans la cuiller de platine, certains composés inattaquables par les acides.

**Bisulfate d'ammoniaque.** — Ce réactif remplace le bisulfate de potasse et peut s'employer au lieu d'*acide sulfurique* surtout pour les colorations des flammes.

**Fluorure de calcium.** — Sert, mélangé au bisulfate de potasse, pour la recherche de l'acide borique; ou bien, mêlé à du borax, pour reconnaître la silice.

**Azotate de cobalt.** — Ce sel s'emploie en dissolution, sur le charbon, pour reconnaître certains corps comme l'alumine, la magnésie, aux colorations particulières qu'il leur communique après calcination.

**Oxyde de cuivre.** — Ce corps s'emploie avec une perle de sel de phosphore pour la recherche du chlore, du brome et de l'iode.

**Chlorure de calcium.** — Sert principalement pour la recherche de la potasse dans les silicates, qui sont facilement désagrégés par ce réactif.

**Fluorure d'ammonium.** — S'emploie dans les essais au spectroscope, pour désagréger les silicates et volatiliser la silice.

**Chlorure d'ammonium.** — Ce réactif solide ou en dissolution peut remplacer l'acide chlorhydrique pour les colorations qu'on obtient dans la flamme.

**Cendres d'os.** — On les emploie pour la confection des coupelles qui servent à reconnaître l'or et l'argent.

**Plomb pauvre.** — C'est du plomb exempt d'argent. On s'en sert dans les réductions, sur le charbon, des minerais argentifères ou aurifères, pour s'emparer de ces métaux précieux; le culot restant est ensuite soumis à la coupellation.

# CHAPITRE II

**Oxygène.** — O.

Certains composés comme les chlorates, bromates ou iodates alcalins, le peroxyde de manganèse, dégagent de l'oxygène quand on les chauffe dans le tube fermé; on reconnaît ce gaz en approchant de l'orifice du tube une allumette présentant un point en ignition : elle se rallume aussitôt.

**Eau.** — HO.

On reconnaît sa présence en chauffant dans le tube fermé; elle se condense en gouttelettes dans les parties froides. Il est bon d'essayer si cette eau est bien neutre, ou si elle a une réaction acide ou alcaline, auquel cas on a affaire à une matière décomposable par l'action de la chaleur.

**Soufre.** — S.

Le soufre est jaune, friable, très fusible et volatil.

Il brûle avec une flamme bleue, et se transforme en acide sulfureux.

Les *sulfures* alcalins humectés d'eau noircissent une lame d'argent. Les autres sulfures donnent la même réaction quand on les a préalablement chauffés avec de la potasse, sur une lame de platine. Les *sulfates* ne donnent pas cette réaction.

*Dans le tube fermé*, plusieurs sulfures riches en soufre donnent un sublimé de ce métalloïde; certains sulfates décomposables dégagent de l'acide sulfureux.

*Dans le tube ouvert*, les sulfures métalliques et certains sulfates donnent de l'acide sulfureux, reconnaissable à son odeur.

*Au chalumeau*, sur le charbon, avec le carbonate de soude, tous les composés de soufre étant fondus à une flamme de réduction bien soutenue, donnent une masse qui, humectée d'eau et placée sur une lame d'argent, la colore en noir. Ordinairement la masse fondue a une couleur d'un brun de foie (masse hépatique).

En chauffant dans le tube fermé, avec un morceau de sodium, une vive réaction a lieu, et, plaçant sur une lame d'argent l'extrémité du tube après l'avoir cassé et humecté d'eau, on obtient la même réaction. Après l'incandescence, la matière devient *jaune* si elle était primitivement incolore. Ce dernier mode d'opérer est plus facile que le précédent.

Comme le *sélénium* et le *tellure* donnent avec la lame d'argent la même réaction que le soufre, il faut s'assurer de l'absence de ces deux corps. S'il s'agit de reconnaître le soufre en présence du sélénium et du tellure on opère de la manière suivante : la substance est fondue, avec du carbonate de soude, sur le fil de platine, et chauffée pendant quelques minutes dans la flamme de *réduction* supérieure; en reprenant la masse par un peu d'eau dans une capsule de porcelaine et en y versant quelques gouttes de *nitro-cyanure de potassium*, on obtient une coloration d'un violet rouge.

**Tellure. — Te.**

*Caractéres du métal.* — Blanc comme l'antimoine et cassant. Fusible et volatil. Insoluble dans l'acide chlorhydrique, soluble dans l'acide azotique en donnant de l'acide tellureux. Chauffé légèrement avec l'acide sulfurique concentré, il se dissout en donnant une liqueur pourpre; l'eau précipite cette solution en noir. L'acide tellureux est blanc, fusible et volatil.

*Dans la flamme*, sur le fil de platine, placé dans la flamme de réduction supérieure, on obtient une coloration bleu pâle, et verte pour la zone d'oxydation supérieure. L'enduit de réduction obtenu sur la porcelaine [1] est noir avec auréole brun foncé. Devient rouge carmin quand on le chauffe avec l'acide sulfurique. L'enduit d'oxydation est blanc, et noircit par le protochlorure d'étain qui précipite du tellure.

Quand on fond un composé de tellure à la flamme de réduction, avec du carbonate de soude, on obtient

1. Voir la manière d'obtenir ces enduits, page 348.

une masse qui, humectée d'eau, noircit la lame d'argent comme dans le cas du soufre.

## Sélénium. — Se.

*Caractères du sélénium.* — Noir gris, fusible et volatil; brûle à l'air en donnant l'odeur du raifort et en se transformant en acide sélénieux. Soluble dans l'acide sulfurique concentré en donnant une liqueur d'un vert sale; la solution étendue d'eau précipite en rouge (sélénium). Soluble dans l'acide azotique.

*Dans la flamme,* donne une coloration bleue; en même temps on sent l'odeur caractéristique du sélénium. L'enduit de réduction est rouge et donne avec l'acide sulfurique une solution d'un vert sale. L'enduit d'oxydation est blanc et devient rouge avec le chlorure stanneux.

Fondu avec le carbonate de soude, même réaction que pour le tellure et le soufre.

## Phosphore. — Ph.

*Caractères des phosphates* et autres composés de phosphore. — La matière en poudre est calcinée pour la débarrasser de son eau, puis placée dans un tube étroit, par-dessus un petit morceau de sodium gros comme un grain de millet qu'on y a introduit préalablement; en chauffant il se produit une vive réaction avec incandescence, et il se forme du phosphure de sodium. Si la matière est blanche elle devient *noire* après la réaction. En cassant l'extrémité du tube et en y insufflant l'haleine, ou bien en y plaçant une goutte

d'eau, on obtient une odeur d'*hydrogène phosphoré*
des plus caractéristiques.

Les phosphates de *fer* ne donnent pas cette réaction.

Il est bon de casser le tube sur une pièce d'argent
afin de s'assurer s'il n'y a pas en même temps un
composé de soufre, auquel cas l'argent est noirci. Au
lieu de sodium on peut employer un fil de magnésium.

*Au chalumeau,* on reconnaît l'acide phosphorique
en chauffant la substance sur un fil de platine, après
l'avoir humectée d'acide sulfurique concentré ou de
bisulfate d'ammoniaque : il se produit une coloration
d'un vert pâle, très fugitive, et qu'on reproduit en
humectant à chaque fois avec l'acide. La meilleure
manière pour bien réussir cette réaction, c'est de
faire un très petit dard, et d'approcher le fil de platine
en dessous de la flamme, de manière à la lécher, à
peine, vers l'extrémité du cône bleu. Dans ces conditions, la réaction est très sensible quand on en a l'habitude.

### Arsenic. — As.

*Caractères du métalloïde.* — L'arsenic est d'un gris
noirâtre, cassant. Il est entièrement volatil et brûle
en donnant des fumées blanches et une forte odeur
d'ail. Soluble dans l'acide azotique.

*Au chalumeau,* sur le charbon, avec le carbonate
de soude, les composés d'arsenic donnent une odeur
d'ail; la flamme prend une coloration d'un bleu
livide.

18.

Dans le matras, avec du cyanure de potassium, on obtient un sublimé miroitant d'arsenic.

Dans le tube ouvert, on a un sublimé blanc cristallin (octaèdres) d'acide arsénieux; on obtient en même temps une odeur d'ail.

*Dans la flamme,* avec le fil d'amiante, on obtient sur la porcelaine, à la flamme de réduction, un enduit noir avec auréole brune. Cet enduit, traité par l'acide azotique, donne avec l'azotate d'argent (après évaporation de l'excès d'acide) un précipité rouge-brique; si le précipité n'apparaît pas de suite, il suffit d'insuffler un peu d'ammoniaque pour le faire apparaître.

**Bore. — B.**

*Caractères de l'acide borique.* — L'acide borique hydraté se présente en écailles à éclat nacré, qui perdent leur eau par la chaleur, en donnant une masse vitreuse fusible au rouge. Il colore la flamme en vert jaunâtre. Quand on a affaire à un borate, cette coloration est souvent masquée; pour la produire on doit humecter d'acide sulfurique concentré ou de bisulfate d'ammoniaque, sur le fil de platine, et introduire dans la flamme, sans souffler.

On reconnaît la présence de l'acide borique dans les silicates qui en contiennent de petites quantités, comme la tourmaline, en faisant un mélange de la matière pulvérisée avec un flux composé de 4 1/2 parties de bisulfate de potasse et 1 partie de fluorure de calcium; en prenant ce mélange avec le crochet du fil de platine et en l'introduisant dans la flamme, on

obtient une coloration verte, due au fluorure de bore.
Pour reproduire cette réaction on doit reprendre du
mélange et chauffer de nouveau.

*Au spectroscope*, les borates donnent plusieurs
lignes vertes très espacées, surtout quand on humecte
avec l'acide sulfurique.

### Silicium. — Si.

*Caractères de l'acide silicique.* — Blanc, infusible,
inattaquable par les acides. Fusible avec effervescence, quand on le mêle avec trois ou quatre parties
de carbonate de soude; la masse fondue est soluble
dans l'eau. Cette solution, traitée par l'acide chlorhydrique, se prend en gelée, soit immédiatement, soit
après concentration de la liqueur. Quand on a traité au
carbonate de soude un silicate contenant des métaux
ou des bases terreuses, la masse fondue n'est plus entièrement soluble dans l'eau; en reprenant par un acide,
et en évaporant, on obtient toujours la silice en gelée.

*Au chalumeau*, quand on fond un mince éclat d'un
silicate dans une perle de *sel de phosphore*, on
observe que la silice reste insoluble tout en conser-
vant la forme de l'éclat (squelette de silice) et tourne
sans cesse dans la perle en fusion. Les autres oxydes
métalliques sont dissous par le sel de phosphore, et
la silice reste seule en liberté.

### Carbone. — C.

Les différentes variétés de carbone plus ou moins
pur, graphite, anthracite, houille, lignite, brûlent

plus ou moins facilement au chalumeau, avec ou sans flamme, en dégageant souvent une odeur particulière. Tous ces composés fusent ou détonent quand on les chauffe avec du nitre dans une capsule de platine; le résidu fait effervescence avec les acides, par suite de la formation d'un carbonate alcalin.

*Dans le tube fermé*, ces mêmes composés, et d'autres substances organiques, dégagent souvent des vapeurs odorantes ou empyreumatiques avec divers sublimés liquides ou solides dont la réaction par les papiers réactifs est tantôt acide et tantôt alcaline.

*Acide carbonique.*

La meilleure manière de le constater c'est d'avoir recours à l'action d'un acide *étendu*, en opérant à froid ou à chaud dans un tube à essai : on a une vive effervescence sans odeur. Par voie sèche on reconnaît l'acide carbonique en chauffant la matière avec du bisulfate de potasse dans un tube fermé muni d'un tube appendice en V, qu'on adapte au moyen d'un caoutchouc, et dans lequel *on a introduit une goutte* d'eau de chaux; celle-ci est troublée par le passage de l'acide carbonique. Comme les *oxalates* donnent la même réaction, il faut s'assurer s'il ne se dégage pas en même temps de l'oxyde de carbone. On ajoute au tube appendice un tube effilé contenant un peu de potasse solide pour retenir l'acide carbonique; on enflamme l'oxyde de carbone à l'extrémité du tube.

**Cyanogène.**

Les *cyanures*, traités comme les carbonates, avec

le bisulfate de potasse, dans le tube fermé, dégagent de l'acide cyanhydrique reconnaissable à son odeur. Si l'on condense cet acide dans une goutte de potasse placée dans le tube appendice en V, il suffira de traiter ensuite ce liquide par quelques gouttes de sulfate ferroso-ferrique et un peu d'acide chlorhydrique, pour avoir du bleu de Prusse (caractéristique pour l'acide cyanhydrique).

Dans le cas particulier du cyanure de mercure, on obtiendra, en chauffant dans le tube fermé, du cyanogène pouvant brûler avec une flamme rouge.

### Chlore. — Cl.

*Au chalumeau*, on reconnaît la présence du chlore dans un composé quelconque de la manière suivante : on fait une perle de *sel de phosphore*, à laquelle on ajoute assez d'oxyde de cuivre pour que la perle en soit saturée et devienne noire ; avec cette perle on prend de la substance à essayer et l'on chauffe à la flamme de réduction : celle-ci se colore autour de la perle en un beau bleu bordé d'un peu de pourpre (formation de chlorure de cuivre).

*Dans le tube fermé*, avec du bisulfate de potasse, les chlorures dégagent de l'acide chlorhydrique ; les chlorates dégagent un gaz jaune verdâtre (acide hypochlorique) à odeur de chlore.

### Brome. — Br.

*Au chalumeau*, avec la perle de sel de phosphore saturée d'oxyde de cuivre, les composés de brome

colorent la flamme en bleu verdâtre; cette réaction
est peu caractéristique.

*Dans le tube fermé,* avec le bisulfate de potasse,
on obtient des vapeurs rouges de brome, qui rappel-
lent celles de l'acide hypoazotique. Si l'on ajoute au
tube, au moyen d'un caoutchouc, un tube appendice
en forme de V, le brome se condense en gouttelettes
rougeâtres.

### Iode. — Io.

*Au chalumeau,* avec la perle de sel de phosphore
saturée d'oxyde de cuivre, les composés de l'iode
colorent la flamme en un beau vert émeraude.

*Dans le tube fermé,* avec le bisulfate de potasse, on
obtient des vapeurs violettes d'iode, bleuissant une
bande de papier amidonné.

### Fluor. — Fl.

Les composés de fluor, chauffés dans un tube fermé,
avec du bisulfate de potasse, dégagent de l'acide
fluorhydrique qui corrode le verre. Pour bien s'en
assurer on casse l'extrémité où se trouve la matière
en fusion, en y versant quelques gouttes d'eau, et l'on
lave avec soin le reste du tube; après dessication,
le verre est dépoli à l'endroit où l'acide fluorhydrique
a agi. Une manière plus sensible de faire l'expérience consiste à chauffer la matière avec de l'acide
sulfurique ou du bisulfate de potasse dans un petit
creuset de platine portant un couvercle percé en son
centre d'un très petit trou; en plaçant sur cette

ouverture une lame de verre d'un centimètre carré, celle-ci est corrodée à l'endroit exposé aux vapeurs. Il faut laver et sécher la lame pour bien voir la tache circulaire au centre.

On reconnaît aussi le fluor en faisant un mélange de borax et de bisulfate de potasse avec la matière à essayer; si l'on chauffe le mélange à l'extrémité du cône bleu, sur un fil de platine, on obtient une coloration verte, passagère, due au fluorure de bore.

### Azote. — Az.

*Acide azotique.* On reconnaît la présence de cet acide en chauffant la matière dans le tube fermé avec du bisulfate de potasse : il se dégage des vapeurs rutilantes d'acide hypoazotique. En condensant les produits gazeux dans le tube appendice en V, où l'on a placé une goutte de sulfate ferreux, on obtient une coloration brune.

## II. — RÉACTIONS DES BASES

### Or. — Au.

*Caractères du métal.* — Jaune, malléable; difficilement fusible; soluble seulement dans l'eau régale en donnant une liqueur jaune. La solution chauffée avec l'étain en feuille donne du pourpre de Cassius. Une solution de sulfate ferreux précipite de l'or métallique.

*Au chalumeau,* sur le charbon, avec le borax, on

obtient des grains métalliques, brillants, malléables.
Pour de petites quantités d'or mélangé à d'autre métaux il faut employer la coupellation (voir *Argent*).

**Platine. — Pt.**

*Caractères du métal.* — Blanc d'argent, malléable
et infusible dans les fourneaux ordinaires. Soluble
seulement dans l'eau régale en donnant une liqueur
jaune plus ou moins foncé. La solution *concentrée*
précipite en jaune par le chlorure d'ammonium. Avec
l'étain métallique, à chaud, on obtient une liqueur
brune.

*Au chalumeau,* sur le charbon, avec le carbonate de
soude, les composés de platine donnent une masse
grise spongieuse, infusible, prenant de l'éclat par le
frottement. En lessivant par l'eau la masse restante,
le métal peut ensuite être dissous dans l'eau régale
et soumis aux réactions ci-dessus.

**Étain. — Sn.**

*Caractères du métal.* — Blanc grisâtre, malléable,
très fusible et très oxydable au contact de l'air. Attaquable par l'acide azotique avec production d'une
poudre blanche d'acide stannique. L'acide chlorhydrique le dissout à l'aide de la chaleur; la solution précipite en brun par l'hydrogène sulfuré et en blanc par
le bichlorure de mercure.

*Au chalumeau,* sur le charbon, avec un *excès* de
cyanure de potassium, donne des grains métalliques
malléables, sans enduit.

**Antimoine. — Sb.**

*Caractères du métal.* — Blanc d'étain, très cassant. Assez fusible. Chauffé au contact de l'air, donne des fumées blanches d'oxyde d'antimoine. L'acide azotique l'attaque et le transforme en une poudre blanche.

*Au chalumeau,* sur le charbon, avec le carbonate de soude, donne des grains métalliques cassants avec enduit blanc très volatil; en même temps la flamme prend une coloration d'un vert livide.

Dans le tube ouvert on obtient un sublimé blanc *non cristallin,* devenant orangé quand on y insuffle des vapeurs de sulfure ammonique, ou mieux lorsqu'on y introduit une goutte de ce réactif et qu'on chauffe un peu pour l'évaporer.

*Dans la flamme,* sur le fil d'amiante, à la flamme de réduction, avec la porcelaine, on obtient un enduit noir. Cet enduit, traité par l'acide azotique et ensuite par l'azotate d'argent, donne un précipité noir d'antimonite d'argent quand on y insuffle de l'ammoniaque.

L'enduit d'oxyde, soumis aux vapeurs d'iode devient rouge orangé, et disparaît par l'insufflation ammoniacale.

**Molybdène. — Mo.**

*Caractères de l'acide molybdique.* — Poudre blanche, fusible au rouge et volatile. Soluble dans la potasse ou l'ammoniaque; la solution, traitée par un excès d'acide azotique, précipite en jaune serin quand on la traite, à chaud, par quelques gouttes d'un phosphate alcalin. Quand on chauffe dans une capsule un composé de molybdène avec l'acide sulfurique concentré, jusqu'à commencement de volatilisation de cet acide, et qu'on ajoute ensuite de l'alcool, on obtient une liqueur d'un beau bleu.

*Au chalumeau*, sur le fil de platine, l'acide molybdique colore la flamme en vert. Avec le sel de phosphore on obtient une perle verte à la flamme de réduction.

### Tungstène. — W.

*Caractères de l'acide tungstique.* — Jaune citron, infusible. Soluble dans les alcalis; la solution précipite par l'acide chlorhydrique et le précipité devient d'un beau bleu par l'addition du zinc métallique.

*Au chalumeau*, sur le fil de platine, avec le borax, donne une perle incolore à la flamme d'oxydation, devenant bleue à la flamme de réduction. Par l'addition du sulfate ferreux la perle devient rouge de sang.

### Argent. — Ag.

*Caractères du métal.* — Blanc, très brillant et malléable. Fusible au rouge cerise. Soluble dans l'acide azotique; la solution précipite en blanc caillebotté par l'acide chlorhydrique et le précipité est soluble dans l'ammoniaque.

*Au chalumeau*, sur le charbon, avec le carbonate de soude, on obtient des grains métalliques brillants malléables, sans enduit. Pour reconnaitre dans un minerai de très petites quantités d'argent, il faut avoir recours à la coupellation.

*Coupellation.* — On commence par chauffer modérément le minerai, sur le charbon, à la flamme oxydante, pour le débarrasser des éléments volatils (soufre, arsenic, antimoine). *S'il ne contient pas de plomb*, on y ajoute un petit morceau de plomb pauvre (exempt d'argent), puis un mélange de carbonate de soude et de borax, et l'on chauffe à la flamme de réduction jusqu'à ce que le culot de plomb soit bien séparé du reste de la scorie. Dans cette opération, le plomb s'empare de tout l'argent et de quelques autres métaux, tandis que le fondant (borax et carbonate de soude) dissout les matières terreuses qui servent de gangue, ainsi que certains oxydes métalliques. (Si, au moment de faire cette fusion, après le grillage du minerai, la cavité du charbon était trop détériorée, on peut en détacher la matière et faire cette dernière opération dans un autre cavité.)

On laisse refroidir, on détache le culot de plomb en frappant avec le marteau sur le tas d'acier, et on le nettoie convenablement.

Pour faire la coupellation on creuse une bonne cavité dans le charbon, on la remplit de cendre d'os finement tamisée, et on la tasse bien avec le pilon d'un mortier d'agate. La surface étant bien convexe, on souffle dessus pour faire partir la poudre non adhérente, et l'on chauffe avec précaution, au chalumeau, afin de s'assurer que la coupelle ne se fendille point. Quand elle est ainsi préparée, on y place avec une pince le culot de plomb, et l'on dirige dessus le dard de la flamme afin de le fondre et de commencer la coupellation. Cette opération doit se faire à la flamme oxydante, en ayant soin de bien régler la température pour que l'oxyde de plomb qui se forme autour de l'essai pénètre constamment dans les pores de la coupelle. Quand on s'aperçoit que la litharge ne disparaît point et forme un bourrelet liquide autour de l'essai, il faut y diriger un bon dard de réduction afin de le faire disparaître, puis on continue à oxyder jusqu'à ce que le bouton métallique ne diminue plus de volume et cesse de montrer des anneaux irisés à sa surface. Si le grain d'argent est très petit, on l'aperçoit fort bien à la loupe. Quelquefois il arrive, si l'on a pris trop de matière, que l'essai reste noyé dans la litharge pendant le cours de l'opération : dans ce cas il vaut mieux laisser refroidir, détacher le grain de plomb qui s'y trouve, et finir la coupellation sur une coupelle fraîche. On pourra s'assurer que le grain obtenu est bien de l'argent en le traitant, dans un tube, par quelques gouttes d'acide azotique, et en précipitant la liqueur par l'acide chlorhydrique.

**Mercure. — Hg.**

*Caractères du métal.* — Blanc et liquide. Bout à 360°. Soluble dans l'acide azotique étendu; quand la solution se fait à froid, elle précipite en blanc par l'acide chlorhydrique; le précipité noircit par l'addition de l'ammoniaque.

*Dans le matras,* avec un mélange de carbonate de

soude et de nitre, les composés de mercure donnent
un sublimé formé de petits globules visibles à la
loupe, et qu'on peut rassembler en les frottant avec
un bout d'allumette ou une tige en verre.

*Dans la flamme*, on obtient sur la porcelaine un
enduit métallique. Cet enduit humecté avec l'haleine et exposé aux vapeurs de brome se transforme
en bromure ; ce dernier, soumis aux vapeurs d'iode,
donne un iodure rouge caractéristique.

### Plomb. — Pb.

*Caractères du métal.* — Le plomb est d'un gris
bleuâtre, très malléable et se coupant au couteau. Très
fusible. Soluble dans l'acide azotique *étendu*. La solution concentrée précipite en blanc par l'acide sulfurique; dans une solution étendue, le précipité ne se
produit que par l'addition de l'alcool. L'acide chlorhydrique donne un précipité cristallin soluble dans
l'eau bouillante, insoluble dans l'ammoniaque.

*Au chalumeau*, sur le charbon, avec le carbonate
de soude, tous les composés de plomb donnent des
grains métalliques malléables, avec un enduit jaune.

*Dans la flamme*, sur un fil d'amiante, on obtient
sur la porcelaine, à la flamme de réduction supérieure, un enduit noir, brun sur les bords. L'enduit
d'oxyde est jaune, et, soumis à la vapeur d'iode, donne
un iodure jaune, qui disparaît par l'insufflation ammoniacale. Quand on insuffle sur cet iodure du sulfure
ammonique, on obtient un sulfure rouge brun ou
noir.

**Bismuth. — Bi.**

*Caractères du métal.* — Le bismuth est d'un blanc rougeâtre, assez cassant. Très fusible. Soluble dans l'acide azotique. La solution très concentrée se trouble par l'eau.

*Au chalumeau*, sur le charbon, avec le carbonate de soude, les composés de bismuth donnent des grains métalliques cassants, avec enduit jaune.

*Dans la flamme*, avec un fil d'amiante, on obtient sur la porcelaine un enduit de réduction noir. Cet enduit dissous dans l'acide azotique et additionné d'une solution potassique de chlorure stanneux, donne un précipité noir. L'enduit d'oxyde est jaune pâle, et, soumis aux vapeurs d'iode, donne un iodure brun plus ou moins foncé, ayant un reflet bleu-lavande avec auréole rose ; avec l'insufflation ammoniacale, l'enduit devient d'abord rose et finalement d'un jaune d'œuf. Ensuite il redevient rose. En y insufflant de l'haleine, il passe un instant au jaune. Par insufflation de sulfure ammonique, l'iodure donne un sulfure brun foncé.

**Cuivre. — Cu.**

*Caractères du métal.* — Rouge caractéristique et malléable. Difficilement fusible ; se recouvre, quand on le chauffe au rouge au contact de l'air, d'une couche d'oxyde noir. Soluble dans l'acide azotique en donnant une liqueur verte, devenant d'un bleu d'azur par un excès d'ammoniaque. Une lame de fer plongée dans la solution d'un sel de cuivre, se recouvre de cuivre métallique. Les sels de cuivre sont verts ou bleus.

*Au chalumeau*, sur le charbon, avec le carbonate de soude, donne, à la flamme de réduction, des grains métalliques malléables, sans enduit. Pendant cette opération, la flamme se colore par moments en vert émeraude. Si l'on humecte avec de l'acide chlorhydrique, on obtient, en chauffant, une coloration d'un beau bleu au centre et vert autour.

Avec le borax on obtient une perle bleue à la flamme d'oxydation, devenant brun-rouge opaque à la flamme de réduction; s'il n'y a que fort peu de matière la perle est incolore à chaud. On obtient très facilement la perle brun-rouge en ajoutant un peu de protochlorure d'étain avant de chauffer à la flamme de réduction.

### Cadmium. — Cd.

*Caractères du métal.* — Blanc d'étain et malléable. Fusible au rouge et volatil. Soluble dans les acides. La solution précipite en jaune par l'hydrogène sulfuré.

*Au chalumeau*, sur le charbon, avec le carbonate de soude, on obtient, à la flamme de réduction, un enduit brun, sans grains métalliques.

*Dans la flamme*, on obtient, sur la porcelaine, un enduit métallique noir, avec auréole brune. L'enduit d'oxyde est d'un noir brun passant au brun; si l'on y verse de l'azotate d'argent, on obtient une coloration d'un noir bleu. L'iodure est blanc et le sulfure jaune.

**Cobalt. — Co.**

*Caractères du métal.* — Gris d'acier. Très difficile à fondre et magnétique. Attaquable par les acides en donnant une solution rose quand on étend d'eau. L'oxyde de cobalt anhydre est noir.

*Au chalumeau,* avec la perle de borax, on obtient une coloration d'un beau bleu dans les deux flammes. Sur le charbon, avec le carbonate de soude, même réaction que pour le fer.

**Nickel. — Ni.**

*Caractères du métal.* — Blanc d'argent, malléable et magnétique. Très difficile à fondre. Soluble dans les acides, en donnant une liqueur verte. La solution devient bleue par excès d'ammoniaque, comme dans le cas du cuivre, mais ne précipite pas en rouge sur une lame de fer.

*Au chalumeau,* avec la perle de borax, coloration violacée ou brune à la flamme oxydante, devenant grise à la flamme de réduction, surtout par l'addition du chlorure stanneux. Sur le charbon, avec le carbonate de soude, même réaction que pour le fer.

**Fer. — Fe.**

*Caractères du métal.* — Gris blanc, malléable et magnétique. Difficile à fondre et facilement oxydable quand on le chauffe au contact de l'air. Soluble dans les acides. La solution dans l'eau régale est jaune et donne un précipité bleu par le ferro-cyanure de potassium; l'ammoniaque précipite en brun rouge du sesquioxyde de fer hydraté. Le sesquioxyde de fer anhydre est rouge. Les sels de fer sont ordinairement verts ou jaunes.

*Au chalumeau*, sur le charbon, avec le carbonate de soude à la flamme de réduction, on obtient une masse qui, étant pulvérisée et lavée avec un peu d'eau pour enlever l'excès de soude, laisse une poudre noire, attirable au bareau aimanté.

Avec la perle de borax on obtient une coloration jaune plus ou moins foncée à la flamme oxydante, et vert bouteille à la flamme de réduction.

**Urane. — Ur.**

*Caractères de l'oxyde.* — Le sesquioxyde hydraté est jaune, par calcination il devient d'un vert foncé. La solution dans les acides est jaune; le ferro-cyanure de potassium précipite en brun marron.

*Au chalumeau*, avec la perle de borax, coloration jaune à la flamme oxydante, devenant verte à la flamme de réduction.

**Manganèse. — Mn.**

*Caractères de l'oxyde.* — Le peroxyde est noir, infusible, et se transforme en oxyde rouge brun, avec dégagement d'oxygène. L'acide chlorhydrique le dissout avec dégagement de chlore.

*Au chalumeau*, avec le borax, on obtient une perle violette à la flamme oxydante, devenant incolore à la flamme de réduction, surtout quand on ajoute du chlorure stanneux.

19.

Sur la lame de platine, avec le mélange de carbonate de soude et de nitre, on obtient une masse d'un beau vert; en reprenant par quelques gouttes d'eau, à froid, on a une solution d'un beau vert, devenant rose quand on ajoute de l'acide étendu.

### Zinc. — Zn.

*Caractères du métal.* — Blanc bleuâtre, peu malléable. Fusible et volatil en brûlant avec une flamme verdâtre, et formant un oxyde blanc. Soluble dans les acides. La solution précipite en blanc par l'ammoniaque; le précipité est soluble dans un excès de réactif.

*Au chalumeau,* sur le charbon, avec le carbonate de soude, à une flamme de réduction bien soutenue, on obtient un enduit jaune à chaud et blanc par refroidissement. Cet enduit, humecté d'azotate de cobalt et fortement chauffé, devient vert.

*Dans la flamme,* l'enduit de métal produit sur la porcelaine est noir, avec auréole brune.

### Aluminium. — Al.

*Caractères du métal.* — Blanc et malléable. Fusible au rouge vif et très oxydable. Soluble dans l'acide chlorhydrique; la solution précipite en blanc gélatineux par l'ammoniaque. Soluble dans la potasse à chaud, insoluble dans l'acide azotique.

*L'oxyde* (alumine) est blanc et infusible.

*Au chalumeau,* l'alumine et plusieurs de ses composés donnent, lorsqu'on les humecte d'azotate de cobalt et qu'on calcine fortement, une masse d'un beau bleu, infusible. Pour faire cette réaction, la matière doit être blanche par calcination avant d'y ajouter de l'azotate de cobalt.

### Chrome. — Cr.

*Caractères de l'oxyde.* — Vert, infusible. Les sels de chrome sont verts ou violets; les chromates sont jaunes ou rouges.

*Au chalumeau,* avec la perle de borax, on obtient une coloration d'un vert émeraude dans les deux flammes. Sur la lame de platine, avec un mélange de carbonate de soude et de nitre, on obtient une coloration jaune de chromate; en reprenant par un peu d'eau dans une petite capsule de porcelaine, on a une liqueur jaune qui, par une solution d'acétate de plomb et par un excès d'acide acétique, donne une poudre jaune de chromate de plomb.

### Vanadium. — Vd.

*Caractères de l'acide vanadique.* — Rouge foncé, fusible. Soluble dans les acides en donnant une liqueur rouge et jaune et se décolore par l'ébullition. Cette solution neutralisée par l'ammoniaque et traitée par un excès de sulfure ammonique, se colore en brun.

*Au chalumeau,* avec la perle de borax, on obtient une coloration verte dans la flamme de réduction.

Si l'on fond un composé de vanadium avec du carbonate de soude et du nitre, sur la lame de platine, on obtient une masse jaune comme avec le chrome. En reprenant par l'eau froide on obtient une liqueur jaune, qui se décolore à chaud.

### Cérium. — Ce.

*Oxyde de cérium.* — L'oxyde ordinaire (mélangé de lanthane et de didyme) est rouge brique, infusible; soluble dans l'acide chlorhydrique avec dégagement de chlore. La solution étendue donne avec l'acide oxalique un précipité blanc, assez lourd, devenant rouge brique après calcination.

*Au chalumeau,* avec la perle de borax, à la flamme oxydante, on obtient une coloration rouge ou jaune à chaud, devenant très pâle ou incolore à froid. A la flamme de réduction la perle est incolore.

### Titane. — Ti.

*Caractères de l'acide titanique.* — Blanc, infusible. Insoluble dans les acides après calcination. Fondu avec le bisulfate de potasse et repris par l'eau *froide,* solution précipitant en blanc par l'ébullition. Avec une solution de tannin, la liqueur du bisulfate donne une coloration jaune orange. Cette dernière réaction permet de reconnaître l'acide titanique dans les silicates.

*Au chalumeau,* avec le sel de phosphore, perle incolore à la flamme oxydante, devenant améthyste dans la flamme de réduction; en ajoutant à la perle un peu de sulfate ferreux, elle devient rouge de sang.

**Niobium. — Ni.**

*Acide niobique.* — Blanc, infusible. Inattaquable par les acides après calcination. Fondu avec le bisulfate de potasse, dans le creuset de platine, et repris par l'eau froide, laisse une poudre blanche.

*Au chalumeau*, avec la perle de sel de phosphore, donne un verre incolore à la flamme oxydante; à la flamme de réduction, on obtient une coloration bleue pour peu de matière, et violette si l'on en ajoute davantage. Par addition de sulfate ferreux, la perle devient d'un rouge de sang.

**Baryum. — Ba.**

*Caractères de l'oxyde.* — Blanc-gris, infusible, soluble dans les acides chlorydrique et azotique étendus. La solution étendue précipite par l'acide sulfurique.

*Au chalumeau*, sur le fil de platine, quand on prend *très peu* de matière et qu'on chauffe fortement à la flamme de réduction, colore la flamme en vert jaunâtre, surtout après avoir humecté d'acide chlorhydrique.

*Au spectroscope*, on voit plusieurs lignes vertes très serrées les unes contre les autres.

**Strontium. — Sr.**

*Caractères de l'oxyde.* — Blanc-gris, infusible, soluble dans les acides chlorhydrique et azotique. La solution étendue précipite par l'acide sulfurique

*Au chalumeau*, sur le fil de platine, fortement calciné puis humecté d'acide chlorhydrique, colore la flamme en rouge carmin. Il suffit d'introduire la matière dans la flamme, sans souffler.

*Au spectroscope*, raie orangée très proche de la ligne jaune de la soude, plusieurs lignes rouges et une ligne bleue.

### Calcium. — Ca.

*Caractères de l'oxyde.* — Blanc, infusible, soluble dans les acides chlorhydrique et azotique. La solution très étendue ne précipite pas par l'acide sulfurique; la solution concentrée précipite du sulfate de chaux, surtout par l'agitation de la liqueur.

*Au chalumeau*, sur le fil de platine, les composés de chaux, fortemént calcinés, puis humectés à plusieurs reprises avec l'acide chlorhydrique, colorent la flamme en rouge jaunâtre. Il suffit de mettre le fil, bien trempé dans l'acide, un instant dans la flamme, sans qu'il soit nécessaire de souffler.

*Au spectroscope*, raie rouge orange et verte, presque à égale distance de celle de la soude.

### Magnésium. — Mg.

*Caractères du métal.* — Blanc d'argent, malléable. Chauffé au rouge, brûle avec éclat avec formation de magnésie. L'oxyde (magnésie) est blanc, infusible; soluble dans les acides. La solution, additionnée de chlorure ammonique et d'ammoniaque en excès, ne précipite ni par le sulfure ammonique, ni par le carbonate d'ammoniaque. Elle précipite par le phosphate de soude, surtout par l'agitation.

*Au chalumeau*, sur le charbon, étant humecté d'azotate de cobalt, et fortement calciné, prend une coloration rose de chair. La matière première doit être blanche après calcination avant d'y ajouter l'azotate de cobalt.

### Potassium. — K.

*Au chalumeau*, sur le fil de platine, les composés de potassium donnent dans la flamme une coloration violette; de petites quantités de soude masquent cette réaction. Avec le verre bleu la coloration paraît rouge pourpre.

*Au spectroscope*, raie rouge sombre très éloignée de la ligne de la soude. Dans les silicates il faut chauffer la matière à plusieurs reprises sur le fil, avec du chlorure de calcium, avant d'examiner la coloration à travers le verre bleu ou au spectroscope.

### Sodium. — Na.

*Au chalumeau*, la soude donne à la flamme une coloration jaune. Cette coloration est invisible à travers le verre bleu, ce qui permet de voir la potassse en présence de la soude.

*Au spectroscope*, raie jaune unique très caractéristique. Cette raie existe presque toujours, plus ou moins, par suite des poussières répandues dans l'air et qui contiennent des traces de soude.

### Lithium. — Li.

*Au chalumeau*, sur le fil de platine, colore la flamme en rouge carmin.

*Au spectroscope,* raie rouge unique placée entre la ligne rouge de la chaux et la ligne rouge de la potasse. Dans le cas des silicates, humecter préalablement avec du chlorure de calcium et calciner à plusieurs reprises.

### Ammoniaque. — $AzH^3$.

Pour reconnaître l'ammoniaque, il suffit de chauffer la matière dans un tube avec de la potasse; odeur caractéristique; le gaz rougit le papier de curcuma.

# CHAPITRE III

## MÉTHODE D'ANALYSE AU MOYEN DU CHALUMEAU

Les essais par voie sèche se font dans l'ordre suivant : essais *dans le matras*, essais *dans le tube ouvert*, *réactions de la flamme*, essais *sur le charbon*, essais *sur la lame de platine*, essais *par la coloration de la flamme*, essais *des perles de borax* ou *de sel de phosphore*, essais *au spectroscope*.

### ESSAIS DANS LE MATRAS OU TUBE FERMÉ

Nous avons déjà indiqué comment on prépare ces tubes (page 305). Avant de se servir d'un tube il faut s'assurer s'il est bien propre et sec. Pour cela on roule une bande de papier à filtrer et on frotte les parois intérieures du tube; ensuite on le chauffe pour s'assurer qu'il est bien sec. La matière à essayer étant pulvérisée (quelquefois aussi on l'emploie en fragments, à condition qu'elle ne décrépite point) on la place dans le tube, en petite quantité, et l'on a soin de bien essuyer les parois avec du papier buvard, si la

poudre adhère quelque part. On chauffe alors le tube
graduellement, en le tenant incliné à 45°, et en observant tous les phénomènes qui peuvent se produire. Ainsi il pourra y avoir *dégagement d'eau* ou
d'un autre liquide, *dégagement d'un gaz* ou *vapeur*,
*formation d'un sublimé.* Il faut de plus observer si
la matière fond, si elle change de couleur, s'il y a
une odeur quelconque. Après avoir chauffé à la
lampe seule on peut chauffer le tube en y dirigeant le
dard du chalumeau, certaines de ces réactions ne se
manifestant qu'à une température assez élevée. C'est
pour cela qu'il est bon d'employer des tubes en
verre peu fusible et surtout en verre de Bohême.

Quand on a chauffé la matière seule, on l'essaye
ensuite dans un autre tube en y ajoutant certains
réactifs, comme nous le verrons plus loin.

**Dégagement d'eau.** — Tous les sels ou minéraux
hydratés dégagent de l'eau, qui se condense en gouttelettes sur les parois froides du tube. Il faut toujours
examiner au moyen d'une bandelette de papier de
tournesol et de curcuma si cette eau est acide ou
alcaline, si elle a une odeur quelconque. Quelquefois
l'eau qui se dégage au commencement est neutre,
et ne devient acide ou alcaline que par une élévation
de température, par suite d'une décomposition ulté-
rieure de la substance. Exemple, certains sulfates
hydratés qui d'abord perdent de l'eau et plus tard se
décomposent en dégageant de l'acide.

**Matières organiques.** — On obtient aussi d'autres liquides, colorés ou non, souvent à odeur spéciale, quand il y a des substances organiques; dans ce dernier cas le résidu devient souvent charbonneux.

**Dégagement d'un gaz ou vapeur.** — *Oxygène.* Certains oxydes comme le peroxyde de manganèse, et certains sels, comme les chlorates, bromates et quelques azotates, dégagent de l'*oxygène.* Ce gaz est facile à reconnaître en présentant à l'orifice du tube, pendant qu'on le chauffe, une allumette ayant un point en ignition; elle doit se rallumer.

*Acide carbonique.* Quelques carbonates et oxalates dégagent de l'acide carbonique; il est facile de le constater en adaptant au matras, au moyen d'un tube en caoutchouc, le tube appendice en V dont nous avons parlé (page 320). En y ajoutant préalablement une goutte d'eau de chaux on obtiendra un trouble manifeste.

*Acide azotique.* Certains azotates dégagent de l'acide hypoazotique, vapeurs rutilantes, facile à reconnaître à sa couleur ainsi qu'à son odeur. En adaptant le tube en V contenant une goutte de sulfate ferreux, on obtient une liqueur brune.

Quand on n'obtient aucune réaction particulière avec la matière seule, on la chauffe avec du *bisulfate de potasse.* Il faut pour cela prendre un autre tube. Ce sel ayant la propriété de déplacer tous les acides volatils, on reconnaîtra alors d'une manière certaine l'*acide carbonique,* l'*acide azotique,* l'*acide oxalique,*

le *brome*, l'*iode*, le *chlore*, le *fluor*, l'*acide acétiqu*
l'*acide cyanhydrique*. Pour les deux premiers acide
on fera les mêmes réactions indiquées ci-dessus.

*Acide oxalique.* Dans le cas de l'acide oxaliqu
comme il se dégage, outre l'acide carbonique, e
l'oxyde de carbone, on reconnaîtra ce dernier comm
il est indiqué (page 318).

*Brome.* Les composés de brome donnent des v
peurs rouge orangé qui se condensent en gouttelett
brunes dans le tube appendice en V.

*Iode.* Avec les composés d'iode on obtient des v
peurs violettes, bleuissant le papier amidonné. L'ioc
peu volatil se condense au commencement du tul
en V ou même à l'extrémité du matras; s'il y a e
même temps du brome, ce dernier donne des vapeu
qui se répandent plus loin et avant l'apparition l
vapeurs violettes.

*Chlore.* Les chlorures dégagent de l'acide chlo
hydrique, précipitant en blanc une goutte l'azotat
d'argent placée dans le tube en V.

*Fluor.* Avec les fluorures on obtient de l'acide fluo
hydrique qui corrode le verre. Pour bien le const:
ter, il faut, après avoir cassé l'extrémité du tube o
se trouvait la matière, le bien laver et le sécher, pou
voir si le tube est dépoli.

*Acide acétique.* Les acétates dégagent de l'aci
acétique reconnaissable à son odeur.

*Cyanogène.* Certains cyanures dégagent du cyan
gène brûlant avec une flamme, rouge à l'extrémit
effilée du tube appendice; d'autres dégagent

l'acide cyanhydrique, reconnaissable à son odeur, et qu'on peut condenser dans quelques gouttes de potasse placée dans le tube en V. On fait ensuite les réactions indiquées (page 321).

Après avoir chauffé dans le tube avec le bisulfate de potasse on fait un autre essai au *sodium* pour reconnaître l'*acide phosphorique* et le *soufre*. Pour faire cet essai on prend un tube très étroit, et l'on y introduit un peu de sodium, gros comme un grain de blé, et par-dessus la matière préalablement calcinée, pour la priver de son eau ; en chauffant à la lampe une vive réaction a lieu avec incandescence. On place l'extrémité du tube sur une pièce d'argent, pendant qu'il est encore chaud, et l'on y verse quelques gouttes d'eau pour le briser ; on achève de le casser avec un marteau si c'est nécessaire.

*Acide phosphorique.* S'il y a de l'*acide phosphorique*, on aura une odeur alliacée d'hydrogène phosphoré, fort caractéristique. (Les phosphates de fer ne donnent point cette réaction.) Au lieu de sodium on peut employer du magnésium en fil.

*Soufre.* Si la matière contient du soufre, à l'état de sulfate ou autrement, la lame d'argent est noircie parce qu'il s'est formé de sulfure de sodium.

Les composés de *sélénium* et de *tellure* donnent la même réaction.

On doit remarquer que si la matière à essayer est blanche, elle devient *noire* à l'endroit où la réaction du sodium a lieu, dans le cas de l'acide phosphorique, et *jaune*, dans le cas du soufre.

**Formation d'un sublimé.** — On obtient un sublimé pour certaines combinaisons de *soufre, arsenic, antimoine, sélénium, tellure, mercure*, et quelques sels *ammoniacaux*.

*Soufre.* Avec certains composés riches en soufre, on obtient un sublimé jaune de ce métalloïde.

*Arsenic.* Dans le cas de l'arsenic on aura, soit un anneau miroitant d'arsenic, facile à reconnaître par l'odeur d'ail qu'il répand quand on le chauffe après avoir cassé l'extrémité du tube, soit un sublimé *jaune* d'orpiment, ou *rouge* de réalgar, ce dernier étant fusible en gouttelettes. D'autres fois on a un sublimé cristallin d'acide arsénieux en octaèdres (visibles à la loupe ou au microscope). De toutes manières, on aura le sublimé d'arsenic métallique en chauffant la substance avec un mélange de cyanure de potassium et de carbonate de soude, ou bien avec une esquille de charbon (dans le cas des arséniates).

*Antimoine.* S'il y a de l'antimoine on obtient soit un sublimé blanc, amorphe, d'oxyde d'antimoine, soit un sublimé rouge foncé, peu volatil et pas fusible en gouttelettes. L'enduit d'oxyde, humecté d'une goutte de sulfure ammonique et chauffé, devient orangé.

*Sélénium.* Dans le cas des séléniures on obtient soit un sublimé rouge de sélénium, soit un sublimé blanc d'acide sélénieux. Ce dernier devient *rouge* quand on l'humecte avec du chlorure stanneux.

*Tellure.* Les tellurures donnent soit un sublimé métallique de tellure, soit un sublimé blanc d'acide tellureux, fusible en gouttelettes; ce dernier devient *noir* quand on l'humecte avec du chlorure stanneux.

*Mercure.* Avec les composés de mercure, on a ou bien un sublimé gris de mercure métallique, en gouttelettes visibles à la loupe, et faciles à rassembler quand on les frotte avec une baguette; ou bien un sublimé blanc, devenant noir quand on l'humecte de sulfure ammonique. En tous cas on obtient du mercure métallique en chauffant avec du carbonate de soude.

*Ammoniaque.* Avec certains sels ammoniacaux on obtient un sublimé blanc. On les reconnaît facilement en chauffant la matière avec de la potasse : odeur d'ammoniaque, rougissant le papier de curcuma.

## ESSAIS DANS LE TUBE OUVERT

On prend un tube ouvert aux deux bouts et courbé légèrement en son milieu afin d'y placer la matière. On chauffe en inclinant un peu pour qu'il y ait appel d'air, et l'on observe s'il se dégage une *odeur* quelconque et s'il y a un *sublimé.*

**Dégagement d'odeur.** — Les *sulfures* donnent une odeur d'acide sulfureux; les *arséniures* une odeur d'ail; les *séléniures* une odeur de raifort; quelques sels *ammoniacaux* l'odeur d'ammoniaque.

**Formation d'un sublimé.** — On l'obtient pour les mêmes corps qui en donnent un dans le matras :

seulement ici il y a oxydation et l'on obtient surtout
les acides ou oxydes de ces corps comme : l'acide
*arsénieux*, l'*oxyde d'antimoine*, les acides du *sélénium*, du *tellure*, les sels ammoniacaux, etc. On peut
faire agir, sur ces divers sublimés, les réactifs dont
nous avons parlé plus haut, afin de les distinguer les
uns des autres. Plusieurs composés d'arsenic et d'antimoine qui ne donnent rien dans le matras, donnent
ici les sublimés caractéristiques.

### RÉACTIONS DE LA FLAMME

Tous les oxydes et autres composés qui sont réduc-
tibles sur le charbon en donnant soit un métal volatil,
soit un enduit, donnent dans la flamme libre (voir
page 208) soit un métal, soit un oxyde, suivant qu'on
les chauffe à la zone de réduction supérieure ou à la
zone d'oxydation supérieure. La manière d'opérer est
très simple; on prend la matière à essayer, préalablement pulvérisée, avec un fil d'amiante humecté
d'eau, et on l'introduit dans la flamme en tenant tout
près au-dessus une capsule de porcelaine vernissée
à l'*extérieur* et pleine d'eau. Cette capsule doit avoir
environ 10 à 12 centimètres de diamètre. Si l'on opère à
la zone de réduction, c'est le métal qui se dépose sur la
porcelaine; à la zone d'oxydation on obtient l'oxyde.
Cet enduit une fois obtenu, on enlève l'eau, on examine sa couleur et on le soumet à l'action de différents réactifs qui le différencient d'une manière nette.
Voici comment on fait agir sur les enduits certains

réactifs comme l'ammoniaque, le sulfure ammonique, l'iode.

*Ammoniaque.* On la place dans un petit flacon muni d'un bouchon portant deux trous; dans l'un, on introduit un tube à angle droit plongeant dans le liquide, et, dans l'autre, un tube à angle droit effilé et ne plongeant pas. En soufflant par le tube plongeant on produit une insufflation de vapeurs ammoniacales.

*Sulfure ammonique.* Même appareil que pour l'ammoniaque : insufflation de sulfure.

*Iode.* On fait une dissolution alcoolique d'iode; en y plongeant un tampon d'amiante fixé au bout d'un fil de fer, et, en l'enflammant, on le promène sous la capsule près de l'enduit qu'on doit transformer en iodure.

Voici quels sont les principaux enduits qu'on obtient ordinairement.

*Arsenic.* Enduit de réduction *noir* avec auréole brune. Cet enduit, traité par une ou deux gouttes d'acide azotique, se dissout; on évapore à sec et on ajoute de l'azotate d'argent : précipité rouge brique.

*Antimoine.* Enduit de réduction *noir*. Traité par une goutte d'acide azotique et ensuite par de l'azotate d'argent, donne un précipité noir avec l'insufflation ammoniacale.

Enduit d'oxyde *blanc.* Devient orangé avec les vapeurs d'iode et disparaît par l'insufflation d'ammoniaque.

*Mercure.* Enduit de réduction *gris.* Cet enduit,

humecté avec l'haleine et soumis aux vapeurs de brome, devient rouge sous l'influence des vapeurs d'iode.

*Plomb.* Enduit de réduction *noir* avec auréole brune.

Enduit d'oxyde *jaune* pâle, devenant jaune avec les vapeurs d'iode ; cet iodure disparaît par l'insufflation ammoniacale. Devient rouge brun ou noir par insufflation de sulfure ammonique.

*Bismuth.* Enduit de réduction *noir*. Cet enduit, dissous dans une goutte d'acide azotique, donne un précipité noir avec la solution potassique de chlorure stanneux.

Enduit d'oxyde *jaune* pâle ; soumis aux vapeurs d'iode, devient brun foncé avec reflet bleu lavande et auréole rose. Par l'insufflation ammoniacale l'enduit devient jaune, et de nouveau rose quand on cesse ces vapeurs. Avec le sulfure ammonique, l'iodure donne un sulfure brun.

*Cadmium.* Enduit de réduction *noir* à auréole brune. L'enduit d'oxyde est noir brun, passant au brun sépia ; avec l'azotate d'argent, coloration noir bleu. L'iodure est blanc et le sulfure jaune.

*Zinc.* Enduit de réduction *noir* à auréole brune.

*Tellure.* Enduit de réduction *noir* avec auréole brune. Chauffé avec l'acide sulfurique, devient rouge carmin.

Enduit d'oxyde *blanc*, noircissant par le chlorure stanneux.

*Sélénium.* Enduit de réduction *rouge*, donnant avec l'acide sulfurique une solution vert sale.

Enduit d'oxyde *blanc*, devenant rouge avec le chlorure stanneux.

### ESSAIS SUR LE CHARBON

On se sert, pour ces essais, du charbon de bois ordinaire, seulement on choisit des morceaux bien compacts et exempts de fissures. Après y avoir fait une cavité au moyen de la fraise, on y place un fragment de la substance, et l'on commence à chauffer avec précaution, en observant bien comment la matière se comporte, tant à la flamme d'oxydation, qu'à la flamme de réduction. Si la matière décrépite, on doit alors la pulvériser préalablement, et la chauffer d'abord avec beaucoup de précaution afin d'éviter qu'elle ne soit projetée.

Voici quels sont les principaux phénomènes à observer : on verra si la matière est fusible ou non; si elle change de couleur; si elle dégage une odeur quelconque (composés de *soufre*, odeur d'acide sulfureux; composés d'*arsenic*, odeur d'ail; de *sélénium*, odeur de raifort); si elle est volatile ou non; si elle donne un enduit; si elle donne des grains métalliques, avec ou sans enduit; si elle fuse (*azotates, chlorates*). En parlant des essais avec le carbonate de soude, nous verrons en détail comment on reconnaît la nature des grains métalliques ou des enduits qu'on obtient.

**Essais au nitrate de cobalt.** — Il ne faut jamais négliger de faire cet essai toutes les fois qu'on a constaté que la matière, chauffée seule sur le charbon, est *infusible* et *sans couleur*. On l'humecte alors de nitrate de cobalt et on la calcine *fortement;* après refroidissement complet on observe quelle est la couleur de la masse.

*Alumine.* Une masse d'un beau bleu indique la présence de l'*alumine.*

(Avec le *quartz* on obtient aussi une coloration bleue, mais très pâle.)

*Magnésie.* Une coloration rose pâle (couleur de chair) indique la présence de la *magnésie.*

*Zinc.* Une couleur verte indique la présence du *zinc.*

Dans ces essais la masse doit rester infusible; autrement on obtient un *verre* bleu avec tous les fondants: borates, phosphates, silicates.

**Essais au carbonate de soude.** — Soit qu'on ait chauffé la matière seule, soit qu'on l'ait chauffée avec l'addition d'azotate de cobalt, on doit toujours changer de cavité avant de faire l'essai au carbonate de soude. La matière est mélangée, soit dans le mortier d'agate, soit dans la cavité même, au moyen d'une spatule, avec environ 3 ou 4 fois son volume de carbonate de soude sec. On chauffe d'abord *très modérément*, avec un petit dard, afin que la matière ne soit point projetée, et, quand la masse commence à se fritter et diminue de volume, on chauffe plus fort, *à la flamme de réduction*, jusqu'à fusion parfaite. Pendant cette opération il faut bien observer s'il se dégage une odeur d'*arsenic* ou de *sélénium;* s'il y a coloration de la flamme; s'il se forme un enduit avec ou sans grains métalliques. Si ces derniers se sont formés pendant la fusion, il faut avoir soin de bien les rassembler au centre de la cavité en les poursuivant avec la flamme et en ajoutant encore du carbonate de soude, ou même du cyanure de potassium, si les grains se forment difficilement et paraissent très oxydables. Quand les grains sont bien rassemblés, on laisse refroidir un peu, et l'on y verse quelques gouttes d'eau; par cet artifice, certains grains qui disparaissent à froid, par suite de l'oxydation de leur surface, reparaissent immédiatement avec leur éclat caractéristique. Il arrive souvent que les grains métalliques ne sont pas bien visibles, même à la loupe, par suite du mélange de diverses substances qui les empêchent de bien se réunir; dans ce cas on peut les mettre en évidence en broyant la masse avec de l'eau dans le mortier et en lavant par lévigation; dans le résidu qui reste on verra à la loupe les grains métalliques.

*Enduit seul.* — *Zinc.* Le *zinc* donnne un enduit jaune à chaud et blanc par refroidissement; cet enduit, humecté d'azotate de cobalt et chauffé fortement, devient *vert.*

*Cadmium.* Un enduit brun jaune indique la présence du cadmium.

*Grains métalliques avec enduit.* — *Plomb.* Le *plomb* donne un grain très *malléable*, avec enduit *jaune ;*

pendant la reduction la flamme se colore en bleu.
*Contrôle :* Ce grain, étant dissous dans un tube à
essais avec quelques gouttes d'acide azotique étendu,
donne une solution qui précipite en blanc par l'acide
sulfurique.

*Bismuth.* Un grain assez *cassant* avec enduit *jaune*,
indique la présence du bismuth. *Contrôle :* Ce grain
étant dissous dans l'acide azotique étendu, donne une
liqueur qui précipite en *noir* par un *excès* d'une solution potassique de chlorure stanneux.

*Antimoine.* L'*antimoine* donne un grain *cassant*
avec enduit *blanc*, très volatil. Ce grain, traité par
l'acide azotique, ne se dissout point, mais se transforme en une poudre blanche d'oxyde. Pendant la
réduction du métal la flamme se colore en vert livide.

*Grains métalliques sans enduit.* — *Or, argent.* Ces
deux métaux donnent des grains métalliques malléables, non oxydables et reconnaissables à leur couleur. Si l'on a affaire à un alliage de ces deux métaux
il pourra se présenter deux cas : le grain sera jaune
s'il n'y a que peu d'argent, blanc si ce métal est en
plus grande quantité. Dans le premier cas l'alliage
est insoluble dans l'acide azotique; on l'attaque à
l'eau régale, après l'avoir bien aplati sur le tas en
acier, et il reste un résidu floconneux de chlorure
d'argent, qui, étant lavé et séché, donne un grain d'argent lorsqu'on le réduit sur le charbon avec du carbonate de soude. La liqueur séparée de l'argent donne
avec l'étain métallique la réaction caractéristique de
l'or (pourpre de Cassius).

Dans le second cas l'alliage pourra être entièrement attaquable par l'acide azotique avec résidu d'or, ou attaquable seulement en partie. Dans tous les cas on reconnaît l'argent en dissolution au moyen de l'acide chlorhydrique, qui donne le précipité caillebotté caractéristique de ce métal. Pour mettre l'or en évidence, quand l'alliage n'est pas bien attaquable par l'acide azotique, on le fond sur le charbon avec 2 à 3 fois son poids d'argent pur, et on le traite ensuite par l'acide azotique qui dissout tout l'argent et laisse l'or comme résidu.

On peut contrôler ce dernier soit en le chauffant au rouge afin de lui donner sa couleur caractéristique, soit en le dissolvant dans l'eau régale et en traitant la solution par l'étain.

Pour de très petites quantités d'or ou d'argent le mieux est de recourir à la coupellation (voir page 325).

*Cuivre.* Quand on a affaire à ce métal, les grains métalliques obtenus sont facilement reconnaissables à leur couleur; seulement il faut bien maintenir à la flamme de réduction, autrement, le cuivre étant oxydable, on pourrait ne pas s'apercevoir de sa présence. Il faut toujours une certaine habitude pour bien rassembler les grains de cuivre, et, quand on ne les voit pas nettement, on peut broyer avec de l'eau dans le mortier d'agate la masse fondue, et laver deux ou trois fois par décantation : dans le résidu on verra avec la loupe les grains rouges du métal. Un bon moyen de contrôler ce métal lorsqu'on ne l'a pas obtenu avec sa couleur caractéristique, c'est d'humecter avec de l'acide chlorhydrique la masse obtenue sur le charbon, et d'y diriger avec précaution l'extrémité du dard de réduction; on obtient aussitôt la coloration *bleue* caractéristique pour ce métal. C'est même là un très bon moyen pour reconnaître le cuivre quand il est allié à d'autres métaux qui en masquent la couleur.

*Étain.* Ce métal étant très oxydable, on obtient très difficilement des grains avec le carbonate de soude, surtout quand on ne sait pas bien souffler. La meilleure manière d'obtenir ces grains c'est de chauffer avec un *excès* de cyanure de potassium. Il ne faut jamais négliger cet essai quand on veut reconnaître ce métal. Une fois obtenu, on y verse une goutte d'eau pour avoir les grains bien brillants et on essaie leur malléabilité. Comme contrôle on les dissout dans l'acide chlorhydrique et la solution doit précipiter en blanc par le bichlorure de mercure.

*Fer, nickel, cobalt.* Avec ces métaux on n'obtient pas de grains métalliques, mais une masse attirable au barreau aimanté. Quand on a employé beaucoup de carbonate de soude, ces métaux sont souvent disséminés en petits grains dans toute la masse et l'on est obligé, pour les essayer, de triturer avec de l'eau dans un mortier et de laver par décantation. Après avoir séché la poudre métallique on l'essaye au barreau aimanté. Quand la matière contient de l'arsenic ou du phosphore on obtient au commencement des globules fondus qui sont cassants.

*Soufre.* Dans ces essais au carbonate de soude,

il ne faut jamais négliger de placer sur une lame d'argent un peu de la masse fondue, et de l'humecter avec quelques gouttes d'eau; s'il y a du soufre l'argent sera noirci. Cet essai ne réussit bien, surtout pour les sulfates, qu'après avoir opéré avec une flamme de réduction bien soutenue. Le *sélénium* et le *tellure* donnent la même réaction.

ESSAIS SUR LA LAME DE PLATINE

On commence par y fondre un peu de carbonate de soude, en dirigeant sous la lame le dard du chalumeau, afin d'éviter de projeter la poudre. Ensuite on place la matière en poudre sur la masse fondue et l'on y ajoute du nitre; en chauffant de nouveau pendant quelque temps par-dessous la lame on obtient, dans le cas du manganèse une masse *verte*, dans le cas du chrome ou du vanadium une masse *jaune*.

*Manganèse.* La masse verte du manganèse reprise par peu d'eau à froid, donne une liqueur verte, devenant rose lorsqu'on y verse un acide étendu.

*Chrome.* La masse jaune du chrome donne avec l'eau une liqueur jaune qui, traitée par de l'acétate de plomb puis acidifiée par l'acide acétique, donne un précipité jaune de chromate de plomb.

*Vanadium.* La masse donne une liqueur jaune à froid, mais se décolorant par l'ébullition.

Dans le cas d'un mélange de manganèse et de chrome on obtient une masse verte; en la faisant bouillir avec de l'eau alcoolisée, la teinte verte du manganèse disparaît et l'on obtient la liqueur jaune caractéristique pour le chrome.

*Tungstène*. La masse fondue au carbonate de soude, avec ou sans nitre, est reprise par de l'acide chlorhydrique étendu, puis on y ajoute un morceau de zinc ou d'étain; une coloration bleue indique la présence du tungstène.

*Molybdène*. Dans les mêmes conditions, le molybdène donne une coloration d'abord bleue et puis brune.

*Titane*. Dans le cas du titane, on obtient une coloration violet faible.

### ESSAIS PAR LA COLORATION DE LA FLAMME

Pour faire ces essais on prend du fil de platine très mince, on fait un crochet à son extrémité, on l'humecte avec de l'eau, et l'on prend de la matière bien pulvérisée. On introduit avec précaution le fil dans la flamme, et on chauffe, en recommençant au besoin jusqu'à ce que la poudre y adhère bien. Dans la flamme libre on examine la coloration, tantôt à la base de la flamme, en y pénétrant à peine, surtout pour les corps très volatils, ou bien à l'extrémité du cône bleu (zone de réduction supérieure) pour les corps moins volatils. Quand on a examiné la coloration dans la flamme libre, on l'essaye dans le dard du chalumeau, à l'extrémité du cône bleu. Quand la matière a été essayée seule on l'humecte d'*acide chlorhydrique* (à défaut d'acide chlorhydrique on peut employer une solution de sel ammoniac) pour voir s'il ne se produit pas d'autre coloration. Pour ce dernier essai il faut calciner d'abord la matière sur le fil, à la flamme de réduction, puis le tremper dans de l'acide chlorhydrique placé dans un verre de montre, de manière à y faire adhérer une bonne goutte; on introduit alors le fil dans la flamme sans pénétrer beaucoup.

Après avoir essayé avec l'acide chlorhydrique, on essaye en humectant d'acide *sulfurique* concentré (quand on n'a pas d'acide sulfurique on peut employer du sulfate ou mieux du bisulfate d'ammoniaque), qu'on prend à plusieurs reprises, et, dans ce cas, on obtient quelquefois des colorations toutes spéciales.

Au lieu d'essayer la substance sur le fil de platine, on peut l'essayer sur la pince à bouts de platine, et, dans ce cas, on emploiera un mince éclat. Cette manière d'opérer est surtout convenable pour les minéraux, parce que, de cette manière, on peut bien constater si la matière est fusible ou non, et, quand elle fond, de quelle manière a lieu la fusion (facilement, avec difficulté, tranquillement, avec boursouflement, en un verre homogène ou bulleux, en une scorie, etc.). Ces caractères ont une certaine importance quand il s'agit de distinguer certains minéraux. Si la matière décrépite, alors on est obligé de l'employer en poudre et c'est à cet état qu'on examine aussi la fusibilité (sur le crochet du fil de platine). Quand on a affaire à un sulfure, arséniure, ou autre composé métallique qui forme un alliage fusible avec le platine, on pourra examiner la coloration de la flamme sur le fil d'amiante.

Voici quelles sont les principales colorations qu'on obtient.

*Coloration jaune.* — *Soude.* Les sels de soude donnent cette coloration ; elle est invisible à travers le verre bleu.

*Coloration rouge.* — Les composés de strontiane, de chaux et de lithine, surtout humectés d'acide chlorhydrique et après avoir fortement chauffés.

*Chaux.* Pour la chaux on a une coloration *rouge jaunâtre*, visible surtout quand on introduit brusquement dans la flamme avec le fil bien humecté d'acide chlorhydrique.

*Strontiane.* Coloration *rouge carmin*, se produisant dans les mêmes conditions que pour la chaux.

Dans un mélange de chaux et de strontiane, on voit d'abord la chaux dont le chlorure est plus volatil, et puis ensuite la strontiane.

*Lithine.* Coloration *rouge carmin*, se confond avec la strontiane ; le mieux est de vérifier au spectroscope.

*Coloration verte.* — Les composés de baryte, de cuivre, l'acide phosphorique, l'acide borique, l'acide molybdique, le chlorure de manganèse.

*Baryte.* Pour la baryte on obtient une coloration d'un *vert jaunâtre*, surtout quand on prend *très peu* de matière sur le fil, qu'on chauffe très fort à la flamme de réduction, qu'on hum  bien d'acide chlorhydrique, et qu'on chauffe de nouveau. En présence de la chaux ou de la strontiane, on a d'abord la coloration rouge, et puis la coloration verte.

*Cuivre.* Certains composés de cuivre, surtout l'iodure, colorent la flamme en un beau *vert émeraude*, sans rien ajouter.

*Acide phosphorique.* Cet acide donne une coloration d'un vert *bleuâtre* très pâle. Pour produire cette
réaction, on commence par faire un très petit dard et
on en approche le fil préalablement humecté d'acide
sulfurique, en touchant à peine la flamme en dessous.

*Acide borique.* Pour reconnaître cet acide on
humecte le fil avec de l'acide sulfurique concentré
et on l'introduit dans la flamme, sans souffler : on
obtient une coloration d'un vert jaunâtre. Si la matière est un silicate et contient fort peu de bore, on
le reconnaît en chauffant avec le mélange de bisulfate
de potasse et de fluorure de calcium (page 316).

*Acide molybdique.* Cet acide colore la flamme en
vert pâle.

*Manganèse.* Le chlorure de manganèse donne une
coloration verte fugitive.

*Coloration bleue.* — *Cuivre.* On obtient cette coloration avec le chlorure de cuivre, avec les séléniures,
les tellurures, avec certains composés de plomb,
d'étain, de bismuth.

*Chlorures.* Le chlorure de cuivre colore la flamme
en un beau *bleu* bordé d'un peu de pourpre. On met
cette réaction à profit pour reconnaître la présence
du chlore. Pour cela on fait une perle de sel de phosphore qu'on sature d'oxyde de cuivre, de manière
à la rendre noire, et, après l'avoir humectée d'eau,
on prend le chlorure à essayer et on chauffe dans la
flamme; on obtient la coloration qui est due au chlorure de cuivre. Dans ces mêmes conditions, les
*iodures* donnent une coloration d'un vert émeraude;

les *bromures* donnent une coloration intermédiaire entre celle des chlorures et des iodures, peu caractéristique.

*Sélénium.* Le sélénium et les séléniures colorent la flamme en bleu.

*Tellure.* Le tellure donne également une coloration d'un *bleu pâle* dans la zone de réduction supérieure.

*Plomb, étain, bismuth.* Avec certains composés de ces métaux, surtout avec les chlorures, on obtient une coloration bleue. Pour le plomb, on a une coloration d'un bleu clair visible à travers le verre bleu; le chlorure d'étain donne du bleu autour du crochet du fil; le bismuth donne un bleu verdâtre.

### ESSAIS DES PERLES DE BORAX ET DE SEL DE PHOSPHORE

Pour obtenir ces perles on commence par faire un crochet à l'extrémité d'un fil de platine; on le chauffe au rouge, et on le trempe dans la poudre de borax ou de sel de phosphore; on chauffe jusqu'à ce que le sel ait fini de boursoufler et fonde en une perle limpide. Si la perle est trop petite on reprend de la matière pendant qu'elle est encore chaude et l'on chauffe de nouveau. Comme le sel de phosphore est très fusible et se détache facilement du fil, il faut, pour faire les perles avec ce sel, chauffer modérément au commencement ou mieux produire un dard et placer le fil au-dessus de la flamme jusqu'à ce que le boursoufflement ait cessé.

Pour voir les colorations avec la perle il faut l'humecter légèrement et prendre très peu de matière (en poudre) pour commencer. On chauffe avec précaution d'abord, pour que la matière ne se détache pas, et l'on maintient quelque temps à la flamme d'oxydation pour voir la teinte qu'on obtient. Si elle est trop faible, on reprend de la matière; si elle est trop intense et que la perle paraît presque noire, on ajoute du fondant pour la rendre plus claire ou bien on la casse sur le tas d'acier, et l'on recommence en prenant moins de matière. Quand on a vu la teinte qu'on obtient à la flamme oxydante, on chauffe à la flamme de réduction et l'on examine si la coloration a changé. Comme il est beaucoup plus difficile d'obtenir une perle de réduction qu'une perle d'oxydation, on doit maintenir d'une manière régulière à l'extrémité du cône bleu. Une manière rapide d'obtenir la coloration de réduction, consiste à ajouter à la perle un peu de chlorure stanneux, corps avide d'oxygène, qui produit en *quelques instants* dans la flamme de réduction la teinte qu'on doit obtenir. Il est bon d'observer si la perle a une coloration différente à chaud ou à froid; cependant c'est surtout la coloration à froid qu'on doit noter. Ordinairement on obtient avec le borax les mêmes colorations qu'avec le sel de phosphore, sauf quelques cas particuliers, et même il y a avantage à employer ce premier fondant parce que les perles sont plus faciles à maintenir à l'extrémité du fil.

## BORAX.

*Perle rouge, brun rouge, ou jaune. — Cuivre.*
Rouge (flamme de réduction), surtout avec le chlorure stanneux; la perle est opaque.

*Fer.* Rouge foncé *à chaud* (flamme d'oxydation)
quand on emploie beaucoup de matière, *à froid*, la
perle est jaune. Avec moins de matière la perle est
jaune à chaud et presque incolore à froid.

*Cérium.* Perle rouge ou jaune à chaud (flamme
oxydante), devenant incolore à froid.

*Urane.* Rouge ou jaune à chaud (flamme oxydante), et jaune à froid.

*Nickel.* Brun rouge, à froid (flamme de réduction).

*Vanadium.* Jaune (flamme oxydante).

*Perle violette ou améthyste. — Manganèse.* Violette
(flamme d'oxydation), devenant incolore à la flamme
de réduction, surtout en y ajoutant du chlorure
stanneux.

*Nickel.* Violette à chaud (flamme d'oxydation); à
la flamme de réduction elle devient grise.

*Acide titanique.* Perle violette à la flamme de réduction (s'il y a du fer en présence la perle est
rouge de sang).

*Perle bleue. — Cobalt.* Bleue dans les deux flammes.

*Cuivre.* Bleu ou bleu verdâtre (flamme oxydante);
à chaud la perle est *verte*.

*Perle verte. — Chrome.* Vert émeraude dans les
deux flammes, surtout à froid.

*Urane.* Verte. Flamme de réduction.

*Fer.* Vert bouteille (flamme de réduction bien soutenue); ajouter au besoin le chlorure stanneux.

*Vanadium.* Vert émeraude (flamme de réduction).

## SEL DE PHOSPHORE.

Nous donnerons pour les perles de sel de phosphore celles dont la couleur est différente d'avec celle de la perle de borax.

*Perle bleue.* — *Acide tungstique.* Flamme de réduction. Par l'addition d'un sel de fer la perle devient rouge de sang.

*Perle verte.* — *Urane.* Vert jaunâtre (flamme oxydante); verte à la flamme de réduction.

*Acide molybdique.* Verte à la flamme de réduction.

---

Il ne faut pas attacher une trop grande importance à la coloration des perles, parce que souvent un mélange de plusieurs oxydes donne des couleurs intermédiaires qui ne permettent pas de bien définir le corps qui est le sujet de l'examen. Contrôler par d'autres réactions.

## ESSAIS AU SPECTROSCOPE

Nous avons décrit (page 307) le spectroscope ainsi que la manière de le régler avant de s'en servir. Quand on doit faire un essai au spectroscope, on commence par s'assurer que le fil de platine dont on doit se servir est bien propre et ne donne aucune coloration. La matière à essayer, en poudre, est placée dans un verre de montre; dans un autre on met de l'acide chlorhydrique. Après avoir humecté le crochet du fil avec l'acide on prend de la matière, on chauffe avec précaution dans la flamme, et l'on humecte de nouveau avant d'examiner au spectroscope. Pour cela on introduit un peu le fil dans la flamme en face de la fente de l'instrument, et l'on examine avec soin l'apparition des raies; dès qu'elles ont disparu on humecte de nouveau et l'on recommence. Comme les différents corps ne sont pas également volatils, leurs raies apparaissent dans l'ordre de leur volatilité successive; c'est ainsi qu'on verra toujours la chaux avant la baryte, la chaux avant la potasse.

Dans le cas particulier des silicates il faut humecter la matière à plusieurs reprises avec du *fluorure d'ammonium* afin de volatiliser la silice, puis humecter d'acide chlorhydrique avant d'examiner au spectroscope.

Les corps qu'on peut reconnaître au spectroscope en les introduisant dans la flamme ne sont pas très nombreux; ce sont principalement : la potasse, la soude, la lithine, le cæsium, le rubidium, la baryte, la strontiane, la chaux, le cuivre, le manganèse, le thallium, l'acide borique.

*Soude.* Raie *jaune* unique. Cette raie existant presque toujours, quand on regarde la flamme, elle augmente d'intensité quand la matière en contient tant soit peu.

*Chaux.* Raie *rouge orange* et raie *verte*, principalement, presque à égale distance de la ligne de la soude.

*Lithine.* Raie *rouge carmin*, unique, plus éloignée de la ligne de la soude que la raie rouge de la chaux.

*Potasse.* Raie d'un *rouge sombre*, bien plus éloignée de la soude que la ligne de la lithine; en même temps tout le spectre s'illumine des différentes couleurs du spectre. Cette ligne est difficile à observer. Elle est visible avec le verre bleu.

*Rubidium.* Raie d'un *rouge sombre* se confondant presque avec la ligne de la potasse; *deux lignes violettes* très rapprochées. *Rare.*

*Cæsium.* Deux raies *bleues*, très rapprochées et peu éloignées de la ligne bleue de la strontiane. *Rare.*

*Strontiane.* Raie *orangée*, très près de la ligne de la soude, plusieurs raies *rouges* dépassant à peine la ligne de la lithine; une raie *bleue.* C'est la ligne orangée qui persiste le plus.

*Baryte.* Plusieurs raies *vertes* très serrées les unes contre les autres. Ce spectre ne se produit bien qu'en prenant *très peu* de matière sur le fil, et le maintenant longtemps dans la flamme.

*Manganèse.* Plusieurs raies *vertes* espacées.

*Acide borique.* Raies *vertes* très espacées.

*Thallium.* Une ligne *verte* unique plus éloignée de la soude que la ligne verte de la chaux. *Rare.*

*Indium.* Une ligne *bleue*, unique, plus éloignée de la soude que la ligne bleue de la strontiane. *Rare.*

*Cuivre.* Beau spectre avec raies nombreuses dans le vert, le bleu, le violet.

# CHAPITRE IV

EXEMPLES D'ESSAIS FAITS SUR DIVERS MINERAIS

*Mispickel* (*soufre, arsenic, fer*). — Dans le tube fermé, donne d'abord un sublimé rouge de sulfure d'arsenic, fusible en gouttelettes, ensuite on a un sublimé d'arsenic.

Dans le tube ouvert, odeur d'acide *sulfureux,* puis ensuite sublimé blanc d'acide arsénieux avec odeur d'ail. Sur le charbon, donne l'*odeur d'ail* et fond en un globule magnétique ; ce globule pulvérisé et essayé au moyen de la perle de borax donne la réaction du *fer*.

*Bournonite* (*soufre, antimoine, plomb, cuivre*). — Dans le tube ouvert on a l'odeur d'acide *sulfureux* et un sublimé blanc d'*oxyde d'antimoine*, devenant orangé avec une trace de sulfure ammonique. Sur le charbon, avec la soude, fumées d'antimoine, puis enduit jaune, indiquant *plomb* (ou bismuth). La masse, humectée d'acide chlorhydrique et chauffée avec précaution, donne la coloration bleue du *cuivre*.

*Cuivre gris* (*soufre, arsenic, antimoine, cuivre, argent, zinc, fer*). — Dans le tube ouvert on reconnaît le *soufre* à l'odeur d'acide sulfureux ; on a en même temps un sublimé blanc qui indique l'arsenic ou l'antimoine ou même les deux. On essaye ce sublimé, et si l'arsenic èst en certaine proportion on contrôle l'*antimoine* par les réactions de la flamme sur la capsule de porcelaine.

Sur le charbon, avec la soude, odeur d'ail s'il y a de l'arsenic, et fumées d'antimoine. Le résidu humecté d'acide chlorhydrique donne la coloration bleue du *cuivre*. En ajoutant du plomb au globule restant et en coupellant ensuite on obtiendra l'*argent*. Le *zinc* et le *fer* étant en petite quantité ne peuvent être reconnus par la voie sèche.

*Cobaltine (soufre, arsenic, cobalt)*. — On reconnaît les deux premiers corps comme précédemment et le cobalt avec la perle de borax.

*Blende (soufre, zinc, fer)*. — On reconnaît le *soufre* dans le tube ouvert.

Sur le charbon, avec la soude, enduit jaune à chaud et blanc à froid (*zinc*); contrôler au nitrate de cobalt. Avec une perle de borax on peut reconnaître la présence du *fer*.

*Triplite (acide phosphorique, oxyde de fer et de manganèse)*. — Sur le charbon, fond en un globule magnétique (*fer*). Avec le carbonate de soude et le nitre, sur la lame de platine, coloration verte du *manganèse*. Avec le borax, à la flamme de réduction, coloration vert bouteille (*fer*). On reconnaît l'acide phosphorique au moyen de la coloration de la flamme quand on humecte avec l'acide sulfurique.

*Alunite (acide sulfurique, alumine, potasse)*. — Sur le charbon, avec l'azotate de cobalt, coloration bleue (*alumine*) ; sur le fil de platine, coloration de la *potasse* (pourpre avec le verre bleu). Dans le tube fermé, avec le sodium, réaction du *soufre*.

*Amblygonite (acide phosphorique, fluor, alumine, soude, lithine)*. — Dans le tube fermé, avec le bisulfate de potasse, on a la réaction du *fluor* (le verre est corrodé).

Sur le fil de platine au spectroscope on reconnaît la *soude* et la *lithine*. Pour l'alumine on a recours à la voie humide. L'acide phosphorique se reconnaît par la coloration de la flamme, quand on humecte avec l'acide sulfurique.

### DÉTERMINATION DES PRINCIPAUX MINÉRAUX

Le moyen le plus rationnel pour arriver à une prompte détermination d'une espèce minérale par voie sèche, consiste à rechercher avant tout l'élément électro-négatif (ou l'acide), et ensuite les corps qui dominent dans ce minéral. Ces éléments étant donnés, il suffira de voir dans mon traité de Minéralogie la description des différentes espèces de la *famille* à laquelle le minéral appartient pour le reconnaître d'une manière à peu près certaine. Quelquefois il sera bon de faire aussi un essai relatif à la *dureté* ou à la *densité* [1], du minéral pour le classer d'une manière définitive.

Les silicates seuls, qui comprennent tant d'espèces, sont beaucoup plus difficiles à déterminer sans le secours de la voie humide. Cependant, en faisant bien la distinction entre les silicates anhydres et ceux qui sont hydratés, entre ceux qui sont fusibles et ceux qui ne le sont point, ou à peine; enfin en essayant s'ils sont attaquables ou non par l'acide chlorhydrique et si cette attaque a lieu avec ou sans gelée, on arrive à déterminer les plus importants.

Quant aux minéraux métalliques usuels et exploitables, leur détermination par la voie sèche est en général très facile, et on peut dire que l'essai au chalumeau est le moyen le plus rapide pour y parvenir.

Comme exemple, reprenons les différents minéraux dont nous venons de donner les diverses réactions par voie sèche.

*Mispickel.* — On reconnaît par l'essai que c'est un *arsénio-sulfure.* Cherchons dans la famille des *arsénides* (page 273, *Minéralogie de Pisani*, 2ᵉ édition), et nous verrons que le seul composé de ce genre contenant du fer et ayant tous les caractères du minéral essayé est bien le *mispickel.*

*Bournonite.* — Ici nous avons affaire à un sulfure avec antimoine, il se trouvera soit dans la famille des *antimonides* (page 268) soit dans celle des *sulfu-*

---

1. Comme appareil à densité le plus commode est celui décrit page 78 (4ᵒ) de ma Minéralogie.

*rides* (page 307). Ce n'est que dans la famille des sulfurides que nous trouvons des sulfures avec *plomb* et *antimoine*. Parmi ces sulfures, la bournonite est le seul contenant en outre du cuivre.

*Cuivre gris.* — Ce minéral étant un sulfure avec antimoine et cuivre, etc., appartient encore à la famille des sulfurides et correspond bien au panabase ou cuivre gris (page 326.)

*Cobaltine.* — Ce minéral étant un arsénio-sulfure, nous le trouverons à la famille des arsénides, et comme il contient du cobalt ce sera une des espèces de la page 278.

*Blende.* — C'est un sulfure (famille des sulfurides). Il contient du zinc en quantité : c'est de la blende.

*Triplite.* — C'est un phc phate (famille des phosphorides, page 288). Il contient du fer et du manganèse : en consultant ses caractères physiques cela ne peut être que la triplite.

*Alunite.* — Comme le minéral est un sulfate contenant de l'alumine et de la potasse, on trouvera, en consultant les caractères des deux sulfates de la page 341 et 342 qui contiennent de la potasse que c'est bien de l'alunite et non de l'alun.

*Amblygonite.* — Ce minéral étant un phosphate avec fluor et lithine, on cherchera dans la famille des phosphorides, page 288. Le seul contenant ces corps et ayant les mêmes caractères est l'amblygonite (ou la montebrasite, espèce analogue).

FIN

Coulommiers. — Typ. P. BRODARD et GALLOIS.

# TABLE ALPHABÉTIQUE

POUR

## L'ANALYSE QUALITATIVE ET QUANTITATIVE

---

# TABLE ALPHABÉTIQUE

POUR

## L'ANALYSE AU CHALUMEAU

# TABLE DES MATIÈRES ·

## LIVRE PREMIER

### ANALYSE QUALITATIVE

### CHAPITRE PREMIER

#### RÉACTIONS DES ACIDES

## CHAPITRE II

### RÉACTIONS DES BASES

## CHAPITRE III

### ESSAIS PAR LA VOIE SÈCHE ET AU SPECTROSCOPE

## CHAPITRE IV

### ESSAIS PAR VOIE HUMIDE. RECHERCHE DES BASES ET DES ACIDES

# LIVRE II

## ANALYSE QUANTITATIVE

### CHAPITRE PREMIER

#### BALANCES ET PESÉES, DENSITÉS, DOSAGE DE L'EAU, FILTRATIONS, CALCINATIONS

### CHAPITRE II

#### DOSAGE ET SÉPARATION DES BASES

## CHAPITRE III

### DOSAGE ET SÉPARATION DES ACIDES

## CHAPITRE IV

### ANALYSE DES GAZ ET DENSITÉS DE VAPEURS

## CHAPITRE V
### ANALYSE ORGANIQUE ÉLÉMENTAIRE

## CHAPITRE VI

# APPENDICE

## TRAITÉ D'ANALYSE AU CHALUMEAU

### CHAPITRE PREMIER

#### INSTRUMENTS ET OBJETS DIVERS POUR LES ESSAIS AU CHALUMEAU

## CHAPITRE II

### I. — RÉACTIONS DES ACIDES

### II. — RÉACTIONS DES BASES

## CHAPITRE III

### MÉTHODE D'ANALYSE AU MOYEN DU CHALUMEAU

## CHAPITRE IV

# LABORATOIRES

## DE

# CHIMIE PRATIQUE

### ET DE

# MINÉRALOGIE

---

# COMPTOIR MINÉRALOGIQUE

### ET

# GÉOLOGIQUE

Grand choix de minéraux, roches, fossiles
Instruments divers et nécessaires
servant à l'étude du chalumeau

Sous la direction de

## F. PISANI

8, RUE DE FURSTENBERG

## PARIS

# LIBRAIRIE FÉLIX ALCAN

## LISTE DES OUVRAGES

### DE LA

## BIBLIOTHÈQUE SCIENTIFIQUE INTERNATIONALE

### PAR ORDRE DE MATIÈRES

Chaque volume in-8, cartonné à l'anglaise. . . . . . . . 6 francs.
En demi-reliure veau avec coins, tranche supérieure dorée, non rogné. 10 francs.

## SCIENCES SOCIALES

Introduction à la science sociale, par HERBERT SPENCER.

Les Bases de la morale évolutionniste, par *le même*. 1 vol.

Les Conflits de la science et de la religion, par DRAPER, professeur à l'Université de New-York.

Le Crime et la Folie, par H. MAUDSLEY, professeur à l'Université de Londres.

La Défense des États et des camps retranchés, par le général A. BRIALMONT, inspecteur général des fortifications et du corps du génie de Belgique, avec nombreuses figures dans le texte et 2 planches hors texte.

La Monnaie et le mécanisme de l'échange, par W. STANLEY JEVONS, professeur d'économie politique à l'Université de Londres.

La Sociologie, par DE ROBERTY.

La Science de l'Éducation, par ALEX. BAIN, professeur à l'Université d'Aberdeen (Ecosse).

Lois scientifiques du développement des nations dans leurs rapports avec les principes de l'hérédité et de la sélection naturelle, par W. BAGEHOT. 1 vol.

La Vie du langage, par D. WHITNEY, professeur de philologie comparée à Yale-College de Boston (États-Unis).

L'évolution des mondes et des sociétés, par F. CAMILLE DREYFUS, député de la Seine, secrétaire général de la *Grande Encyclopédie*.

## PHYSIOLOGIE

Le magnétisme animal, par E. BINET et CH. FÉRÉ, médecin de Bicêtre, avec figures.

**Les Illusions des sens et de l'esprit**, par JAMES SULLY.

**Physiologie des exercices du corps**, par le Dr LAGRANGE. 1 vol.

**La Locomotion chez les animaux** (marche, natation et vol), suivie d'une étude sur l'*Histoire de la navigation aérienne* par J.-B. PETTIGREW, professeur au Collège royal de chirurgie d'Édimbourg (Écosse), avec 110 figures dans le texte.

**Les Nerfs et les Muscles**, par J. ROSENTHAL, professeur de physiologie à l'Université d'Erlangen (Bavière), avec 75 figures dans le texte.

**La Machine animale**, par E.-J. MAREY, membre de l'Institut, professeur au Collège de France, avec 117 figures.

**Les Sens**, par BERNSTEIN, professeur de physiologie à l'Université de Halle (Prusse), avec 91 figures dans le texte.

**La chaleur animale**, par CH. RICHER, professeur à la Faculté de médecine de Paris. 1 vol. avec gravures.

**Les Organes de la parole**, par H. DE MEYER, professeur à l'Université de Zurich, traduit de l'allemand et précédé d'une introduction sur l'*Enseignement de la parole aux sourds-muets*, par O. CLAVEAU, inspecteur général des établissements de bienfaisance, avec 51 figures dans le texte.

**La Physionomie et l'Expression des sentiments**, par P. MANTEGAZZA, professeur au Muséum d'histoire naturelle de Florence, avec figures et 8 planches hors texte, d'après les dessins originaux d'Édouard Ximenès.

## PHILOSOPHIE SCIENTIFIQUE

**Le Cerveau et ses Fonctions**, par J. LUYS, membre de l'Académie de médecine, médecin de la Salpêtrière, avec figures.

**Le Cerveau et la Pensée chez l'homme et les animaux**, par CHARLTON BASTIAN, professeur à l'Université de Londres. 2 vol., avec 184 figures dans le texte.

**Le Crime et la Folie**, par H. MAUDSLEY, professeur à l'Université de Londres.

**L'Esprit et le Corps**, considérés au point de vue de leurs relations, suivi d'études sur les *Erreurs généralement répandues au sujet de l'Esprit*, par ALEX. BAIN, professeur à l'Université d'Aberdeen (Écosse).

**Théorie scientifique de la sensibilité** : *le Plaisir et la Peine*, par Léon DUMONT.

## ANTHROPOLOGIE

**L'Espèce humaine**, par A. DE QUATREFAGES, membre de l'Institut, professeur au Muséum d'histoire naturelle de Paris. 1 vol.

**L'Homme avant les métaux**, par N. JOLY, correspondant de l'Institut, professeur à la Faculté des sciences de Toulouse. 2e édit., avec 150 figures dans le texte et un frontispice.

**L'homme préhistorique**, par sir JOHN LUBBOCK, 2 vol. avec 228 figures.

Les singes anthropoïdes et leur organisation comparée à celle de l'homme, par R. HARTMANN, avec 63 fig.

Les Peuples de l'Afrique, par R. HARTMANN, professeur à l'Université de Berlin, 1 vol., avec 93 figures dans le texte.

## ZOOLOGIE

L'intelligence des animaux, par ROMANES, secrétaire de la Société Linnéenne de Londres, 2 vol.

Les microbes, les ferments et les moisissures, par le Dr TROUESSART, avec 107 figures.

Les mammifères dans leurs rapports avec leurs ancêtres géologiques, par O. SCHMIDT, avec 63 figures.

Descendance et Darwinisme, par O. SCHMIDT, professeur à l'Université de Strasbourg, avec figures.

Fourmis, Abeilles, Guêpes, par sir JOHN LUBBOCK. 2 vol., avec figures dans le texte et 13 planches hors texte, dont 5 coloriées.

L'Écrevisse, introduction à l'étude de la zoologie, par Th.-H. HUXLEY, membre de la Société royale de Londres et de l'Institut de France, professeur d'histoire naturelle à l'École royale des mines de Londres, avec 82 figures.

Les Commensaux et les Parasites dans le règne animal, par P.-J. VAN BENEDEN, professeur à l'Université de Louvain (Belgique), avec 83 figures dans le texte.

La Philosophie zoologique avant Darwin, par EDMOND PERRIER, professeur au Muséum d'histoire naturelle de Paris.

## BOTANIQUE — GÉOLOGIE

Les régions invisibles du globe et des espaces célestes, par A. DAUBRÉE, de l'Institut, professeur au Muséum, avec figures.

Les Champignons, par COOKE et BERKELEY, avec 110 fig.

L'Évolution du règne végétal, les *Cryptogames*, par G. DE SAPORTA, correspondant de l'Institut, et MARION, professeur à la Faculté des sciences de Marseille. 1 vol., avec 85 figures.

L'évolution du règne végétal, les *Phanérogames*, par G. DE SAPORTA et MARION. 2 vol. avec figures dans le texte.

Les Volcans et les Tremblements de terre, par FUCHS, professeur à l'Université de Heidelberg, avec 36 figures et une carte en couleurs.

Origine des plantes cultivées, par A. DE CANDOLLE, correspondant de l'Institut.

Introduction à l'étude de la botanique (le Sapin), par J. DE LANESSAN, professeur agrégé à la Faculté de médecine de Paris, avec figures dans le texte.

Les périodes glaciaires en France, par FALSAN. 1 vol. avec grav.

## CHIMIE

Les Fermentations, par P. SCHUTZENBERGER, membre de l'Académie de médecine, professeur de chimie au Collège de France.

La **Théorie atomique**, par AD. WURTZ, membre de l'Institut, professeur à la Faculté des sciences et à la Faculté de médecine de Paris. Préface par *Friedel*, de l'Institut. 1 vol.

La **Synthèse chimique**, par M. BERTHELOT, membre de l'Institut, professeur de chimie organique au Collège de France.

## ASTRONOMIE — MÉCANIQUE

**Histoire de la Machine à vapeur, de la Locomotive et des Bateaux à vapeur**, par R. THURSTON, professeur de mécanique à l'Institut technique de Hoboken, près de New-York, revue, annotée et augmentée d'une introduction par HIRSCH, professeur de machines à vapeur à l'École des ponts et chaussées de Paris. 2 vol., avec 160 figures et 16 planches.

**Les Étoiles**, notions d'astronomie sidérale, par le P. A. SECCHI, directeur de l'Observatoire du Collège romain. 2 vol., avec 63 figures dans le texte et 16 planches en noir et en couleurs.

**Le Soleil**, par C.-A. YOUNG, professeur d'astronomie au collège de New-Jersey. 1 vol. avec 87 figures.

## PHYSIQUE

**La Conservation de l'énergie**, par BALFOUR-STEWART, professeur de physique au Collège Owens de Manchester (Angleterre), suivi d'une étude sur *la Nature de la force*, par P. DE SAINT-ROBERT (de Turin), avec figures.

**Les Glaciers et les Transformations de l'eau**, par J. TYNDALL, professeur de chimie à l'Institution royale de Londres, suivi d'une étude sur le même sujet par HELMHOLTZ, professeur à l'Université de Berlin, avec nombreuses figures dans le texte et 8 planches tirées à part sur papier teinté.

**La Photographie et la Chimie de la Lumière**, par VOGEL, professeur à l'Académie polytechnique de Berlin, avec 95 figures dans le texte et une planche en photoglyptie.

**La Matière et la Physique moderne**, par STALLO, précédé d'une préface par CH. FRIEDEL, de l'Institut.

## THÉORIE DES BEAUX-ARTS

**Le Son et la Musique**, par P. BLASERNA, professeur à l'Université de Rome, suivi des *Causes physiologiques de l'harmonie musicale*, par H. HELMHOLTZ, professeur à l'Université de Berlin, avec 41 figures.

**Principes scientifiques des Beaux-Arts**, par E. BRÜCKE, professeur à l'Université de Vienne, suivi de *l'Optique et les Arts*, par HELMHOLTZ, professeur à l'Université de Berlin, avec figures.

**Théorie scientifique des Couleurs** et leurs applications aux arts et à l'industrie, par O.-N. ROOD, professeur de physique à Colombia-College de New-York (États-Unis), avec 130 fig. dans le texte et une planche en couleurs.

# LIBRAIRIE FÉLIX ALCAN

### 108, Bculevard Saint-Germain, Paris

## BIBLIOTHÈQUE UTILE

*Volumes brochés à* **60** *centimes; cartonnés,* **1** *franc.*

Typog. PAUL BRODARD et GALLOIS.

# ANCIENNE LIBRAIRIE GERMER BAILLIÈRE ET Cⁱᵉ
# FÉLIX ALCAN, ÉDITEUR
## 108, Boulevard Saint-Germain, 108, PARIS

### EXTRAIT DU CATALOGUE
### SCIENCES — MÉDECINE — HISTOIRE — PHILOSOPHIE

## I. — BIBLIOTHÈQUE SCIENTIFIQUE INTERNATIONALE

PUBLIÉE SOUS LA DIRECTION DE M. ÉM. ALGLAVE

Volumes in-8, reliés en toile anglaise. — Prix : 6 fr.
Les mêmes, en demi-reliure d'amateur : 10 fr.

### 59 VOLUMES PARUS

1. J. TYNDALL. Les glaciers et les transformat. de l'eau, 5ᵉ éd.
2. W. BAGEHOT. Lois scientifiques du développement des nations, 4ᵉ édition.
3. J. MAREY. La machine animale, locomotion terrestre et aérienne, 4ᵉ édition, illustré.
4. A. BAIN. L'esprit et le corps considérés au point de vue de leurs relations, 4ᵉ édition.
5. PETTIGREW. La locomotion chez les animaux, 2ᵉ éd., ill.
6. HERBERT SPENCER. Introd. à la science sociale, 8ᵉ édit.
7. OSCAR SCHMIDT. Descendance et darwinisme, 5ᵉ édition.
8. H. MAUDSLEY. Le crime et la folie, 5ᵉ édition.
9. VAN BENEDEN. Les commensaux et les parasites dans le règne animal, 3ᵉ édition, illustré.
10. BALFOUR STEWART. La conservation de l'énergie, suivie d'une étude sur LA NATURE DE LA FORCE, par P. de Saint-Robert, 4ᵉ édition, illustré.
11. DRAPER. Les conflits de la science et de la religion, 7ᵉ éd.
12. LÉON DUMONT. Théorie scientifique de la sensibilité, 3ᵉ éd.
13. SCHUTZENBERGER. Les fermentations, 4ᵉ édition, illustré.
14. WHITNEY. La vie du langage, 3ᵉ édition.
15. COOKE et BERKELEY. Les champignons, 3ᵉ éd., illustré.
16. BERNSTEIN. Les sens, 4ᵉ édition, illustré.

**51.** DE LANESSAN. Introduction à la botanique. *Le sapin.*

**52, 53.** DE SAPORTA et MARION. L'évolution du règne végétal. *Les phanérogames.* 2 volumes illustrés.

**54.** TROUESSART. Les microbes, les ferments et les moisissures, illustré.

**55.** HARTMANN. Les singes anthropoïdes, illustré.

**56.** SCHMIDT. Les mammifères dans leurs rapports avec leurs ancêtres géologiques, illustré.

**57.** BINET et FÉRÉ. Le magnétisme animal, 2e éd., illustré.

**58, 59.** ROMANES. L'intelligence des animaux. 2 vol., illustré.

## II. — MÉDECINE ET SCIENCES.

### A. — Pathologie médicale.

AXENFELD et HUCHARD. **Traité des névroses.** 2e édition, augmentée de 700 pages, par HENRI HUCHARD, médecin des hôpitaux. 1 fort vol. in-8. 20 fr.

BARTELS. **Les maladies des reins,** traduit de l'allemand par le docteur EDELMANN; avec préface et notes de M. le professeur LÉPINE. 1 vol. in-8, avec fig. 15 fr.

BOUCHARDAT. **De la glycosurie ou diabète sucré,** son traitement hygiénique, 1883, 2e édition. 1 vol. grand in-8, suivi de notes et documents sur la nature et le traitement de la goutte, la gravelle urique, sur l'oligurie, le diabète insipide avec excès d'urée, l'hippurie, la pinélorrhée, etc. 15 fr.

BOUCHUT. **Diagnostic des maladies du système nerveux par l'ophthalmoscopie.** 1 vol. in-8, avec atlas colorié. 9 fr.

BOUCHUT et DESPRÉS. **Dictionnaire de médecine et de thérapeutique médicales et chirurgicales,** comprenant le résumé de la médecine et de la chirurgie, les indications thérapeutiques de chaque maladie, la médecine opératoire, les accouchements, l'oculistique, l'odontotechnie, les maladies d'oreilles, l'électrisation, la matière médicale, les eaux minérales, et un formulaire spécial pour chaque maladie. 4e édition, très augmentée. 1 vol. in-4, avec 918 fig. dans le texte et 3 cartes. Br. 25 fr.; cart. 27 fr. 50; relié. 29 fr.

CORNIL et BRAULT. **Études sur la pathologie du rein.** 1 vol. in-8, avec 16 planches lithographiées hors texte, 1884. 12 fr.

CORNIL et BABES. **Les bactéries et leur rôle dans l'anatomie et l'histologie pathologiques des maladies infectieuses.** 1 fort vol. in-8, avec 350 figures dans le texte en noir et en couleur et 4 planches en chromolithographie hors texte, 3e édit. *(sous presse).*

DAMASCHINO. **Leçons sur les maladies des voies diges-
tives.** 1 vol. in-8, 2ᵉ tirage, 1885. 14 fr.

DESPRÉS. **Traité théorique et pratique de la syphilis,** ou
infection purulente syphilitique. 1 vol. in-8. 7 fr.

DURAND-FARDEL. **Traité des eaux minérales** de la France
et de l'étranger, et de leur emploi dans les maladies chroniques,
3ᵉ édition, 1883. 1 vol. in-8. 10 fr.

DURAND-FARDEL. **Traité pratique des maladies des
vieillards,** 2ᵉ édition. 1 fort vol. gr. in-8. 14 fr.

FERRIER. **De la localisation des maladies cérébrales.**
Traduit de l'anglais par H.-C. DE VARIGNY, suivi d'un mémoire de
MM. CHARCOT et PITRES sur les *Localisations motrices dans les
hémisphères de l'écorce du cerveau.* 1 vol. in-8 avec 67 fig. dans le
texte. 6 fr.

GARNIER. **Dictionnaire annuel des progrès des sciences
et institutions médicales,** suite et complément de tous les
dictionnaires. 1 vol. in-12 de 600 pages. 22ᵉ année, 1886. 7 fr.

GINTRAC. **Traité théorique et pratique des maladies
de l'appareil nerveux.** 4 vol. gr. in-8. 28 fr.

GOUBERT. **Manuel de l'art des autopsies cadavériques,**
surtout dans ses applications à l'anat. pathol. In-18, avec 145 fig.
6 fr.

HÉRARD, CORNIL ET HANOT. **De la phthisie pulmonaire.**
1 vol. in-8, avec figures dans le texte et planches coloriées.
2ᵉ édition (*sous presse, pour paraître en janvier 1888*).

KUNZE. **Manuel de médecine pratique,** traduit de l'allemand par M. KNOERI. 1 vol. in-18. 4 fr. 50

LANCEREAUX. **Traité historique et pratique de la syphilis.** 2ᵉ édition. 1 vol. gr. in-8, avec fig. et planches color. 17 fr.

MARTINEAU. **Traité clinique des affections de l'utérus.**
1 fort vol. gr. in-8. 14 fr.

MAUDSLEY. **Le crime et la folie.** 1 vol. in-8. 5ᵉ édit. 6 fr.

MAUDSLEY. **La pathologie de l'esprit.** 1 vol. in-8. 10 fr.

MURCHISON. **De la fièvre typhoïde,** avec notes et introduction du docteur H. GUENEAU DE MUSSY. 1 vol. in-8, avec figures
dans le texte et planches hors texte. 10 fr.

NIEMEYER. **Éléments de pathologie interne et de thérapeutique,** traduit de l'allemand, annoté par M. CORNIL. 3ᵉ édit.
franç., augmentée de notes nouvelles. 2 vol. gr. in-8. 14 fr.

ONIMUS ET LEGROS. **Traité d'électricité médicale.** 1 fort
vol. in-8, avec 275 figures dans le texte. 2ᵉ édition. 17 fr.

RILLIET ET BARTHEZ. **Traité clinique et pathologique
des maladies des enfants.** 3ᵉ édit. refondue et augmentée,
par BARTHEZ et A. SANNÉ. Tome I, 1 fort vol. gr. in-8. 1884. 16 fr.
Tome II, fort vol. gr. in-8. 1887. 14 fr.
Tome III (terminant l'ouvrage, *sous presse*).

TARDIEU. **Manuel de pathologie et de clinique médicales.** 4° édition, corrigée et augmentée. 1 vol. gr. in-18. 8 fr.

TAYLOR. **Traité de médecine légale,** traduit sur la 7° édition anglaise, par le D' HENRI COUTAGNE. 1 vol. gr. in-8. 15 fr.

## B. — Pathologie chirurgicale.

ANGER (Benjamin). **Traité iconographique des fractures et luxations,** précédé d'une introduction par M. le professeur Velpeau. 1 fort volume in-4, avec 100 planches hors texte, coloriées, contenant 254 figures, et 127 bois intercalés dans le texte. 2° tirage, 1886. Relié. 150 fr.

BILLROTH. **Traité de pathologie chirurgicale générale,** traduit de l'allemand, précédé d'une introd. par M. le prof. VERNEUIL. 1880, 3° tirage. 1 fort vol. gr. in-8, avec 100 fig. dans le texte. 14 fr.

**Congrès français de chirurgie.** 1r° session : 1885. Mémoires et discussions, publiés par M. Pozzi, secrétaire général. 1 fort vol. grand in-8. 14 fr.
   2° session : 1886, 1 fort vol. gr. in-8, avec fig. 14 fr.

DE ARLT. **Des blessures de l'œil,** considérées au point de vue pratique et médico-légal. 1 vol. in-18. 3 fr. 50

DELORME. **Traité de chirurgie de guerre.** 2 vol. gr. in-8°, avec fig. dans le texte (*sous presse*).

GALEZOWSKI. **Des cataractes et de leur traitement.** 1er fascicule, 1 vol. in-8. 3 fr. 50

JAMAIN ET TERRIER. **Manuel de petite chirurgie.** 6° édit., refondue. 1 vol. gr. in-18 de 1000 pages, avec 450 fig. 9 fr.

JAMAIN ET TERRIER. **Manuel de pathologie et de clinique chirurgicales.** 3° édition. Tome I, 1 fort vol. in-18. 8 fr.
   Tome II, 1 vol. in-18. 8 fr.
   Tome III, 1 vol. in-18. 8 fr.
   Tome IV terminant l'ouvrage (*sous presse*).

LE FORT. **La chirurgie militaire** et les Sociétés de secours en France et à l'étranger. 1 vol. gr. in-8, avec fig. 10 fr.

LIEBREICH. **Atlas d'ophtalmoscopie,** représentant l'état normal et les modifications pathologiques du fond de l'œil vues à l'ophtalmoscope. 3° édition, 1885, atlas in-f° de 12 planches, 59 figures en couleurs. 40 fr.

MAC CORMAC. **Manuel de chirurgie antiseptique,** traduit de l'anglais par M. le docteur LUTAUD. 1 fort vol. in-8. 6 fr.

MALGAIGNE. **Manuel de médecine opératoire.** 9° édition, publiée par M. le professeur LÉON LE FORT. 2 vol. grand in-18, avec nombreuses fig. dans le texte. 16 fr.
La première partie : *Opérations générales,* est en distribution. 1 vol. in-18, avec 250 fig. (Le tome II, terminant l'ouvrage, sera remis aux souscripteurs en 1888.)

MAUNOURY et SALMON. **Manuel de l'art des accouche-**

ments, à l'usage des élèves en médecine et des élèves sages-femmes. 3º édit. 1 vol. in-18, avec 115 grav. 7 fr.

NÉLATON. **Éléments de pathologie chirurgicale**, par M. A. NÉLATON, membre de l'Institut, professeur de clinique à la Faculté de médecine, etc. Ouvrage complet en 6 volumes.

*Seconde édition, complètement remaniée*, revue par les Dʳˢ JAMAIN, PÉAN, DESPRÈS, GILLETTE et HORTELOUP, chirurgiens des hôpitaux. 6 forts vol. gr. in-8, avec 795 figures dans le texte. 82 fr.

PAGET (sir James). **Leçons de clinique chirurgicale**, traduites de l'anglais par le docteur L.-H. PETIT, et précédées d'une introduction de M. le professeur VERNEUIL. 1 vol. grand in-8. 8 fr.

PÉAN. **Leçons de clinique chirurgicale, professées à l'hôpital Saint-Louis.** De 1875 à 1880. Tomes I à IV, 4 vol. in-8, avec fig. et pl. coloriées. Chaque vol. séparément. 20 fr.

Tome V, années 1881-1882. 1 vol. in-8. 25 fr.

PHILLIPS. **Traité des maladies des voies urinaires.** 1 fort vol. in-8, avec 97 fig. intercalées dans le texte. 10 fr.

RICHARD. **Pratique journalière de la chirurgie.** 1 vol. gr. in-8, avec 215 fig. dans le texte. 2º édit., augmentée de chapitres inédits de l'auteur, et revue par le Dʳ J. CRAUK. 16 fr.

ROTTENSTEIN. **Traité d'anesthésie chirurgicale**, contenant la description et les applications de la méthode anesthésique de M. PAUL BERT. 1 vol. in-8, avec figures. 10 fr.

SCHWEIGGER. Leçons d'ophthalmoscopie, avec 3 planches lith. et des figures dans le texte. In-8 de 144 pages. 3 fr. 50

SŒLBERG-WELLS. **Traité pratique des maladies des yeux.** 1 fort vol. gr. in-8, avec figures. 15 fr.

TERRIER. **Éléments de pathologie chirurgicale générale.** 1ᵉʳ fascicule : *Lésions traumatiques et leurs complications.* 1 vol. in-8. 7 fr.

2ᵉ fascicule : *Complications des lésions traumatiques. Lésions inflammatoires.* 1 vol. in-8, 1886. 6 fr.

Le 3ᵉ et dernier fascicule paraîtra en 1888.

TRUC. **Du traitement chirurgical de la péritonite.** 1 vol. in-8. 4 fr.

VIRCHOW. **Pathologie des tumeurs**, cours professé à l'université de Berlin, traduit de l'allemand par le docteur ARONSSOHN.

Tome Iᵉʳ, 1 vol. gr. in-8, avec 106 fig. 12 fr.
Tome II, 1 vol. gr. in-8, avec 74 fig. 12 fr.
Tome III, 1 vol. gr. in-8, avec 49 fig. 12 fr.
Tome IV (1 fascicule), 1 vol. gr. in-8, avec figures. 4 fr. 50

YVERT. **Traité pratique et clinique des blessures du globe de l'œil**, 1 vol. gr. in-8. 12 fr.

## C. — Thérapeutique. Pharmacie. Hygiène.

**BINZ. Abrégé de matière médicale et de thérapeutique,** 1 vol. in-12, de 335 pages. 2 fr. 50

**BOUCHARDAT. Nouveau formulaire magistral,** précédé d'une Notice sur les hôpitaux de Paris, de généralités sur l'art de formuler, suivi d'un Précis sur les eaux minérales naturelles et artificielles, d'un Mémorial thérapeutique, de notions sur l'emploi des contrepoisons et sur les secours à donner aux empoisonnés et aux asphyxiés. 1886, 26ᵉ édition, revue, corrigée. 1 vol. in-18, broché, 3 fr. 50; cartonné, 4 fr.; relié. 4 fr. 50

**BOUCHARDAT et VIGNARDOU. Formulaire vétérinaire,** contenant le mode d'action, l'emploi et les doses des médicaments simples et composés prescrits aux animaux domestiques par les médecins vétérinaires français et étrangers, et suivi d'un Mémorial thérapeutique. 3ᵉ édit. 1 vol. in-18, br. 3 fr. 50, cart. 4 fr. rel. 4 fr. 50.

**BOUCHARDAT. Manuel de matière médicale, de thérapeutique comparée et de pharmacie.** 5ᵉ édition. 2 vol. gr. in-18. 16 fr.

**BOUCHARDAT. Annuaire de thérapeutique, de matière médicale et de pharmacie pour 1886,** contenant le résumé des travaux thérapeutiques et toxicologiques publiés pendant l'année 1885, suivi de notes sur le *traitement hygiénique du mal de Bright* et sur les *difficultés de l'hygiène*. 1 vol. gr. in-32. 46ᵉ année. 1 fr. 50

**BOUCHARDAT. De la glycosurie ou diabète sucré,** son traitement hygiénique. 1883, 2ᵉ édition. 1 vol. grand in-8, suivi de notes et documents sur la nature et le traitement de la goutte, la gravelle urique, sur l'oligurie, le diabète insipide avec excès d'urée, l'hippurie, la pimélorrhée, etc. 15 fr.

**BOUCHARDAT. Traité d'hygiène publique et privée,** basé sur l'étiologie. 1 fort vol. gr. in-8. 3ᵉ édition, 1887. 18 fr.

**CORNIL. Leçons élémentaires d'hygiène privée,** rédigées d'après le programme du Ministère de l'instruction publique pour les établissements d'instruction secondaire. 1 vol. in-18, avec figures. 2 fr. 50

**DURAND-FARDEL. Les eaux minérales et les maladies chroniques.** 1 vol. in-18. 2ᵉ édition, 1885. 3 fr. 50

**MAURIN. Formulaire des maladies des enfants.** 1 vol. in-18. 2ᵉ édition. 3 fr. 50.

**WEBER. Climatothérapie,** traduit de l'allemand par les docteurs Doyon et Spillmann. 1 vol. in-8, 1886. 6 fr.

## D. — Anatomie. Physiologie. Histologie.

**ALAVOINE. Tableaux du système nerveux. Deux grands** tableaux, avec figures. 5 fr.

BAIN (Al.). **Les sens et l'intelligence,** traduit de l'anglais
par M. Cazelles. 1 vol. in-8. 10 fr.

BASTIAN (Charlton). **Le cerveau, organe de la pensée,**
chez l'homme et chez les animaux. 2 vol. in-8, avec 184 figures
dans le texte. 1882. 12 fr.

BÉRAUD (B.-J.). **Atlas complet d'anatomie chirurgicale
topographique,** pouvant servir de complément à tous les ouvrages d'anatomie chirurgicale, composé de 109 planches représentant plus de 200 gravures dessinées d'après nature par M. Bion,
et avec texte explicatif. 1 fort vol. in-4.
    Prix : fig. noires, relié, 60 fr. — Fig. coloriées, relié, 120 fr.
Toutes les pièces, disséquées dans l'amphithéâtre des hôpitaux
ont été reproduites d'après nature par M. Bion, et ensuite gravées
sur acier par les meilleurs artistes.

BÉRAUD (B.-J.) et VELPEAU. **Manuel d'anatomie chirurgicale générale et topographique,** 2ᵉ éd. 1 vol. in-18. 7 fr.

BERNARD (Claude). **Leçons sur les propriétés des tissus
vivants,** avec 94 fig. dans le texte. 1 vol. in-8. 8 fr.

BERNSTEIN. **Les sens.** 1 vol. in-8, avec fig. 3ᵉ édit., cart. 6 fr.

BURDON-SANDERSON, FOSTER et BRUNTON. **Manuel du laboratoire de physiologie,** traduit de l'anglais par M. Moquin
Tandon. 1 vol. in-8, avec 184 figures dans le texte, 1883. 14 fr.

FAU. **Anatomie des formes du corps humain,** à l'usage
des peintres et des sculpteurs. 1 atlas in-folio de 25 planches.
    Prix : fig. noires, 15 fr. — Fig. coloriées. 30 fr.

CORNIL et RANVIER. **Manuel d'histologie pathologique.**
2ᵉ édition. 2 vol. in-8, avec nombreuses figures dans le texte. 30 fr.

FERRIER. **Les fonctions du cerveau.** 1 vol. in-8, avec
68 figures. 10 fr.

JAMAIN. **Nouveau traité élémentaire d'anatomie des-
criptive et de préparations anatomiques.** 3ᵉ édition,
1 vol. grand in-18 de 900 pages, avec 223 fig. intercalées dans
le texte. 12 fr. — Avec figures coloriées. 40 fr.

LEYDIG. **Traité d'histologie comparée de l'homme et
des animaux.** 1 fort vol. in-8, avec 200 figures. 15 fr.

LONGET. **Traité de physiologie.** 3ᵉ édition, 3 vol. gr. in-8,
avec figures. 36 fr.

MAREY. **Du mouvement dans les fonctions de la vie.**
1 vol. in-8, avec 200 figures dans le texte. 10 fr.

PREYER. **Éléments de physiologie générale.** Traduit de
l'allemand par M. J. Soury. 1 vol. in-8. 5 fr.

PREYER. **Physiologie spéciale de l'embryon.** Trad. de l'allemand par M. le Dʳ Wiet. 1 vol. in-8 avec fig. et 9 pl. hors texte. 16 fr.

RICHET (Charles). **Physiologie des muscles et des nerfs.**
1 fort vol. in-8. 1882. 15 fr.

VULPIAN. **Leçons sur l'appareil vaso-moteur** (physiologie et pathologie), recueillies par le D' H. CANVILLE. 2 vol. in-8. 18 fr.

## E. — Physique. Chimie. Histoire naturelle.

AGASSIZ. **De l'espèce et des classifications en zoologie.** 1 vol. in-8. 5 fr.

BERTHELOT. **La synthèse chimique.** 1 vol. in-8 de la *Bibliothèque scientifique internationale.* 4e édit., cart. 6 fr.

BLANCHARD. **Les métamorphoses, les mœurs et les instincts des insectes,** par M. Emile Blanchard, de l'Institut, professeur au Muséum d'histoire naturelle. 1 magnifique vol. in-8 jésus, avec 160 fig. dans le texte et 40 grandes planches hors texte. 2e édit. Prix : broché, 25 fr.; relié. 30 fr.

BOCQUILLON. **Manuel d'histoire naturelle médicale.** 1 vol. in-18 avec 415 fig. dans le texte. 14 fr.

COOKE ET BERKELEY. **Les champignons,** avec 110 figures dans le texte. 1 vol. in-8. 3e édition. 6 fr.

DARWIN. **Les récifs de corail,** leur structure et leur distribution. 1 vol. in-8, avec 3 planches hors texte, traduit de l'anglais par M. Cosserat. 8 fr.

EVANS (John). **Les âges de la pierre.** 1 beau vol. gr. in-8, avec 467 figures dans le texte. 15 fr.

EVANS (John). **L'âge du bronze.** 1 fort vol. in-8, avec 540 figures dans le texte. 15 fr.

GRÉHANT. **Manuel de physique médicale.** 1 vol. in-18, avec 469 figures dans le texte. 7 fr.

GRIMAUX. **Chimie organique élémentaire.** 4e édit. 1 vol. in-18, avec figures. 5 fr.

GRIMAUX. **Chimie inorganique élémentaire.** 4e édit., 1885, 1 vol. in-18, avec figures. 5 fr.

HERBERT SPENCER. **Principes de biologie,** traduit de l'anglais par M. C. CAZELLES. 2 vol. in-8. 20 fr.

HUXLEY. **La physiographie,** introduction à l'étude de la nature, 1 vol. in-8 avec 128 figures dans le texte et 2 planches hors texte. 1882. 8 fr.

LUBBOCK. **Origines de la civilisation,** état primitif de l'homme et mœurs des sauvages modernes, traduit de l'anglais. 3e édition. 1 vol. in-8, avec fig. Broché, 15 fr. — Relié. 18 fr.

PISANI (F.). **Traité pratique d'analyse chimique qualitative et quantitative,** à l'usage des laboratoires de chimie, 1 vol. in-12. 2e édit., augmentée d'un traité d'*analyse au chalumeau,* 1885. 3 fr. 50

PISANI ET DIRVELL. **La chimie du laboratoire.** 1 vol. in-12. 4 fr.

QUATREFAGES (DE). **Charles Darwin et ses précurseurs français.** Étude sur le transformisme. 1 vol. in-8. 5 fr.

# III. — BIBLIOTHÈQUE D'HISTOIRE CONTEMPORAINE

Volumes in-18 à 3 fr. 50. — Volumes in-8 à 5, 7 et 12 francs.
Cartonnage toile, 50 c. en plus par vol. in-18, 1 fr. par
vol. in-8.

## EUROPE

HISTOIRE DE L'EUROPE PENDANT LA RÉVOLUTION FRANÇAISE, par *H. de
Sybel*. Traduit de l'allemand par Mlle Dosquet. 6 vol. in-8 . . 12 fr.

## FRANCE

HISTOIRE DE LA RÉVOLUTION FRANÇAISE, par *Carlyle*. 3 vol. in-18. 10 50
LA RÉVOLUTION FRANÇAISE, par *H. Carnot*. 1 vol. in-12. Nouv. édit., 3 50
HISTOIRE DE LA RESTAURATION, par *de Rochau*. 1 vol. in-18. . . . . 3 50
HISTOIRE DE DIX ANS, par *Louis Blanc*. 5 vol. in-8. . . . . . . 25 »
HISTOIRE DE HUIT ANS (1840-1848), par *Elias Regnault*. 3 vol. in-8. 15 »
HISTOIRE DU SECOND EMPIRE (1848-1870), par *Taxile Delord*. 6 volumes
in-8 . . . . . . . . . . . . . . . . . . . . . . . . . . . 42 fr.
LA GUERRE DE 1870-1871, par *Boert*. 1 vol. in-18. . . . . . . . 3 50
LA FRANCE POLITIQUE ET SOCIALE, par *Aug. Laugel*. 1 volume in-8. 5 fr.
HISTOIRE DES COLONIES FRANÇAISES, par *P. Gaffarel*. 1 vol. in-8.
3ᵉ éd. . . . . . . . . . . . . . . . . . . . . . . . . . . 5 fr.
L'EXPANSION COLONIALE DE LA FRANCE, étude économique, politique et
géographique sur les établissements français d'outre-mer, par *J. L. de
Lanessan*. 1 vol. in-8 avec 19 cartes hors texte. . . . . . . 12 fr.
LA TUNISIE, par *J. L. de Lanessan*. 1 vol. in-8 avec une carte en couleurs 5 fr.
L'INDO-CHINE FRANÇAISE, par *J. de Lanessan*, 1 vol. in-8, avec carte (sous
presse).
L'ALGÉRIE, par *M. Wahl*. 1 vol. in-8 . . . . . . . . . . . . 5 fr.

## ANGLETERRE

HISTOIRE GOUVERNEMENTALE DE L'ANGLETERRE, DEPUIS 1770 JUSQU'A 1830.
par sir *G. Cornewal Lewis*. 1 vol. in-8, traduit de l'anglais . . . 7 fr.
HISTOIRE CONTEMPORAINE DE L'ANGLETERRE, depuis la mort de la reine
Anne jusqu'à nos jours, par *H. Reynald*. 1 vol. in-18. 2ᵉ éd. . 3 50
LES QUATRE GEORGE, par *Thackeray*. 1 vol. in-18 . . . . . . . . 3 50
LOMBART-STREET, le marché financier en Angleterre, par *W. Bagehot*.
1 vol. in-18 . . . . . . . . . . . . . . . . . . . . . . . . 3 50
LORD PALMERSTON ET LORD RUSSEL, par *Aug. Laugel*. 1 vol. in-18. 3 50
QUESTIONS CONSTITUTIONNELLES (1873-1878), par *E.-W. Gladstone*, pré-
cédées d'une introduction par *Albert Gigot*. 1 vol. in-8. . . . . 5 fr.

## ALLEMAGNE

HISTOIRE DE LA PRUSSE, depuis la mort de Frédéric II jusqu'à la bataille de Sadowa, par *Eug. Véron*. 1 vol. in-18. 4ᵉ éd. . . . . 3 50
HISTOIRE DE L'ALLEMAGNE, depuis la bataille de Sadowa jusqu'à nos jours,
par *Eug. Véron*. 1 vol. in-18, 2ᵉ éd. . . . . . . . . . . . . . 3 50
L'ALLEMAGNE CONTEMPORAINE, par *Ed. Bourloton*. 1 vol. in-18. . . 3 50

## AUTRICHE-HONGRIE

Histoire de l'Autriche, depuis la mort de Marie-Thérèse jusqu'à nos jours, par *L. Asseline*. 1 vol. in-18, 2e éd. . . . . . . . . . 3 50
Histoire des Hongrois et de leur littérature politique, de 1790 à 1815, par *Ed. Sayous*. 1 vol. in-18 . . . . . . . . . . . . . . . 3 50

## ESPAGNE

Histoire de l'Espagne, depuis la mort de Charles III jusqu'à nos jours, par *H. Reynald*. 1 vol. in-18 . . . . . . . . . . . . . . . . 3 50

## RUSSIE

La Russie contemporaine, par *Herbert Barry*. 1 vol. in-18. . . . 3 50
Histoire contemporaine de la Russie, par *M. Créhange*. 1 vol. in-18 . . . . . . . . . . . . . . . . . . . . . . . . . . . . 3 50

## SUISSE

La Suisse contemporaine, par *H. Dixon*. 1 vol. in-18. . . . . . 3 50
Histoire du peuple suisse, par *Daendliker*, précédée d'une Introduction de M. *Jules Favre*. 1 vol. in-18. . . . . . . . . . . . . . . 5 fr.

## AMÉRIQUE

Histoire de l'Amérique du Sud, par *Alf. Deberle*. 1 vol. in-18. 2e éd. 3 50
Les Etats-Unis pendant la guerre, par *Aug. Laugel*. 1 vol. in-18. 3 50

## ITALIE

Histoire de l'Italie, depuis 1815 jusqu'à la mort de Victor-Emmanuel, par *E. Sorin*. 1 vol. in-18 . . . . . . . . . . . . . . . . . . 3 50

---

**Jules Barni.** Histoire des idées morales et politiques en France au XVIIIe siècle. 2 vol. in-18, chaque volume . . . . . . . . . 3 50
— Les Moralistes français au XVIIIe siècle. 1 vol. in-18. . . . 3 50
**Émile Beaussire.** La guerre étrangère et la guerre civile. 1 vol. in-18 . . . . . . . . . . . . . . . . . . . . . . . . . . . . 3 50
**E. de Laveleye.** Le socialisme contemporain. 1 vol. in-18. 3e éd. 3 50
**E. Despois.** Le vandalisme révolutionnaire. 1 vol. in-18. 2e éd. 3 50
**M. Pellet.** Variétés révolutionnaires, avec une Préface de A. Rane. 2 vol. in-18. chaque vol. . . . . . . . . . . . . . . . . . 3 50
**Eug. Spuller.** Figures disparues, portraits contemporains, littéraires et politiques. 2e édit. 1 vol. in-18. . . . . . . . . . . . 3 fr. 50

# IV. — BIBLIOTHÈQUE DE PHILOSOPHIE CONTEMPORAINE

Volumes in-18. Br., 2 fr. 50; cart. à l'angl., 3 fr.; reliés, 4 fr.

### H. Taine.

L'Idéalisme anglais, étude sur Carlyle.
Philosophie de l'art dans les Pays-Bas. 2e édition.
Philosophie de l'art en Grèce. 2e édit.

### Paul Janet.

Le Matérialisme contemp. 4e édit.
La Crise philosophique. Taine, Renan, Vacherot, Littré.
Philosophie de la Révolution française.
Le Saint-Simonisme.
Dieu, l'homme et la béatitude.
(Œuvre inédite de Spinoza.)
Origines du socialisme contemporain.

### Odysse Barrot.

Philosophie de l'histoire.

### Alaux.

Philosophie de M. Cousin.

### Ad. Franck.

Philosophie du droit pénal. 2e édit.
Des rapports de la religion et de l'État. 2e édit.
La philosophie mystique en France au XVIIIe siècle.

### Beaussire.

Antécédents de l'hégélianisme dans la philosophie française.

### Bost.

Le Protestantisme libéral.

### Ed. Auber.

Philosophie de la médecine.

### Leblais.

Matérialisme et spiritualisme.

### Charles de Rémusat.

Philosophie religieuse.

### Charles Lévêque.

Le Spiritualisme dans l'art.
La Science de l'invisible.

### Émile Saisset.

L'âme et la vie, suivi d'une étude sur l'Esthétique française.

Critique et histoire de la philosophie (frag. et disc.).

### Auguste Laugel.

L'Optique et les Arts.
Les problèmes de la nature.
Les problèmes de la vie.
Les problèmes de l'âme.

### Challemel-Lacour.

La philosophie individualiste.

### Albert Lemoine.

Le Vitalisme et l'Animisme.
De la Physionomie et de la Parole.
L'Habitude et l'Instinct.

### Milsand.

L'Esthétique anglaise.

### A. Véra.

Philosophie hégélienne.

### Ad. Garnier.

De la morale dans l'antiquité.

### Schœbel.

Philosophie de la raison pure.

### Ath. Coquerel fils.

Premières transformations historiques du christianisme.
La Conscience et la Foi.
Histoire du Credo.

### Jules Levallois.

Déisme et Christianisme.

### Camille Selden.

La Musique en Allemagne.

### Fontanès.

Le Christianisme moderne.

### Stuart Mill.

Auguste Comte et la philosophie positive. 3e édition.
L'Utilitarisme.

### Mariano.

La Philosophie contemp. en Italie.

### Saigey.

La Physique moderne. 2e tirage.

### E. Faivre.

De la variabilité des espèces.

**Ernest Bersot.**
Libre philosophie.
**Albert Réville.**
Histoire du dogme de la divinité de Jésus-Christ.
**W. de Fonvielle.**
L'astronomie moderne.
**C. Coignet.**
La morale indépendante.
**Et. Vacherot.**
La Science et la Conscience.
**E. Boutmy.**
Philosophie de l'architecture en Grèce.
**Herbert Spencer.**
Classification des sciences. 2ᵉ édit.
L'individu contre l'Etat.
**Gauckler.**
Le Beau et son histoire.
**Max Müller.**
La science de la religion.
**Bertauld.**
L'ordre social et l'ordre moral.
De la philosophie sociale.
**Th. Ribot.**
La philosophie de Schopenhauer, 2ᵉ édition.
Les maladies de la mémoire. 4ᵉ édit.
Les maladies de la volonté. 4ᵉ édit.
Les maladies de la personnalité.2ᵉéd.
**Bentham et Grote.**
La religion naturelle.
**Hartmann.**
La Religion de l'avenir. 2ᵉ édition.
Le Darwinisme. 3ᵉ édition.
**H. Lotze.**
Psychologie physiologique.
**Schopenhauer.**
Le libre arbitre. 3ᵉ éditiou.
Le fondement de la morale. 2ᵉ édit.
Pensées et fragments, 5ᵉ édition.
**Liard.**
Les Logiciens anglais contemporains. 2ᵉ édition.
Les définitions géométriques, et les définitions empiriques.
**Marion.**
J. Locke, sa vie, son œuvre.

**O. Schmidt.**
Les sciences naturelles et la philosophie de l'Inconscient.
**Hæckel.**
Les preuves du transformisme.
Psychologie cellulaire.
**Pi y Margall.**
Les nationalités.
**Barthélemy Saint-Hilaire.**
De la métaphysique.
**A. Espinas.**
Philosophie expérim. en Italie.
**P. Siciliani.**
Psychogénie moderne.
**Leopardi.**
Opuscules et Pensées.
**A. Lévy.**
Morceaux choisis des philosophes allemands.
**Roisel.**
De la substance.
**Zeller.**
Christian Baur et l'école de Tubingue.
**Stricker.**
Du langage et de la musique.
**Coste.**
Les conditions sociales du bonheur et de la force. 3ᵉ édition.
**Binet.**
La psychologie du raisonnement.
**G. Ballet.**
Le langage intérieur et l'aphasie.
**Mosso.**
La peur.
**Tarde.**
La criminalité comparée.
**Paulhan.**
Les phénomènes affectifs.
**Ch. Richet.**
Essai de psychologie générale.
**Ch. Féré.**
Sensation et mouvement.
Dégénérescence et criminalité.
**Vianna de Lima.**
L'homme selon le transformisme.

Volumes in-8. Br. à 5, 7 50 et 10 fr.; cart. angl., 1 fr. de plus
par vol.; rel., 2 fr.

### BARNI
La morale dans la démocratie. 1 vol. in-8, 2ᵉ édit.       5 fr.

### AGASSIZ
De l'espèce et des classifications. 1 vol. in-8.       5 fr.

### STUART MILL
La philosophie de Hamilton. 1 fort vol. in-8.       10 fr.
Mes mémoires. 1 vol. in-8.       5 fr.
Système de logique déductive et inductive. 2 vol. in-8.  20 fr.
Essais sur la Religion. 1 vol. in-8, 2ᵉ édit.       5 fr.

### DE QUATREFAGES
Ch. Darwin et ses précurseurs français. 1 vol. in-8.       5 fr.

### HERBERT SPENCER
Les premiers principes. 1 fort vol. in-8. 2ᵉ édit.       10 fr.
Principes de psychologie, 2 vol. in-8.       20 fr.
Principes de biologie. 2 vol. in-8.       20 fr.
Principes de sociologie. 4 vol. in-8.       36 fr. 25
Essais sur le progrès. 1 vol. in-8, 2ᵉ édit.       7 fr. 50
Essais de politique. 1 vol. in-8, 2ᵉ édit.       7 fr. 50
Essais scientifiques. 1 vol. in-8.       7 fr. 50
De l'éducation physique, intellectuelle et morale. 1 volume
in-8, 5ᵉ édition.       5 fr.
Introduction à la science sociale. 1 vol. in-8, 6ᵉ édit.       6 fr.
Les bases de la morale évolutionniste. 1 vol. in-8, 3ᵉ éd.  6 fr.
Classification des sciences. 1 vol. in-18, 2ᵉ édition.       2 fr. 50
L'individu contre l'État, 1 vol. in-18. 2ᵉ édit.       2 fr. 50

### AUGUSTE LAUGEL
Les problèmes (les problèmes de la nature, problèmes de la
vie, problèmes de l'âme). 1 fort vol. in-8.       7 fr. 50

### ÉMILE SAIGEY
Les sciences au XVIIIᵉ siècle. La physique de Voltaire.
1 vol. in-8.       5 fr.

### PAUL JANET
Les causes finales. 1 vol. in-8, 2ᵉ édition.       10 fr.
Histoire de la science politique dans ses rapports avec la mo-
rale. 3ᵉ édit., 2 vol. in-8.       20 fr.

### TH. RIBOT
L'hérédité psychologique. 1 vol. in-8, 3ᵉ édition.       7 fr. 50
La psychologie anglaise contemporaine. 1 vol., 3ᵉ éd. 7 fr. 50
La psychologie allemande contemporaine. 1 vol., 2ᵉ éd. 7 fr. 50

### ALF. FOUILLÉE
La liberté et le déterminisme. 1 vol. in-8, 2ᵉ édit.       7 fr. 50

Critique des systèmes de morale contemporains. 1 vol. in-8.
2ᵉ éd, 7 50

### DE LAVELEYE

De la propriété et de ses formes primitives. 1 vol. in-8. 7 fr. 50

### BAIN (ALEX.)

La logique inductive et déductive. 2 vol. in-8, 2ᵉ édit. 20 fr.
Les sens et l'intelligence. 1 vol. in-8. 10 fr.
L'esprit et le corps. 1 vol. in-8, 4ᵉ édit. 6 fr.
La science de l'éducation. 1 vol. in-8, 6ᵉ édit. 6 fr.
Les émotions et la volonté. 1 fort vol. 10 fr.

### MATTHEW ARNOLD

La crise religieuse. 1 vol. in-8. 7 fr. 50

### BARDOUX

Les légistes, leur influence sur la société française. 1 vol. 5 fr.

### ESPINAS (ALF.)

Des sociétés animales. 1 vol. in-8, 2ᵉ édition. 7 fr. 50

### FLINT

La philosophie de l'histoire en France. 1 vol. in-8. 7 fr. 50
La philosophie de l'histoire en Allemagne. 1 vol. in-8. 7 fr. 50

### LIARD

La science positive et la métaphysique. 1 vol. in-8. 7 fr. 50
Descartes. 1 vol. in-8. 5 fr.

### GUYAU

La morale anglaise contemporaine. 1 vol. in-8, 2ᵉ éd. 7 fr. 50
Les problèmes de l'esthétique contemporaine. 1 vol. in-8. 5 fr.
Esquisse d'une morale sans obligation ni sanction. In-8. 5 fr.
L'irréligion de l'avenir. 1 vol. in-8. 2ᵉ éd. 7 fr. 50

### HUXLEY

Hume, sa vie, sa philosophie. 1 vol. in-8. 5 fr.

### E. NAVILLE

La logique de l'hypothèse. 1 vol. in-8. 5 fr.

### ÉT. VACHEROT

Essais de philosophie critique. 1 vol. in-8. 7 fr. 50
La religion. 1 vol. in-8. 7 fr. 50

### MARION

La solidarité morale. 1 vol. in-8, 2ᵉ édit. 5 fr.

### SCHOPENHAUER

Aphorismes sur la sagesse dans la vie. 1 vol. in-8. 2ᵉ édit. 5 fr.
De la quadruple racine du principe de la raison suffisante.
1 vol. in-8. 5 fr.

Le monde comme volonté et représentation, 3 vol. in-8.
Tome I, 1 vol. in-8°.                                7 fr. 50

BERTRAND (A.)

L'aperception du corps humain par la conscience. 1 vol.
in-8.                                               5 fr.

JAMES SULLY

Le pessimisme. 1 vol. in-8.                         7 fr. 50

BUCHNER

Science et nature. 1 vol. in-8, 2ᵉ édition.         7 fr. 50

EGGER (V.)

La parole intérieure. 1 vol. in-8.                  5 fr.

LOUIS FERRI

La psychologie de l'association, depuis Hobbes jusqu'à nos
jours. 1 vol. in-8.                                 7 fr. 50

MAUDSLEY

La pathologie de l'esprit. 1 vol. in-8.             10 fr.

SÉAILLES

Essai sur le génie dans l'art. 1 vol. in-8.         5 fr.

CH. RICHET

L'homme et l'intelligence. 2ᵉ édit. 1 vol. in-8.    10 fr.

PREYER

Éléments de physiologie. 1 vol. in-8.               5 fr.
L'âme de l'enfant. 1 vol. in-8.                     10 fr.

WUNDT

Éléments de psychologie physiologique. 2 vol. in-8, avec fig. 20 fr.

E. BEAUSSIRE

Les principes de la morale. 1 vol. in-8.            5 fr.
Les principes du droit. 1 vol. in-8°.               7 fr. 50

A. FRANCK.

La philosophie du droit civil. 1 vol. in-8.         5 fr.

CLAY

L'alternative. Contribution à la psychologie, trad. de l'anglais
par A. Burdeau. 1 vol. in-8.                        10 fr.

BERNARD PÉREZ

Les trois premières années de l'enfant. 1 vol. in-8, 3ᵉ édit. 5 fr.
L'enfant de trois à sept ans. 1 vol. in-8.          5 fr.
L'éducation morale dès le berceau. 1 vol. in-8.     5 fr.

LOMBROSO.

L'homme criminel. 1 vol. in-8.                      10 fr.

SERGI.

La psychologie physiologique. 1 vol. in-8 avec 40 fig. 7 fr. 50

LUDOV. CARRAU.

La philosophie religieuse en Angleterre, depuis Locke jusqu'à
nos jours. 1 vol. in-8.                             5 fr.

Coulommiers. — Imp. P. BRODARD et GALLOIS.

# LIBRAIRIE FÉLIX ALCAN

## RÉCENTES PUBLICATIONS

HÉRARD, CORNIL et HANOT. — **La phtisie pulmonaire.** 2ᵉ édition très augmentée. 1 fort vol. in-8 avec de nombreuses figures en noir et en couleurs dans le texte et 1 planche en chromolithographie . . . . . 20 fr.

DELORME. — **Traité de chirurgie de guerre.** Tome Iᵉʳ. *Histoire de la chirurgie militaire française. Plaies par armes à feu.* 1 vol. grand in-8 avec nombreuses fig. dans le texte et 1 planche en chromolithographie. 16 fr.
   (Le tome II complétant l'ouvrage, sous presse, pour paraître en 1889.)

**Congrès français de Chirurgie.** 3ᵉ *session.* Paris, mars 1888, *Procès-verbaux, mémoires et discussions,* publiés sous la direction de M. le Dʳ S. Pozzi, secrétaire général. 1 fort vol. in-8 avec figures. . . . . . . . . . . . 14 fr.
   1ʳᵉ session. Paris, avril 1885. 1 vol. in-8 avec fig. . . . . . . . 14 fr.
   2ᵉ session, octobre 1886. 1 fort vol. in-8 avec fig. . . . . . . . 14 fr.

ONIMUS et LEGROS. — **Traité d'électricité médicale.** 2ᵉ édition revue et augmentée par E. Onimus. 1 vol. in-8 avec de nombreuses figures. 17 fr.

BOUCHARDAT. **Nouveau formulaire magistral,** précédé d'une Notice sur les hôpitaux de Paris, de généralités sur l'art de formuler, suivi d'un précis sur les eaux minérales naturelles et artificielles, d'un mémorial thérapeutique, de notions sur l'emploi des contrepoisons, et sur les secours à donner aux empoisonnés et aux asphyxiés. 1888, 27ᵉ édition, revue, corrigée. 1 vol. in-18. . . . . . . . . . . . . . . . . . . 3 fr. 50
   Cartonné à l'anglaise, 4 fr. — Relié . . . . . . . . . . . . . 4 fr. 50

BOUCHARDAT. **Traité d'hygiène publique et privée.** 1 vol. grand in-8, 3ᵉ édit. 1887. . . . . . . . . . . . . . . . . . . . . . . . . 18 fr.

BOUCHUT et DESPRÉS. **Dictionnaire de médecine et de thérapeutique médicale et chirurgicale.** 5ᵉ édit. 1889, augmentée. 1 vol. in-4, avec 918 fig. dans le texte et 3 cartes. Broché, 25 fr. — Cart., 27 fr. 50. — Relié. 29 fr.

BOUCHARDAT et VIGNARDOU. — **Nouveau formulaire vétérinaire.** 3ᵉ édition conforme au nouveau Codex, revue et augmentée. 1 vol. in-18. Broché, 3 fr. 50. — Cartonné à l'anglaise, 4 fr. — Relié. . . . . . 4 fr. 50

BILLROTH et WINIWARTER. — **Traité de pathologie et de clinique chirurgicales générales,** traduit par le Dʳ Delbastaille, d'après la 10ᵉ édition allemande. 2ᵉ édition française. 1 fort vol. grand in-8, avec 180 fig. dans le texte. . . . . . . . . . . . . . . . . . . . . . . . . 20 fr.

CORNIL et BABES. **Les Bactéries,** et leur rôle dans l'histologie pathologique des maladies infectieuses. 2 vol. grand in-8, contenant la description des méthodes de bactériologie, avec 200 figures en noir et en couleurs dans le texte et 4 planches en chromolithographie, hors texte. 3ᵉ édit. *Sous presse.*

MALGAIGNE et LE FORT. — **Manuel de médecine opératoire.** 9ᵉ édition. revue et augmentée, par M. le professeur L. Le Fort. 1 vol. in-8, avec 352 figures dans le texte. Le tome II complétant l'ouvrage paraîtra fin 1888. Prix des deux volumes . . . . . . . . . . . . . . . . . . . 16 fr.

RILLIET et BARTHEZ. — **Traité clinique et pratique des maladies des enfants.** 3ᵉ édition refondue et augmentée par E. Barthez et A. Sanné.
   Tome Iᵉʳ. 1 vol. in-8 . . . . . . . . . . . . . . . . . . . 16 fr.
   Tome II. 1 fort vol. grand in-8 . . . . . . . . . . . . . . 14 fr.
   Tome III (sous presse).

TERRIER. — **Éléments de pathologie chirurgicale générale.**
   1ᵉʳ fascicule : *Lésions traumatiques et leurs complications.* 1 volume in-8. . . . . . . . . . . . . . . . . . . . . . . . . . . . . 7 fr.
   2ᵉ fascicule : *Complications des lésions traumatiques. Lésions inflammatoires.* 1 vol. in-8. . . . . . . . . . . . . . . . . . . . . . 6 fr.
   Le 3ᵉ et dernier fascicule paraîtra dans le courant de l'année 1888.

JAMAIN et TERRIER. — **Manuel de pathologie et de clinique chirurgicales.** 3ᵉ édition. Trois volumes in-8. Chaque volume séparément. . . . 8 fr.
   Tome IV, sous presse, pour paraître en 1888.

WEBER. — **Climatothérapie,** traduit de l'allemand par MM. les docteurs Doyon et Spielmann. 1 vol. in-8. . . . . . . . . . . . . . . . 6 fr.

BINET et FÉRÉ. — **Le magnétisme animal.** 1 vol. in-8, avec fig., de la *Bibliothèque scientifique internationale.* 2ᵉ édition. Cartonné. . . . 6 fr.

Coulommiers. — Imp. P. Brodard et Gallois

www.ingramcontent.com/pod-product-compliance
Lightning Source LLC
Chambersburg PA
CBHW060952220326

41599CB00023B/3687